A VULNERABLE SYSTEM

THE HISTORY OF INFORMATION SECURITY IN THE COMPUTER AGE

脆弱系統

從人性貪婪、網路詐騙到駭客入侵，
探索資訊安全的歷史和未來

安德魯・史都華 Andrew J. Stewart 著　　鄭煥昇 譯

經營管理 187

脆弱系統：
從人性貪婪、網路詐騙到駭客入侵，探索資訊安全的歷史和未來

作　　　　者 —— 安德魯・史都華（Andrew J. Stewart）

譯　　　　者 —— 鄭煥昇
封 面 設 計 —— 陳文德
內 頁 排 版 —— 薛美惠
校　　　　對 —— 聞若婷
責 任 編 輯 —— 文及元
行 銷 業 務 —— 劉順眾、顏宏紋、李君宜

總 編 輯 —— 林博華
事業群總經理 —— 謝至平
發 行 人　 何飛鵬

出　　　　版 —— 經濟新潮社
　　　　　　　 115 台北市南港區昆陽街 16 號 4 樓
　　　　　　　 電話：+886(2)2500-0888　傳眞：+886 (2)2500-1951
　　　　　　　 經濟新潮社部落格：http://ecocite.pixnet.net

發　　　　行 —— 英屬蓋曼群島商家庭傳媒股份有限公司城邦分公司
　　　　　　　 115 台北市南港區昆陽街 16 號 8 樓
　　　　　　　 客服服務專線：+886(2)2500-7718；+886(2)2500-7719
　　　　　　　 24 小時傳眞專線：+886(2)2500-1990；+886(2)2500-1991
　　　　　　　 服務時間：週一至週五上午 09:30-12:00；下午 13:30-17:00
　　　　　　　 劃撥帳號：19863813；戶名：書虫股份有限公司
　　　　　　　 讀者服務信箱：service@readingclub.com.tw

香港發行所 —— 城邦 (香港) 出版集團有限公司
　　　　　　　 香港九龍土瓜灣土瓜灣道 86 號順聯工業大廈 6 樓 A 室
　　　　　　　 電話：(852)25086231　傳眞：(852)25789337
　　　　　　　 E-mail: hkcite@biznetvigator.com

馬新發行所 —— 城邦（馬新）出版集團 Cite(M) Sdn. Bhd. (458372 U)
　　　　　　　 41, Jalan Radin Anum, Bandar Baru Sri Petaling,
　　　　　　　 57000 Kuala Lumpur, Malaysia.
　　　　　　　 電話：+6 (3) 90563833 傳眞：+6 (3) 90576622
　　　　　　　 E-mail: services@cite.my

印　　　　刷 —— 漾格科技股份有限公司
初 版 一 刷 —— 2024 年 9 月 5 日

I　S　B　N —— 9786267195741、9786267195758（EPUB）　　　版權所有・翻印必究

定價：580 元

【導讀】

資訊安全的歷史，
隱藏著當前資安發展困境的解方

文｜鄧惟中

（亞洲・矽谷計畫人資長）

　　首先，很感謝經濟新潮社邀請撰寫本書導讀並讓我有機會得以先一睹本書。雖然《脆弱系統》的英文副標顯示了這是一本歷史書，然而綜觀全文，我認為作者是用了萬言書的規模來懇切的呼籲社會各界，目前資訊安全領域的三大弊端（作者稱為聖痕，用來暗示其不可動搖性）其實是過去科技發展路徑選擇造成的流弊，而我們應該從根本開始重頭檢視我們對於電腦系統資安問題的態度。

　　三大聖痕的前兩者「資訊洩漏」與「民族國家的駭客行為」是目前危害全世界社群的兩大資安問題，而第三個聖痕認識論的閉合則限制了我們只能用治標不治本的方式來對不斷產生的系統弱點見招拆招，修修補補。

　　本書分為九章，前三章從電腦系統的硬體與作業系統的開發歷史開始介紹，接著提及網際網路的發展歷史，以及在這個歷史軌跡中資訊安全是如何被當時的電腦研究人員、政府機構以及業界人士看待與嘗試解決。早期的電腦系統因為尚未連網，還可以系統性的驗證安全與否，只是這樣的驗證工作過於耗時而無法趕上軟體開發者改版的速度，而網際網路的誕生改變了整個資安問題的大環境。

第四章開始，整個鏡頭就轉向了資安問題的發展，包含層出不窮的病毒、蠕蟲與系統弱點。由於此時網際網路已經發展至全球規模，惡意軟體可能造成的影響開始產生相當的吸引力。喜歡研究弱點的駭客可以透過揭露弱點來顯示自身的技術力，或是透過販賣弱點來盈利。

作者統稱的民族國家也發現，可以透過弱點來滲透敵對國家的電腦網路、竊取機密或是破壞關鍵基礎設施，因此政府本身雇用了許多駭客來系統性的集中火力進行網路攻擊。在防守方面，密碼學以及如安全性開發生命週期（Security Development Lifecycle）的軟體開發模式確實拉高了駭客找到弱點的難度，然而這也讓攻擊者把目標轉向另外一個可能的資安破口：使用者。

第六章介紹了軟體的易用性、行為經濟學和心理學如何影響了使用者在協防資訊安全時的成效，同時也以垃圾郵件以及之後發展的釣魚郵件為例，來解釋為何這些問題遲遲無法根治。

第七章再次從行為經濟學和心理學的角度分析了系統弱點如何被包裝成零時差弱點（zero-day vulnerability）並變成一門好生意。最後，第八章重新開始檢視三個聖痕的本質，在第九章作者則建議我們可以透過面對系統的複雜性、強調集體努力的重要性與省視攻守平衡的三招，來重新盤點我們應該如何面對電腦網路的資訊安全。

整體而言，這是一本以資安議題發展歷史出發，並以主觀論述結尾的大著。作者極為用功，整本書旁徵博引了超過一千五百處的文獻與紀錄，另外作為一個資安發展的歷史書，書中也不可免的必須介紹非常多的專業術語，因此本書並非輕鬆的看歷史說故事，而主要的讀者群應該會如作者一樣求知慾旺盛吧。如果是像我一樣已有資訊專業背景知識的讀者，相信在閱讀本書的過程中會得到一些啟發，有些長期隱藏在腦中的疑問，透過學習歷史而豁然開朗。

我在資訊工程系任教超過二十年，偶而也會感嘆科技的發展脈絡其實跟技術本身有同等的重要性，卻常常被各學科的教科書忽略或輕描淡寫帶過。資訊專業的工程師不停的在追趕學習使用新的技術、新的軟體，卻不易窺見整個技術典範轉移時背後的前因後果。本書不但可以彌補資安方面歷史軌跡的素養，文末提供大量的文獻與紀錄出處以供讀者查閱，也是極有價值的知識庫了。

資訊安全必須基於資通訊系統之上，因此仍是一門資歷尚淺的領域，相信未來仍會有更多的理論基礎加入。然而，在資通訊科技發展速度不斷加速之下，資安問題的面貌也日新月異，讓維護安全的管理人員疲於奔命，因此容易傾向於保守、姑息的尋找快速卻治標的解決方案。決策者以及研究人員相對的應有更多的餘裕，來學習與思考如何結合行為經濟學、心理學、管理學與資通訊技術來改善現有的資安生態系（ecosystem）。

或許正如作者在結語中所說的：「當下是過往的產物，所以想要跨越資訊安全在今日所面對的挑戰，好好了解過去，就是我們繞不過去的一關。」

【推薦序】

認識資訊安全的脆弱本質

文｜顧家祈

（斜槓創業家／ AI 學習專家）

　　《脆弱系統》是一本深入講述資訊安全歷史的傑出著作，作者不僅展現了淵博的專業知識，更從商業、人性、國家利益等不同角度，告訴大家資訊安全不僅僅是「技術問題」，更是社會複雜系統演變的縮影。

　　本書從電腦科技萌芽的早期階段開始，細緻記錄了資訊安全領域中各種「道高一尺，魔高一丈」的演變過程，一直追溯到當今錯綜複雜的網絡環境。看著會發現，資訊安全的本質並不像大家想像的「牢靠」，相對其實非常地脆弱。

　　作者巧妙地解釋了，爲什麼資訊安全問題會持續存在，且難以根除。主要原因在於，許多開發者和企業在設計和推出系統時，往往受到市場競爭和利潤驅動，優先考慮產品的潛在實用功能和商業價值，而不會投入足夠的資源全面評估和應對可能存在的安全風險。

　　這種「先行動，後補救」的策略，導致了許多系統在推出後，才發現存在嚴重的安全漏洞，不僅爲後續的修補和維護帶來了巨大挑戰，更爲潛在的攻擊者提供了可乘之機。

近期就有現實的例子，佐證了作者的觀點：二〇二四年 七月十九日，知名的科技巨頭微軟公司（Microsoft），遭遇了一次嚴重的系統故障，使全世界各個國家電腦「同時當機」，全球多個機場的航班調度系統癱瘓，大量航班無法正常起飛；電影院無法線上定位、速食店點餐機無法正常運作，甚至許多地區的緊急救援系統也受到了影響。

令人意外的是，這次故障並非源於外部的惡意攻擊，而是因爲微軟爲了增強 Windows 系統的安全性，採用了知名網路安全公司 CrowdStrike 的雲端解決方案。在 CrowdStrike 發布的一次例行更新中，意外觸發了全球 IT 系統崩潰，導致大量電腦系統出現藍屏死機（Blue Screen of Death，BSOD）的現象。

這個案例說明了一個重要事實：隨著技術日益複雜化、互相依賴程度提高，錯綜複雜的系統中，很可能存在許多沒有被發現的資安風險，一旦觸發很可能引發連鎖反應，造成預期之外的風險事件。

在當前人工智慧（AI）技術快速發展、廣泛應用的時代，這本書的價值更顯重要和及時。首先，AI 和早期電腦一樣，都是極具革命性和顛覆性的工具，能夠在多個領域帶來前所未有的效率提升和創新機遇。遇到這樣的新興技術，開發者、企業和用戶不可避免會過於樂觀，專注於探索和利用這些技術的應用面，而忽視了潛在的安全隱患和倫理隱私問題。而資訊安全和倫理問題，常常只在造成實質損害後，才會受到足夠重視，這導致補救措施往往滯後於問題的出現。

我們可以遇見在 AI 時代，很可能會再現書中網路剛發展時的混亂時期，而且因爲 AI 系統的複雜性，這次可能面臨更加嚴重和複雜的資安問題。這些威脅可能包括但不限於：大規模的個人隱私外洩、商業機密竊取與侵權、高度 AI 化的詐騙等等。

　　更值得警惕的是，本書還詳細列舉了一些國家級勢力，利用先進的網路技術，進行有組織、有預謀攻擊的真實案例，揭示了資訊安全在國際政治、經濟和軍事領域的深遠影響。未來的資訊安全挑戰，將遠遠超出個人隱私倫理或企業機密保護的範圍，而很可能演變為國家與國家間，進行戰略博弈、相互攻擊防禦的新型戰場。

　　雖然列舉了許多資訊安全可能的風險，但本書並非單純從道德或價值觀的角度，評判技術發展的利弊，而是採取了一種更為客觀、理性和歷史化的視角。通過深入分析過去的經驗，作者有力地論證資訊安全問題，不僅必然會發生，而且可能會以更加複雜、隱蔽和嚴重的形式出現。

　　「水能載舟、亦能覆舟」，任何技術都同時有正面與負面的性質。電腦、網路的發展，已經成功比過去時代拯救了更多的人命、讓大家的生活變得更好。我們唯一要注意的是，不能將資訊安全視為理所當然。若過度信任、依賴資安系統，無論該系統有多安全，一旦發生問題，都會造成嚴重的傷害。

　　然而，當問題沒有發生時，我們又容易掉以輕心，該怎麼辦呢？這就是這本書引用大量歷史的原因，當我們知道「風險一定存在」，才會對潛在的錯誤訊號產生警覺，減少真正錯誤發生時的損害。

　　定期進行安全檢查、替換過時的防護系統，或是討論更好的偵測與補救方法，都可以有效降低資安風險。但最好的預防方法，是認清資訊安全是一個「脆弱系統」。了解資訊、網路的脆弱特性，人類才有機會走得更長更遠，就像一直以來走過的歷史那樣。

謹以此書紀念蘿絲・勞德

To the Memory of Rose Lauder

目次

引言

三道聖痕

　　一九九〇年代尾聲，朱利安・亞桑傑（Julian Assange）人住在澳洲，每天的生活就是開發自由軟體*。[1]此時距離他推出「維基解密」（WikiLeaks）還有六年，但他對於資訊安全的知識已經齊備。在這之前的五年中，他除了因為電腦駭客行為遭到定罪，還幫忙人寫了一本書來講述一群年輕電腦駭客從事的漏洞利用行為。[2]此外亞桑傑和人合開了一間公司，旨在創造商用的電腦安全產品。[3]

　　出於對資訊安全的興趣，他訂閱了好幾個郵件論壇（mailing list）。其中一份名為「資訊安全新聞」（Information Security News），當中流通著主流報刊裡以資訊安全為題的新聞報導。[4]此外論壇成員也會張貼各式有趣的東西，或在彼此之間討論資訊安全。[5]

　　二〇〇〇年六月十三日，一則訊息被張貼到論壇上，當中含有一個連結，點進去後是最早發表的其中一篇談電腦安全的研究論文。[6]這篇

---

* 譯註：free software 是可以自由使用、下載、修改與散布的軟體；freeware 是免費軟體。

研究的題目叫做〈電腦系統安全控管〉（Security Controls for Computer Systems），而這則貼文則形容這篇研究是「那篇基本上啟動了一切的論文」。看到這則訊息，亞桑傑相當犀利的回應是：「而那對人類而言是多悲傷的一天。肛門期還沒過，龜毛無比的被迫害妄想者，終於有了個機械化的方案可以活出他們威權主義的夢想，終於可以自動化地輾壓所有未經授權、出人意表的創意。」[7] 這一回應──做作、尖酸，或許還有點戲謔──算是小小地挹注了他後來對世人的貢獻，乃至於那貢獻所支持的，在駭客文化中的一個概念，那就是：「資訊想要自由。」[8]

惟亞桑傑其實錯了。資訊安全的研究事實上令人類社會獲益良多。正是靠著各種安全科技與技術，我們今天才得以在網路上進行匿名的交流。異議分子可以一邊自我組織起來，一邊不受窺探。吹哨者可以安全地揭發企業與政府中的貪腐與非法行徑。「維基解密」本身能夠運作所不可或缺的那些科技與實務操作，也都直接起源自人類對資訊安全的研究。

亞桑傑錯在非黑即白，把人類研究資訊安全的努力一刀切，因為很顯然這麼做有得也有失。俄羅斯革命家里昂・托洛斯基（Leon Trotsky）據稱曾有言如下：「你不一定對戰爭有興趣，但戰爭肯定對你有興趣。」他這話的意思是人不應該忽視那些可能影響到他們的事物，而資訊安全的疑慮已與現代人的日常生活密不可分。第一批數位式電腦的問世，同時標註了電腦運算與資訊安全時代的來臨。隨著世界上的資訊益發數位化，確保這些資訊安全的能力也變得更為重要。資訊安全的重要性將只增不減，但確保資訊安全的挑戰卻還有待突破。資訊安全的嚴重失誤具有地方性流行病的性質，而其根源在於深層的結構性問題。

　　數十億美元的金錢被花費在商用的安全產品與服務之上，爲的是保護智慧財產與機密性的客戶資料，同時也是要藉此展現出對統理資安實務之法律的遵循。[9]但即便如此不惜重金，資料外洩仍既多且廣。二〇〇五年，駭客得以取得了超過一億名顧客的簽帳金融卡與信用卡資訊，苦主是總部在美國的 TJ Maxx 百貨。[10]二〇一三年，Yahoo! 的一場資料外洩造成三十億使用者帳戶的資訊洩漏。[11]個人資訊在資料外洩中被竊，受傷的是被突破的個人或組織。

　　在世界舞台上，電腦駭客行爲經過民族國家的研究、發展與運用，發揮的作用包括竊取智慧產權、影響選舉結果，還有進行間諜活動。Stuxnet 電腦病毒於二〇一〇年發現，而其被創造出來的目的是要感染並破壞伊朗用來生產核原料的離心機。[12]同一年，擺在眼前的證據強力顯示中國政府使用了產業級的駭客行爲，去竊取美國企業的智慧財產權。[13]這之後又爆出有人使用電腦駭客技巧，在國際上從事廣泛的窺探，被鎖定的是美國國家安全局（NSA）與英國政府通訊總部（GCHQ）*所使用的電腦，以及所進行的電子通訊。[14]

　　資訊外洩與電腦駭客行爲的雙重問題，會在今日的資訊安全領域中變得益發嚴重，是因爲該領域陷入了一個只處理安全問題的症狀，而不設法去解決底層成因的循環。資安領域會陷入這麼個治標不治本的循環，不僅僅是因爲新科技與新安全弱點有如源源不絕的洪流，讓人必須不斷跟上，也是因爲人類先入爲主地喜新厭舊。凡事只要新，就是潮，就會讓人想要。但想要永遠走在時代頂端的欲望，會阻礙了

───────────────

* 譯註：與軍情五處與六處並稱英國三大情報機構。

我們，讓我們沒機會去摸清事情的底細。現今被用來突破電腦系統之安全性的那幾種弱點，像是緩衝區溢位、網路釣魚與 SQL 注入等，都不是什麼新鮮的玩意。緩衝區溢位出現在書面上，是在一九七二年，網路釣魚是在一九九五年，SQL 注入是在一九九八年。[15] 資訊安全領域內這種「認識論的閉合」現象──這個詞是用來形容有一群人從現實中退縮到想像的世界裡──造成了資安圈捨棄過往來遷就現在。而其不幸的後果就是造成了龐大的機會成本。

這三種深刻的失敗──資訊外洩、民族國家對電腦駭客行為的利用，還有認識論的閉合──是刻在資訊安全領域上三道顯而易見的聖痕。*惟有面對問題的根源，而不是只處理表面的徵狀，這三道聖痕才能獲得解決，而在那之前，我們首先得對這三道聖痕的起源有所了解。

亞桑傑似乎沒把早年的資訊安全研究放在眼裡，但如今存在於資安領域中的各種挑戰，其根源都可以上溯至一九七○年代執行的基礎工作。就是在這個期間，一小群學者與研究人員發展出了各種觀念，而這些觀念也帶著我們通向了當時的未來。這些學者與研究人員在匯聚於一處之前，有人來自蘭德公司（RAND Corporation）等智庫，有人來自中央情報局與國家安全局等政府機關，也有人來自洛克希德飛彈與太空公司（Lockheed Missiles and Space Co.）等國防部的包商。

這些人是技術官僚，而把他們團結起來的信念是電腦系統的安全性可以循著理性、科學的法則獲得確保。他們為這種努力帶來了一種智識上的純淨。他們的願景是一個安全性與秩序能獲得保證的未來。

---

* 譯註：stigmata，聖痕，亦稱聖傷，指的是與耶穌被釘死在十字架上後所留傷痕，位置相同的痕跡。stigmata 的希臘文原意是烙印或紋身，現引申為污名（的印記）。

但他們所未曾意識到的是從一開始，他們的方案核心裡就存在一個為他們所忽略，很危險的漏洞。這個不足之處，將對資訊安全的發展，也將對我們在今時今日要達成資訊安全的能力，產生非凡的影響。

第一章

資訊安全的「新維度」

在一九六〇年代尾聲與一九七〇年代初期,一小群學者與研究人員發展出了會對現代世界產生深遠影響的各種觀念。他們的夢想是為電腦運算創造一個資訊可以獲得保障的未來。他們深信人類可以在一台理性的機器裡扮演各種齒輪,然後這台機器便可以交由美國軍方來操作。他們這番努力的結果確實改變了世界,只是那些改變似乎和他們想的不太一樣。

那段歷史,就是今日資訊安全的濫觴。那批人的努力,建立了資安這場桌遊如今進行的板面,而玩家們包括那些想把電腦駭客擋在門外的組織,那些想要避免內部人洩密的政府,還有每一個想要保護自身個資的個人。在板面的另外一端,坐著的是電腦駭客、間諜,還有恐怖分子,但他們也是玩家。

把這些學者與研究人員集合起來的,是美國軍方 —— 美軍做為一個組織,有著擁抱新科技的悠久歷史,如最早期的電腦就是一例。美軍對資安發展的影響力與其對運算發展本身所具有的影響力息息相關。從一九四三年開始,美軍就把設計與開發資金投向了電子數值積分計算機（ENIAC；Electronic Numerical Integrator And Computer）——世界上第一台「電子式計算機」。[1] ENIAC 的兩名設計師分別是 J‧普雷斯帕‧埃克特（J. Presper Eckert）與約翰‧威廉‧莫奇利（John William Mauchly）。埃克特是一名電子工程師，而莫奇利是名物理學家，兩人都在賓夕法尼亞大學（University of Pennsylvania）的摩爾電子工程系工作，那兒是戰時的運算中心。他們在一九四八年創立了埃克特—莫奇利電腦公司，就是爲了賣他們的 ENIAC 電腦。[2]

軍方用 ENIAC 電腦去計算火砲的射表。[3]ENIAC 是一台非常能勝任這項任務的機器，因爲這工作牽涉到反覆執行同一類複雜的數學等式。[4]釐清和預判砲彈從火砲中發射出去的彈道，是軍方心心念念在關心的事情，畢竟他們有大量的新式火砲在進行研發，準備要投入二戰的戰場。

ENIAC 是一台十分壯觀的裝置。重達三十公噸的它靠著共計一萬八千枚眞空管、吵得要死的電傳打字機，還有嗡嗡叫個沒完的磁帶機，可以填滿一整個房間。[5]ENIAC 用上了巨量的電纜——得防著老鼠餓了來啃的電纜。在 ENIAC 的設計階段，埃克特與莫奇利進行了一個實驗，當中他們往裝有各種電纜絕緣皮的箱子裡放進幾隻老鼠。最不合老鼠胃口的絕緣皮，被選爲了 ENIAC 的一部分。[6]

ENIAC 的操作團隊，某種程度上算是人類歷史上最早的電腦程式設計師，是美軍從賓夕法尼亞大學召募來的六名女性先鋒。[7]她們被賦予的任務是建立 ENIAC 的組態，具體而言就是運用她們的數學知識，拿線把電腦的不同部分連結起來。這將能讓需要的計算獲得執行。[8]這六位女性對 ENIAC 做出的貢獻，還有爲運算領域做出的貢獻，直到近年才獲得認可。[9]

一九五〇年，埃克特—莫奇利電腦公司遭到收購，身爲財團的買方是雷明頓蘭德公司（Remington Rand）。這家集團對軍武市場並不陌生——他們製造並販售各類傳統武器，包括如今已成經典的 M1911 手槍。

二戰後，美軍面臨一系列不直接涉及第一線作戰的新挑戰。許多這類挑戰都牽涉到軍事後勤：如何以最具效率的方式進行人員和裝備的遷移，以及如何讓美國廣設於世界各地的眾多新空軍基地獲得補給。爲了促成這些任務的達成，美軍尋求起 ENIAC 之後繼者的幫助，也就是所謂的通用自動計算機（UNIVAC；UNIVersal Automatic Computer）。UNIVAC 同樣是由埃克特與莫奇利設計，當年的售價是大約百萬美元一台。[10]UNIVAC 的名字會被取做通用自動計算機，是精心挑選過的，其欲表達的就是 UNIVAC 可以通泛地解決各種問題，而非僅限於執行特定類型的計算。[11] 這種彈性是極具價值的創新，也是 UNIVAC 獲得美軍青睞的主因，畢竟美軍就有諸多類型的問題有待解決。

事實證明在前十台被造出的 UNIVAC 電腦當中，有三台被安裝在美軍設施中。美國陸軍、海軍、空軍各接手了一台 UNIVAC 來因應各自的特殊需求。[12] 被送到空軍的那台 UNIVAC 被安裝在五角大廈，時間是一九五二年六月。[13] 該台 UNIVAC 被用在一個代號 Project SCOOP 的計畫上 —— SCOOP 展開就是 Scientific Computation of Optimal Problems，意思是：最佳化問題的科學計算。SCOOP 計畫使用 UNIVAC 去協助解決後勤問題，靠的是執行有著將近一千個變數的數學計算。不同於人類數學家，UNIVAC 可以快速繳出這些計算的答案。這個計畫的成效在空軍內部的評價之高，UNIVAC 電腦一

直用到一九六二年，明明那時已經有好幾台機器更為精密和先進。若
按 SCOOP 計畫中一名團隊成員的說法就是：「數位電腦觸發了一個願
景，讓我們看到了事情的潛力。」[14]

那是一個宏大的願景。美國軍方想讓電腦幫著他們破解加密訊
息，輔助開發新武器，解決後勤補給，乃至於數以百計其它大大小小
的問題。[15] 他們甚至推想著可以用電腦來支援那些尚未問世的科技，
譬如計算衛星的軌道。[16] 美國軍方明白電腦可以提供的好處，所以他
們期待著廣大的世界可以日益電腦化。也確實，到了一九五〇年代的
尾聲和一九六〇年代的初期，人類對電腦的倚賴程度與日俱增。也是
在這段期間，運算領域目睹了重大的震盪與進展，而這些發展也將對
資訊的安全性產生深遠的影響。

一九五〇年代末的電腦以今天的標準來看，是一種巴洛克風格的
存在。就像一名風琴師在大教堂裡彈奏管風琴，單一操作者會坐在控
制台前，身邊圍繞著機器。電腦只會聽命行事，由此當操作員停下來
思考的時候，電腦會乖乖待命。這創造出的是一種無效率；電腦造價
極高，所以理想的狀態下，電腦沒有在進行某些計算的閒置時間是愈
少愈好。這個問題的解決之道，是一種非常巧妙的技術創新：一種可
以執行分時作業的電腦。在分時作業電腦上，使用者採取的暫停時間
可以被用來服務其它的任務。這包括敲下兩顆按鍵之間那點微不足道
的時間，都可以被拿來創造產值。一台電腦可以數人同時使用，但電
腦運作起來會讓每個人都覺得自己是唯一的使用者。[17] 使用電腦的經
驗從原本的個人獨立作業，轉型成了共享的協作。這種改變，創造出
了全新的各類安全風險。隨著電腦有了多個同步的使用者，他們之間
便出現了程式相互干預的可能性，甚或使用者會看到他們原本不應該

看到的機密資料。

　　資訊的「保密」，是美軍確保資訊安全的核心概念。獲得保密的文件會被授予不同的機密等級，如絕對機密、極機密、機密。許可等級較低的個人不得觀看機密等級較高的資訊。比方說，只有機密許可的人就不能看分級屬於絕對機密的資訊。分時作業電腦的其中一名使用者可能擁有絕對機密的許可，而另外一個使用者可能沒有。在這種狀況下，絕對機密的資訊要如何在這台電腦上獲得儲存與處理，但又不致有洩密之虞？在分時作業之前，一台電腦可以被鎖在一個房間裡，然後門口還能再派駐一名警衛。但分時系統可以有複數的終端供使用者與電腦互動，而那些終端可以分布在同一棟建築的各處。這就讓分時作業電腦的物理性安全與對其使用者的監控變成難上許多。[18]

　　分時作業電腦提供的經濟優勢，使其具備了極高的普及潛力，由此分時作業電腦也備受期待會帶動電腦領域的一場革命。惟這也讓儲存在電腦上的資訊安全性面對了呈指數性增長的潛在危險，而美軍和其雇用的國防承包商都感受到了這種危險所衍生出的恐懼。他們眼中的這些發展對確保資訊安全的任務而言，是一種「新維度」。[19]這是一個美軍無法坐視的問題。但他們並不覺得自己可以獨力完成這個任務，所以他們招募了夥伴。這些夥伴是美國其他的政府機構，像是中央情報局和國家安全局，外加大型國防承包商與智庫。這些智庫中最鶴立雞群的，莫過於蘭德公司──RAND 這個名字就是 Research ANd Development 的縮寫，代表的就是研究與發展。蘭德公司是產出創意的工廠，是一間長年以建言幫助美國政府發動戰爭和打贏戰爭的智庫。

　　蘭德公司的點子發軔於一九四二年，靈感來自於亨利‧「哈普」‧阿諾（Henry "Hap" Arnold）這名空軍將領。[20]二戰尾聲，很多人擔心為戰爭而雲集的科學家與學者會鳥獸散，美軍會再也沒有這些人才所代表的專業可恃。[21] 阿諾押上了未用罄的戰爭資金，共計一千萬美元，組成了蘭德公司，好讓上述學者能在戰後有家可歸。[22] 在後續的幾十年間，美國空軍會提供蘭德公司形同無限的資金——他們手握一張空白支票，可以用來解決美軍所面對一些最棘手的問題。[23]

蘭德公司的研究人員最早的棲身之所，是加州聖塔莫尼卡柯洛弗機場（Cloverfield Airport）內一間飛機工廠的辦公室裡。[24] 一九四七年，蘭德公司搬到了聖塔莫尼卡市區的一棟建築，從白色的沙灘走過去只要五分鐘。[25] 他們新家的內部設計力求蘭德員工之間巧遇的最大化，以便促進同仁間的合作。[26] 這種建築設計的方針一直沿用至今，就連蘋果公司也是愛用者之一。[27] 蘭德公司大樓看起來人畜無害，但依法論法它是絕對機密級的美國政府研究機構，一天二十四小時都有武裝衛哨。每一名蘭德公司員工都必須從政府那兒領到安全許可，在那之前他們在大樓四處移動都得有人隨行——就連上廁所也不例外。[28]

蘭德一開始在美國空軍的階層裡，是對處理研發的部分負責，而這就讓他們處於了柯蒂斯・李梅（Curtis LeMay）將軍的羽翼下。[29] 若硬是得想出一個誰是歷史上蘭德公司的靈魂人物，那個人非李梅莫屬。他在蘭德公司的發展中扮演了關鍵角色，並為其灌注了他的思維方式與處世之道。以現代人的眼光去看待李梅，他會像是對冷戰時期將領典型的一種嘲弄。他有著粗獷不羈的舉止，和一種「寧死不降」的態度，並且他會一邊嚼著雪茄屁股一邊對著一群下屬高談闊論。[30] 惟在這種他一手造成的形象背後，李梅是一個極其認真的人。在二戰期間，李梅主導了對日本的轟炸行動，包括一九四五年三月十日，以燃燒彈進行的東京大轟炸。李梅下令把三百二十五架 B-29 超級堡壘轟炸機的防砲卸掉，以便有更多炸彈、燃燒彈等彈藥可以落在東京表面——此舉讓那日的飛機酬載直逼兩千噸。那次攻擊造成將近十萬平民死亡，而整體的對日轟炸行動同樣在李梅的指揮下，估計造成了五倍於此的死亡人數。

李梅這種不留活口的態度，終其一生都沒有變過。在冷戰期間，他支持對蘇聯發動大規模的預防性攻勢。他的計畫是把美國的核武庫存盡數投下到蘇聯的七十座城市中，以遂行他所謂的「週日重拳」攻勢。[31] 電影導演史丹利・庫柏力克（Stanley Kubrick）後來會以李梅爲靈感，塑造出《奇愛博士》（Doctor Strangelove）裡那個神經錯亂的空軍將領，甚至於電影裡也有一個組織叫布蘭德公司（Bland Corporation）。[32] 李梅固然面對著他爲求勝利不擇手段的指控，但他並無任何悔意，他的說法是：「但凡戰爭都是不道德的。你要是讓這一點困擾你，那你就不是個稱職的士兵。」[33] 在李梅眼中，戰爭是一個問題，一個要以理性和科學的態度去解決的問題。能夠投下的炸彈量愈多，擊敗敵人的機率就愈高。用先發制人的核武攻擊去抹消敵人，是理性的決定，因爲那將讓敵人沒有機會報復。這是一種極度不帶著情緒，一切訴諸於分析的方法。這種哲學，會在幾十年間瀰漫在蘭德公司的作業中，期間李梅是一切的主宰。湯瑪斯・謝林（Thomas Schelling）做爲蘭德公司的分析師與未來的諾貝爾經濟獎得主，曾經在《武備的影響力》（Arms and Influence）一書中寫到打贏戰爭的是議價能力，而議價能力「來自於施加傷害的能力」。[34]

蘭德公司的分析師受兩樣東西吸引，一樣是抽象的理論，另一樣是他們心目中最大也最具挑戰性的各種問題。他們對於自己設計和倡議的政策，乃至於對這些政策所導致的副作用，都採取的是一種非關道德的態度。[35] 蘭德公司使用這種數字驅動、技術官僚式的方針嘗試處理美軍所面對最迫切的問題。在這麼做的過程中，他們發展出了全新的分析機制。

　　一場兩人對弈的簡單遊戲，可以被用作模型來分析更為複雜的衝突，包括兩國之間的核子戰爭。而使用數學來研究這類遊戲的做法，就叫做賽局理論，而賽局理論領域中的許多大人物，都在其生涯的某個點上為蘭德公司效力過。[36] 蘭德的分析師會使用賽局理論來建模描述美蘇之間的核武對峙，然後用這些模型來嘗試預測在賽局中的每一步，該怎麼下最好。[37]

　　在賽局理論研究的基礎上，蘭德公司發展出了一種百分百原創的新技巧。最早是在一九四七年由艾德溫·帕克森（Edwin Paxson）發想出來的「系統分析」，可以讓問題被拆解成其組成部分。[38] 而這每一部分會各自獲得分析，最後所有的分析會被彙整起來，產生出一個高階的結論。系統分析是很適合美軍的工具，因為美軍必須做成的決定往往關乎複雜的系統，而這些複雜系統當中又牽涉到很多可動的組成部分和許多開放性的問題。像有個與李梅將軍切身的例子就是戰略轟炸的課題。想布署轟炸機隊去對付敵人，如何才是最具效率的做法？什麼樣的飛行高度才能兼顧落彈破壞力的最大化與轟炸機被擊落架次的最小化？要執行這類轟炸行動，得付出何等的後勤補給成本？系統分析就是被設計來回答這類問題。[39]

　　系統分析需要大量數學上的苦工，也需要電腦來負責執行。在一九五○年，蘭德公司分析師用的是兩台由 IBM 設計的早期電腦，但他們判定這計算力遠遠不能滿足他們所需。[40] 他們走訪了好幾家不同的電腦製造商，為的是調查這門工藝目前的發展狀態。這些公司裡有

IBM 和埃克特—莫奇利電腦公司，但蘭德公司認爲這些廠商的產品都「太過異想天開」，不夠有前瞻性，所以蘭德公司做了一個決定，他們要在內部自建電腦。[41]

他們打造出的電腦叫做 JOHNNIAC，並在一九五三年開始運行。[42] 蘭德做事可不是半吊子——連著幾年 JOHNNIAC 都是全世界最先進的其中一台電腦。[43]JOHNNIAC 創下了好幾個第一：它支援多位使用者，它首創滾筒式印表機與世界最大的核心記憶體，同時它據稱可以連續運行幾百個小時。[44] 這個成績絕對不容小覷，須知 ENIAC 才跑五六個小時就得重開機。[45] 安裝在 JOHNNIAC 上的其中一項創新是有個強大的空調系統可以持續冷卻機器。當電腦被打開來進行維護時，些冷氣會逸出到房間裡，導致當中的電腦操作員得穿滑雪外套來保暖。出於這個原因，JOHNNIAC 的一個外號變成了「肺炎患者」（the pneumoniac）。[46]

系統分析的發展與 JOHNNIAC 的問世都是傲人的成就，但蘭德公司最爲人所知的，是一個甚具影響力的作品，一個美軍甚至到今天都維持部分機密的產品。[47] 在一九五〇年代，一名叫肯尼斯・艾羅（Kenneth Arrow）的蘭德分析師構思了一個理論，他根據的假設是人會按理性的自利去行動。[48] 這個前提是出自一種直覺：人會透過各種選擇去最大化他們想要的東西，最小化他們不想要的東西。艾羅的目標是建立一個數學模型，來讓俄羅斯領導人的決定變得能夠預測。美國政府想要有能力預測這些領導人在國際事務和戰爭中的行爲。他們想要回答的問題包括蘇聯會入侵哪個鄰國，或是蘇聯領導班子會在衝突中採取哪些動作。[49] 在艾羅跳出來之前，美國預測蘇聯國家機器決定的能力趨近於零。「蘇聯學者」爲了推論哪些官員得寵，只能把克里姆林宮發布的政治宣傳照拿來，然後分析每個人與史達林站的距離遠近。[50]

　　系統分析、賽局理論等各種由蘭德公司開發並使用的分析技巧，獲得了很高的評價。這些技巧讓由數字推動的方法得以應用到各種問題上。它們將混沌世界的複雜性化約成某種可以掌握的東西，像是數學模型或等式。這種好似能讓這個世界變得可以理解，也讓未來得以預測的方法，有一種魅力，因為它能讓分析師和美軍高層，在不無可能演變為核子戰爭的各類局面前，感到一絲安心。這些特質是如此地吸引人，以致於蘭德公司會一連幾十年，都把這種方法拿去研究其它複雜的問題領域，像是社會規畫、醫療保健、教育政策等。[51]

　　在一九五〇年代尾聲與一九六〇年代初期，隨著分時作業電腦數量加速成長，加上電腦運算力來到預期中的爆發邊緣，蘭德的分析師開始研究資訊安全問題。[52]為此他們搬出了他們在行的分析能力，還有他們從核戰研究中發展出的理性方針。他們的這番努力，將是當代資安研究的起跑點。

第二章

早期研究者的許諾、成功與失敗

　　威利斯・韋爾（Willis Ware）生於紐澤西州的大西洋城，生日是一九二〇年八月三十一日。[1] 韋爾受的是電子工程師的專業訓練。他先就讀了賓夕法尼亞大學，J・普雷斯帕・埃克特（J. Presper Eckert）就是他在那兒的同學，然後他又去上了麻省理工學院（MIT）。[2]

　　二戰期間，韋爾被豁免了兵役，因爲他得負責設計機密的雷達偵測工具供美軍使用。[3] 一九四六年春，太平洋戰爭來到尾聲，他得知普林斯頓大學在替約翰・馮・諾伊曼（John von Neumann）造電腦。[4] 馮・諾伊曼構思出了一款電腦架構，當中的資料與程式一同儲存在電腦記憶體的同一個定址空間。這種設計已獲今日大部分電腦採用，而埃克特、莫奇利的研究，還有他們那台 ENIAC 電腦，正是這種設計的基礎。

　　韋爾申請了普林斯頓大學，並接受了普林斯頓高等研究院（IAS）的職務內定。[5] 他在攻讀博士期間也投身了 IAS 的電腦計畫，並以他在電腦工作上的付出換得了免學費的待遇。[6] IAS 的機器是一項走在時代尖端的計畫——這機器是最爲早期的一台電子式電腦——而這項

計畫也促成了韋爾加入在聖塔莫尼卡的蘭德公司，爲的是協助其建構
JOHNNIAC。[7] 韋爾加入蘭德公司的機緣，部分來自於一場意外，這
指的是打造 JOHNNIAC 的第一人比爾・岡寧（Bill Gunning）在滑雪
時跌斷了腿，岡寧的上司因此意識到公司「把所有的雞蛋都放在了比
爾・岡寧的腦袋瓜裡，他要是被卡車撞了，蘭德公司麻煩就大了」。[8]
韋爾被引進 JOHNNIAC 計畫，是爲了針對岡寧提供備援。就這樣，他
在一九五二年春當起了板凳工程師。[9]

　　一如當年的其他電腦，JOHNNIAC 是一台很占空間的機器，所以
韋爾可以說就像先知一般，在一九六〇年代就預測了個人電腦有朝一
日將無所不在。他寫道「我們可以想像小型電腦變成家電的一種」，以
及「電腦將會以各種方式觸及四面八方的每一個人，到達幾乎是每分
鐘都有變化的程度。所有人都會不管走到哪裡，都透過電腦在進行溝
通。電腦會改變和重塑人的生活，會影響人的職涯，會迫使人接受一
種持續在改變的生活」。[10]

　　在蘭德公司，韋爾以委員身分加入了好幾個做爲美國政府顧
問的委員會，當中就包括空軍科學顧問委員會（Air Force Scientific
Advisory Board）。[11] 做爲委員會工作的一部分，他會協助空軍推展各
項計畫，包括替 F-16 戰鬥機設計電腦軟體。[12] 而經由這些任務，韋
爾與同事們慢慢了解到美國空軍與國防部，是如何一天天地更加倚重
電腦。他們會在開會時的走廊上彼此交換意見，由此他們之間逐漸凝
聚出一種顧慮，那就是他們似乎應該採取行動，應該設法去保護軍用
電腦系統，也保護儲存在軍用電腦中的資訊。這些走廊對話可說是最
早的組織性努力，而它將持續茁壯，最終成爲電腦時代資安研究的濫
觴。[13]

　　電腦安全有其需求的實務案例，不久便現出原形。一家叫麥克唐納飛行器公司（McDonnell Aircraft）的美國國防承包商內部有一台昂貴的電腦，被他們用來處理屬於與美軍合約內容一環的機密業務。麥克唐納經手這些承包案件的資歷很久。他們造出了水星計畫的太空艙，促成了美國首見的載人太空航行計畫，同時他們也設計建造了美國海軍的 FH-1「幻影」戰鬥機，第一架成功降落在美國航母上的噴射動力飛機。他們想要在自己無須處理機密業務的時候，把電腦出租給商用客戶。這麼做的好處是他們可以部分回收電腦的高造價，又可以和其它本地企業建立業務關係。[14]

　　美國國防部收到麥克唐納飛行器公司的請求，然後才意識到他們從沒有考慮到一種可能性：在使用電腦時，部分使用者有安全許可，而另一部分則沒有。由於這是一種全新的概念，美國國防部對其並無官方的政策。[15]於是乎為了回應麥克唐納公司的請求，美國國防部在一九六七年十月成立了一個委員會去調查多使用者／分時作業電腦系統的安全性。[16]該委員會還被賦予了另外一項任務，是對整體的電腦安全性進行廣泛的調查。威利斯‧韋爾被任命為主任委員，委員的組成則有各方代表，當中涵蓋多家智庫、美軍包商、美國政府部門與各學術機構，具體而言包括蘭德公司、洛克希德飛彈與太空公司、中央情報局與國家安全局。[17]

　　該委員會在一九七〇年遞交報告，[18]標題是《電腦系統安全控管》，也就是人稱「韋爾報告」的那份文件。[19]這是第一次有人兼以科技和政府政策的角度，去針對電腦安全主題進行具結構性和深度的調查。有鑑於作者群的機構背景，韋爾報告主要聚焦於軍事安全而非商用世界。韋爾想讓報告在發表的當下就公諸於世，因為他希望報告的發現可以把影響力擴及商業界,而非僅限於軍事思想內。然而,該報告最終隔了五年才獲得解密,社會大眾在一九七五年方得以一窺其廬山真面目。[20]

韋爾報告預測,隨著電腦架構愈發複雜,這些電腦之使用者的技術能力也將相應提升,而這也代表你想安裝安全措施來控管使用者,難度會一併變高。[21] 韋爾報告提到電腦作業系統 ── 負責電腦硬體與電腦上其它軟體運作的那些程式 ── 都又大又複雜。而正因其規模與複雜性,「保護性的屏障上存在設計者未曾預見的非故意漏洞」是很有可能的事情。[22] 所以說,「想確認一款大型軟體系統中毫無錯誤或異常之處,幾乎是不可能的事情」,同時「攻擊者可以針對這類漏洞發動刻意的搜索,希望可以利用這些漏洞,是完全可以想得到的事情」。[23] 這些行文在一九七〇年即發表,是相當了不起的成就。這些字句正確且扼要地預測到了之後的五十年,資訊安全領域內的事件開展。

為了反制安全漏洞造成的威脅,韋爾報告建議電腦廠商應該「將安全內建進去」,而不要等到電腦已經設計出來了,再去添加安全功能。[24] 該報告還提出了一些他們推薦的基本原則,作者群認為以這些原則為基礎,就能造出安全的電腦系統。由於韋爾報告是在軍方的贊助下寫成,因此這些原則聚焦在如何確保機密文件在電腦中的安全性。而這就導致了很多建議若放到商用電腦的設置上,會顯得不切實際,比方說其中一項建議是安全性失靈一經偵測出來,電腦系統就該立即並徹底關機,以免後續接收到更多資訊,或是有資訊被繼續傳送給使用者。[25]

關於電腦安全性會出現這樣的極端做法,是因為其採行了與軍方處理紙本機密資訊時相同的規則。二次大戰後,蘿貝塔·沃爾斯泰特

（Roberta Wohlstetter）這名蘭德分析師花了數年時間撰寫一份研究，來闡述日本對珍珠港發動的奇襲。[26] 她在一九五七年完成的這份報告，立刻就被空軍列為了絕對機密。由於沃爾斯泰特並沒有絕對機密的安全許可，導致她沒有能力為自己的作品留一份底稿，僅有兩份紙本被鎖在空軍一處設施的地窖裡。[27]

資訊的保密在美國是於一九四〇年，羅斯福總統的一紙行政命令後啟動。[28] 資訊保密的目的，在於讓恰當的安全措施得以施行。[29] 惟雖然用心良善，資訊保密的使用仍導致了若干不良的副作用。

「過度保密」指的是一份文件被分派了一個過高的機密等級，或是一份文件被列為機密的時間長於所需。這種做法有其弊端，因為這會讓公務員之間無法進行資訊的分享，會導致政府的行動無法獲得監督，同時用來保護機密資訊的必要措施也會附帶成本。[30]

過度保密之所以會發生，一個原因是政府內的不同機構對資訊何時應該列為機密撰寫了不同的指南。這會造成一種多頭馬車、莫衷一是的現象。二〇一七年由資訊安全監督司（Information Security Oversight Office）——美國政府中負責對保密系統提供監督的實體——提出的一份報告中，就指認出了兩千八百六十五筆不同的安全保密指南。[31]

過度保密背後不乏某些強烈的誘因。能看見機密資訊的人數有限，所以保密可以被用來隱匿那些會讓人顏面無光，或會讓人的失職被揭發的資訊。[32] 美國公務員若有資訊應保密而未保密，結果事後被發現之情事，是會受到法律制裁的。但反過來保密不足就欠缺這類誘因，因為過度保密並無罰則。[33]

這些因素結合起來，創造出了一種誘因結構，人在當中基本上找不到理由不去幫資訊加密。因此，一般認為大約有百分之五十到九十的機密文件其實沒必要保密，亦即當中的資訊即便釋出也不會造成任何問題。[34]

第二個問題源自於「代碼字」（code word）保密機制。雖然正規來講，絕對機密才是最高等級的保密等級，但代碼字保密機制讓不分等級的機密資訊都可以被區隔化。[35]這種做法特別有利於政府需要限制資訊取用，避免每個有同級安全許可的人都能接觸到該資訊的時候。這類資訊有個名字，叫敏感隔離資訊（SCI）。問題是，有些情報單位的代碼字有上百萬個，管理這麼多代碼字也是一件困難又繁雜的工作。[36]

安全許可是一種特權，而既然是特權就可以被剝奪。一九四八年，埃克特—莫奇利電腦公司遭到美國陸軍情報部（Army Intelligence Division）調查，包含約翰·莫奇利在內的五名員工被宣告身負「顛覆性的傾向或關係」。[37]會有那場調查，是因為當時美國國內的反共情緒高漲，終致引發了史上第二次的「紅色恐慌」（Red Scare）。那五名員工被撤銷了安全許可，公司也被禁止參加軍事合約的招標。[38]聯邦調查局的一項調查最終還莫奇利清白，他們發現他不是什麼共產黨的同路人，他唯一的罪過就是人有點怪。[39]

韋爾報告的誕生，一部分的契機是麥克唐納飛行器公司請求讓軍方和商界客戶都能使用其電腦。在調查過這項請求後，該報告的最終結論是除非機密資料遭意外洩漏的顯著風險可以獲得接受，否則放行麥克唐納飛行器公司將是不智之舉。[40]麥克唐納飛行器公司的請求遭到駁回，但這個概念引發了興趣，空軍於是成立了第二個委員會，要對電腦安全研究的路徑圖做出建議。

＝＝＝＝＝＝＝

電腦安全科技規畫研究，俗稱安德森報告，在一九七二年二月由空軍電子系統部（Air Force Electronic Systems Division）的羅傑・薛爾（Roger Schell）少校委託製作。[41] 薛爾少校的另外一個身分是麻省理工的博士，他眼中的韋爾報告描述了若干問題但沒有提出太多答案。[42] 由此安德森報告的目標就是提出解決方案，並奠定這些方案的實踐路徑圖。[43]

該報告由美國政府各部門代表所寫，而這些部門裡有空軍和國家安全局。安德森報告裡的安德森，是詹姆斯・P・安德森（James P. Anderson），他是這份報告的主要作者。安德森的第一份工作就是在約翰・莫奇利手下做事，他當時是受雇為莫奇利製作能處理氣象資料的程式。[44] 他後來服役於美國海軍擔任槍砲官與無線電通信官。在無線電通信官任上，他曾經接觸過密碼學——研究如何用代碼與密碼來確保資訊和通訊安全性的學問——而這便造就了他對資訊安全的廣泛興趣。[45]

安德森報告委員會啟動運作，是在一九七二年二月，發布報告是在同年九月。[46] 在報告發表前，薛爾有一種不祥的預感，他總覺得國家安全局會想要將該報告列為機密，就像他們對韋爾報告做過的那樣。若真如此，安德森報告的影響力將大打折扣。他請人印了三百份報告，並將之送給「每一個人」。[47] 隔天他收到國家安全局的電話，對方表示要執行他們對這份文件的保密權，但因為他已經安排讓報告寄出給幾百個人了——而且那當中不是每個人都有安全許可——袋子裡的貓已經跑出來了，所以報告就將這樣維持非機密的狀態。[48]

該報告稱「乍看之下，想在資源共享的系統中提供安全性是一個簡單至極的問題」。但報告隨即板起臉，「很可惜，那只是看起來而已。」報告隨即開始對付韋爾報告曾經記錄過的同一個基本問題，那就是如何創造一台電腦來同時服務兩種人，一種是擁有安全許可的人，另一種是得在安全許可較低或甚至完全沒有的使用者旁邊處理高度機密資料的人。如果一台電腦的全數使用者都同時擁有最高等級的安全許可，那問題就不存在了。[49] 但這種情形不太可能出現。現實中我們會遇到的，往往是多個安全許可程度不一的使用者。

安德森報告的作者群隆重介紹了一種他們名之為「惡意使用者」的新威脅。惡意使用者可能會嘗試尋找有無弱點——即韋爾報告介紹過的漏洞——存在於電腦或電腦程式的設計或實務中。這些弱點可能會讓惡意使用者得以把持住電腦，並接觸到他們不應有能力接觸的資訊。惡意使用者問題會變得更嚴重，是因為使用者可能不僅能使用電腦來觀看資訊，他們還可能會編寫程式去控制電腦。惡意使用者可以執行程式「遂行對電腦的滲透，進而搜刮系統」，因為在安德森報告作者群的想法中，「弱點會隨著使用者的控制力增加而增加」。[50]

安德森報告還重申了來自韋爾報告的關鍵發現，那就是隨著電腦系統複雜化，安全風險也會增加，由此電腦系統的安全設計應該從初始就一步到位，而不該等後來想到時再往上加。[51]

由於當時不存在電腦可以讓安全許可不同的使用者共用一個分時系統，因此安德森報告的作者們估計空軍因為這種無效率所蒙受的損失，每年約當一億美元。[52] 他們的建議是至少要建立起一個安全的作業系統。[53] 然後這個作業系統就可以被用作是真實世界中的範例，其他電腦系統都可以之為藍本創造出來。他們估計要建立這樣的一部電腦，會需要八百萬美元——相對於這部電腦能帶來的利益和能省下的成本，這點錢不能算多。[54]

要創造一個安全的作業系統，就需要對電腦安全採取一種新的思維方式。作者群的想法，一如安德森報告中的描述，是這需要引入「參考監視器」。[55] 這是一個要放進電腦作業系統裡，負責做出授權決定的程式——負責決斷「誰可以存取什麼檔案」。參考監視器會收到來自使用者與其它程式的請求，要存取電腦上的檔案和其它資源。它會評估這些請求，然後要麼准許，要麼拒絕。透過這種機制，擁有絕對機密安全許可的使用者會獲准讀取被列為絕對機密的檔案，但如果第二個只有極機密許可的使用者想讀取同一個檔案，他們就會被拒絕。在這個作業系統中，有個「安全內核」會執行這個參考監視器。安全內核會需要隨時正常運作，而且必須要抵抗得了人為干預，否則某個惡意使用者就會繞過它或阻止它正常工作。[56] 安全內核也必須被證明是在正確運作，否則就沒人能保證它會如預期般地維護電腦安全。[57]

在安德森報告作者群的設想中，安全內核概念會在電腦安全的實踐上扮演主角，而安全內核也就這樣被融入了 Multics（MULTiplexed Information and Computing System，多工資訊與計算系統）的設計中，這是第一個把安全性列為重中之重的主流作業系統。[58]Multics 是麻省理工學院、通用電氣與貝爾實驗室的合作計畫，國防部則負責提供資金讓麻省理工學院可以參與。[59] 安全措施在 Multics 系統中的設計與實施，將對作業系統之設計的未來，也對作業系統安全性的整體方向，產生強大的漣漪效應。Multics 實行了一種環狀結構，就像上頭有著一圈一圈的飛鏢標靶，從第零到第三的內圈為作業系統自身所用，而從第四圈開始的外圈則供使用者的程式使用。外圈的程式在理論上無法傷及內圈的程式，由此程式與程式所處理的資訊便得以保持相互分開的狀態。[60]

一九七四年，也就是安德森報告出版的兩年後，電腦科學家傑若米‧「傑瑞」‧薩爾策（Jerome "Jerry" Saltzer）撰文分析了 Multics 系統的安全性。在該篇論文中，他描述了一張清單上的五個原則，五個他認為 Multics 系統上路所代表的設計原則。[61] 隔年薩爾策聯手他的前博士生，另一名叫麥可‧施洛德（Michael Schroeder）的電腦學者，共同發表了一篇升級版的論文。這篇標題是〈電腦系統中的資訊保護〉（The Protection of Information in Computer Systems）的新版論文，日後將成為資訊安全領域中的經典之作。[62]

在兩人的論文中，薩爾策與施洛德描述了資訊安全的三個基本目標。「機密性」是防止無許可之人閱讀資料的目標，「完整性」是防止無許可之人修改資料的目標，至於「可用性」則是防止有人阻止有權存取資料的人行使權利。[63] 這種編成 —— 機密性、完整性，以及可用性 —— 會在日後被稱為 CIA 資安鐵三角。若說機密性、完整性與可用性是資安的目標，那這每一個目標也都有對應的力量想顛覆它們。機密性遭到破壞，可以是因為有人竊取了資料或有人在資料溝通的過程中偷聽。完整性遭到破壞，可以是因為有人偷偷篡改了資料。可用性遭到破壞，可以是因為「阻斷服務」攻擊讓電腦無法運作，而這又可能是因為硬體或軟體遭到破壞。CIA 資安鐵三角廣為今天的安全從業人員做為設計和分析安全措施時的參考。一個電腦系統在進行設計時，設計者會問的是：就其達成資訊機密性、完整性與可用性的能力上，這個系統的目標是什麼？惡意方又會採取哪些行為，去嘗試就這三方面進行破壞？

　　除了介紹 CIA 資安鐵三角以外，薩爾策與施洛德的論文還提出了好幾項設計原則。對於電腦系統可以如何透過設計來達成安全性，這些都是新穎而深刻的概念。他們描述了何以如參考監視器在內的安全機制，應該逐筆檢查存取請求，且只有在一目了然的核可存在時才予以放行。這就是所謂的「完全仲裁」與「失效安全預設」原則。兩個原則結合起來，就有點像餐廳外場領班在確保只有事前訂位的人可以進得了餐廳，也才能順利入席。薩爾策與施洛德還描述了另外兩個重要的設計原則，分別是「最小權限」與「職責區分」。最小權限原則的意思是安全機制應該強迫系統中的每一分子，包含使用者在內，以最低限度的必要權限去發揮功能，並達成其被指派的任務。最小權限的一個例子放在醫院的環境裡，就是護理師只能閱覽其負責病人的病歷。職責區分的意思是一項任務不能只有一人獨自完成。銀行出納無法獨自開啓保險箱，還需要由保險箱主人所保管的第二把鑰匙。

　　薩爾策與施洛德在論文中描述的這些設計原則，將在新科技此起彼落的幾十年間持續發揮作用。雖然兩人的研究在資安史上是重要的里程碑，但論文本身卻落至一種很多人引用而很少人閱讀的尷尬狀態。這主要是因為該論文的語言密度很高，讓人不是很容易參透。其行文不時有其不夠達意之處，以至於後來有人採取了各種方式去重新表達這些設計原則，包括用上了更平易的語言，還有來自《星際大戰》系列電影的例子。[64]

　　薩爾策與施洛德用他們的研究，將資安領域推往了正面的發展方向，但一項令人不安的發現即將現身。一九七四年六月，空軍在其發表的一份報告中描述了一支「老虎隊」對最新版 Multics 作業系統的安全評估結果。[65] 所謂老虎隊，是一群受雇來嘗試突破某系統之安全性的小隊，其基本上就是在模擬一名攻擊者可能的行動。老虎隊執行「滲透測試」的目的是要確認系統中有哪些弱點可以獲得「修補」，修補在這裡就是修理的意思。這種將弱點找出來、修理之，然後一遍遍重複這個過程的做法，就是後來爲人所知的滲透與修補。[66]

蘭德公司自身也在一九六〇年代代表美國政府，執行了若干次老虎隊評估，而他們對上那些早期電腦的勝率算是相當亮麗。[67] 一九六〇年代的作業系統據稱是「安全漏洞版的瑞士起司」，如其中一支老虎隊就得以在產品公開展示的當天，滲透了 Honeywell 公司所生產之電腦的安全防線。[68] 在成功突破了電腦系統的安全性之後，老虎隊會用他們在評估過程中獲得的知識與技巧去攻擊他們銜命要去評估的下一台電腦，結果往往是很多這些技巧，都能屢試不爽，作用在各類電腦之上。[69]

但 Multics 受到的期待是要比那些早期的電腦安全許多。Multics 內含的安全措施是從一開始就「內建」在系統中——一如韋爾和安德森報告所提的建議。Multics 還實施了安全內核的概念，只不過 Multics 的版本沒能完全滿足安全內核的嚴格定義，理由是 Multics 被認爲太大也太複雜，所以當中無法存在安全內核獲得執行的鐵證。空軍之所以對 Multics 進行評估，就是因爲關於一台電腦應該如何被設計與打造來確保安全性，Multics 代表了當時思潮最先進的施作成果。[70]

Multics 在安全性上被賦予的高度期望，很快就成了夢一場。在「相對沒有很拚命」的狀況下，老虎隊就找到了三處重大的弱點。其中一個讓系統中所有儲存的密碼都被人看光。[71] 老虎隊宣稱 Multics「在某些意義上要遠比其它商用系統都安全」，但「暫且仍不是一個安全的系統」，因爲「該系統面對刻意攻擊，仍無法讓人放心地去保護好資料」。[72]

　　這些發現影響了電腦安全工作者的思維，至少表現在兩大方面上。首先，他們逐漸開始覺得老虎隊這種做法最終是徒勞無功。[73] 即使老虎隊完成了對某軟體的安全評估，並發現軟體中的若干弱點，他們也無法確知軟體中，是否有其它老虎隊根本未曾發現的弱點。即使某個電腦系統在老虎隊的攻擊中活了下來，那或許也只代表老虎隊成員的技術不到位或想像力不足。描述 Multics 安全評估過程的報告稱「毫無疑問，沒有被發現的弱點是存在的」。[74] 第二個思維的變遷是電腦安全工作者開始覺得，只要軟硬體周圍的基本安全控管沒有達到理想，那像密碼之類的安全控管就只不過是「安全感毛毯」般的存在，讓人圖個心安罷了。[75] 他們開始相信為了創造一個安全的系統，他們會需要找出一個正式的方法，去證明系統真的安全無虞，而兩名研究者也很快就宣稱他們找到了辦法。[76]

　　大衛・艾略特・貝爾（David Elliot Bell）的數學博士學位取得自范德堡大學，那年是一九七一。[77] 畢業後他跑了趟大學的就業輔導辦公室，請校方幫忙找工作。結果校方給了他一本厚如電話簿的檔案，裡面滿滿的是企業資訊，而他也乖乖地檢視了整本檔案，在當中搜尋可能會想雇用他這種條件的公司。靠著他擁有的一台手動打字機，他一天可以打出並寄出五封應徵信。幾個月過去，他終於收到寄自位於波士頓的 MITRE 公司的電報。就這樣，貝爾（套用他自己的說法）剪掉了頭髮，換上了他最好的西裝，去了波士頓面試。[78]

　　到了 MITRE 公司，他發現那是一個有點像大學校園的地方，裡頭的建築向四處延伸，但中間有步道連結，還有人在四處走來走去，其中一些人留著長髮，還踩著涼鞋。[79]MITRE 是一間類似蘭德公司的智庫，裡頭雇用的是有些怪癖也不奇怪的高知識分子。[80] 在 MITRE 面試貝爾的其中一人，是連‧拉帕杜拉（Len LaPadula）。[81] 他以數學家和電子工程師的背景，做著軟體工程師的工作，並在比爾被錄取後成了同辦公室的同事。在當時，MITRE 的員工人數大概是兩千五百人，但只有大約二十人從事資安工作。[82] 逐漸誕生自安德森報告的美國政府合約會交由 MITRE 審查。每年，空軍都會派人前往 MITRE 說明他們希望智庫執行的任務。[83] 而那些任務的其中一項，就是要找出辦法去證明某個電腦系統的安全性，於是貝爾與拉帕杜拉就忙碌了起來。他們檢視了已有的學術文獻，但發現那些論文要麼太流於理論，要麼過於對應特定的電腦作業系統。[84] 他們決定先把重點放在整體的原則上，然後再去思考那些大原則該如何應用到電腦上。[85] 他們必須回答的第一個問題很基本：安全，一個東西怎樣才算是安全？美軍的期望是由一組「多層次安全系統」（multilevel secure systems），來區隔開有著不同安全許可層級的使用者，於是貝爾與拉帕杜拉便著手研究要做出這樣的一個系統，需要用上哪些數學理論。

他們初始的努力用上了一個概念，那就是要讓某項資訊的保密等級可以改變，以便於某份原本被列為極機密的文件，可以被改列為絕對機密，須知世界局勢隨時可能生變。但當他們把這想法展現給空軍負責監督他們工作的少校看時，得到的回饋卻是要以文件的保密等級永遠不變為前提去研究。這有點出乎人意外──這代表他們可以簡化做法。他們決定將他們的數學模型稱為基本安全定理，後來還開玩笑說，這是相較於他們原本設想的那個「既複雜又極度講究的安全定理」。[86]

　　來自空軍少校的回饋，打亂了他們的原始計畫，於是他們決定從此之後，工作上的事情要多做少說。MITRE 會每年進行薪資的審查，但由於貝爾與拉帕杜拉的工作一直沒有對外聲張，所以乍看之下他們好像沒做出什麼成效。MITRE 的管理階層團隊因此在年度績效評估中對他們頗為嚴厲，而這也將對他們的薪酬造成附帶的打擊。部門主管於是告訴兩人，他們必須做場簡報來說明他們的研究成果，這等於是隱晦地在暗示他們必須振作，否則就有可能保不住在 MITRE 的工作。[87]

　　貝爾與拉帕杜拉很快就為 MITRE 的管理階層安排了一場簡報，並在當中介紹了他們對於基本安全定理的研究。他們形容自己所創造的東西是「一種可供人在當中處理安全電腦系統問題的數學框架」。[88]他們對自己的模型很有自信，按他們的話說，就是「現階段我們感覺這個數學表達足以處理絕大部分會有人提出來的安全問題」。[89]他們宣稱使用他們提出的安全定義，一個安裝了他們模型的電腦系統，就可以保證在運行中安全無虞。[90]他們一邊簡報，MITRE 的管理層也一邊坐立難安。[91]這是因為這些管理層開始看出了基本安全定理的潛力，但他們也知道自己在年度績效審查中的壞話已經建檔，收不回來了。十年後，貝爾在 MITRE 的經理跟貝爾說從那場會議之後，自己就一直想著要砸大錢在他身上，只要求他永遠不要想離開公司。[92]

　　基本安全定理的前提是這樣一個概念：一個系統想要安全，它就必須要出發自一個安全的狀態，然後等系統要改變狀態時，它也必須要移動到一個同樣安全的狀態。透過對狀態轉移的警戒，系統就永遠沒有進入到不安全狀態的可能性，而只會有一個又一個、接連不斷的安全狀態。這種數學模型以一種可以應用於現實情境中的方式，被描述了出來，而這其中一種情境就是電腦作業系統中的安全措施設計。由於軍方想要的是多層次安全系統，因此基本安全定理聚焦在強制存取控制上。在縮寫爲 MAC 的強制存取控制之下，收到請求的電腦會檢查使用者是否持有授權去執行一個針對某種資源（如某個檔案）的動作，而這個授權與否的決定將牽涉到兩層考慮，一個是檔案的保密等級，一個是使用者的許可層級。

貝爾與拉帕杜拉的模型似乎能解決滲透與修補的問題。在這個模型下，系統裡絕對不會潛伏著老虎隊無法在滲透測試中找出來的未知弱點，因爲該系統有著處於安全狀態中的保證。羅傑・薛爾，就是那位委託製作安德森報告的空軍少校，稱他相信在「數學完整性的基礎」上，「防滲透——特別是可防那些超乎設計者想像的……智慧型攻擊」的電腦，將能被成功造出來。[93] 一台電腦若是能在數學上被證明其安全性，那對隱藏安全弱點的擔憂就會變得多餘。系統的起源也會變得無關宏旨。只要系統安全可以被證明成功，那美國政府連 KGB 設計打造的電腦也可以拿來用，即便 KGB 是蘇聯的國安機構。[94]

但這裡有個問題。海軍研究實驗室裡一名在高保證電腦中心（Center for High Assurance Computer Systems）服務的學者叫約翰・麥克連（John McLean），他經由中心與國家安全局的關係得知了貝爾—拉帕杜拉模型的存在。[95] 他回顧了他們的模型，並指認出了他心目中那些基本的疑慮。貝爾—拉帕杜拉模型的觀念基礎是一個系統要從安全狀態 A 移動到安全狀態 B，但要是那些安全狀態都很荒謬呢？他開發出了一個使用貝爾—拉帕杜拉模型的範例電腦系統，並名之爲系統 Z。[96] 在系統 Z 當中，每筆資訊都被降至了最低的保密等級。所有使用者都可以讀取任一筆資訊，所以該系統完全無法說是處於一個安全的狀態。

　　麥克連在筆下表示，貝爾─拉帕杜拉模型提供了「微乎其微的幫助給那些設計和執行安全系統的人」，並說「基本安全定理所捕捉到的東西是如此地無足輕重，以至於我們很難想像此定理在哪一個現實中的安全模型裡不能成立」。[97]他所表達的另外一個看法是在貝爾─拉帕杜拉模型所誕生的理論學術世界，以及空軍等組織團體想要打造和使用安全電腦的現實世界之間，存在著一個斷點。貝爾與拉帕杜拉所創造出的模型，「主要是一個開發出來在安全的一種可能解釋中探索各種屬性的研究工具」。[98]但空軍等團體卻想拿他們的模型，去評估現實世界裡的電腦。這是兩個不一樣的目標，而這兩個社群也因為假設各異而沒有能相互了解。[99]麥克連的系統 Z 與他本人更全面的批評，挑戰了「某個理論數學模型可以正式用來證明一台真正的電腦安全無虞」的基本前提。

　　大衛・貝爾對麥克連之研究的回應是系統 Z 的數學計算正確，同時擁有一台安裝系統 Z 的電腦也不是什麼錯事，如果那就是系統的目標的話。[100]但為了回應系統 Z 的出現，更新後的貝爾─拉帕杜拉模型納入了「寧靜原則」，讓系統中的安全水準不能以違反系統安全目標的方式改變。麥克連對這種改變的回應是如果寧靜原則被涵蓋進貝爾─拉帕杜拉模型中，那麼該模型就會強大到永遠無法實施在現實世界中。但如果寧靜原則不包括進去，那系統 Z 就無法存在，而那就太荒謬了。就麥克連看來，貝爾─拉帕杜拉模型卡在了一個兩頭不是人的困境中。[101]

　　對於那些認為數學可以用來證明某電腦系統之安全屬性的信徒而言，他們必須找出辦法去克服這些批評，而為此他們目光投往了電腦科學裡的一個新學門，名叫形式驗證。利用形式驗證，我們似乎就能得出數學的證據去證明特定電腦有正確地執行特定的安全模型。這兩個層面，模型與模型在電腦中的執行狀況，都可以利用數學去證明其正確性，而這就能創造出一個完美的安全系統。[102]

美國政府提供了補助給機構去調查形式驗證的實用性，目標是實現電腦的安全性。[103] 獲得補助的其中一個機構是 SRI 國際，地點在加州的門洛帕克。SRI 國際在一九七三年展開了一項計畫叫可證安全作業系統（PSOS），目標是創造一個作業系統，並就其安全屬性完成形式驗證。[104]PSOS 所使用的底層安全模型是貝爾—拉帕杜拉模型。PSOS 的正式規格有四百頁厚，所以形式驗證的速度快不起來。[105] 七年之後的一九八○年，關於 PSOS 計畫的一份報告並非將之形容為一個「可證安全」的作業系統，而是一個「潛在安全」，或許「有朝一日其設計與實施都接受嚴格證明」的作業系統。[106]SRI 國際並非唯一一個在安全性的形式驗證中遇到困難的組織。加州大學洛杉磯分校也曾嘗試對某作業系統進行形式驗證，惟計畫告終時，只驗證了大約百分之三十五到四十。[107]

用形式驗證來改進軟體品質，似乎能帶來一些好處。但形式驗證遇到了韋爾報告警告過，Multics 內部也曾存在過的同一個問題，那就是作業系統太大又太複雜，阻礙了它們的實施獲得完整的正規證明。隨著形式驗證的過程獲得執行，其裨益會慢慢縮小，而其代價會慢慢大得過分。理論上，為一整個作業系統完成形式驗證的挑戰，可以藉由充足的資源來加以克服。但這之外還有一個更微妙，也更詭譎的問題即將登場——一個無法單靠蠻力克服的問題。

————

多層次安全系統的主要目標，是要讓安全許可等級不同的個別使用者被區分開來。假設安全許可一高一低的兩個使用者沒有被區分開來，那有絕對機密許可的使用者就可以把屬於絕對機密的資訊，傳給沒有絕對機密許可的另一名使用者。讓安全學者感覺駭然的是，他們發現有著不同安全許可等級的使用者，可以用一種相對直接的方式在電腦內溝通。[108] 這種溝通管道，也同樣不需要靠著找出弱點就能成事，因為這管道完全繞過了安全控管。

兩名使用者之間的溝通要能成功，可以靠第一名使用者寫出一個程式來增加電腦對於其中央處理器（CPU）的利用率。而要做到這一點，就要讓那個程式進行一種繁複的計算來增加 CPU 的負擔。接著第二名使用者就可以寫出他們自己的程式來偵測 CPU 使用率尖峰。特定時間窗口內的使用率若存在尖峰，就可以代表二進位的 1。若不存在尖峰，就代表二進位的 0。假以時日，第一名使用者就可以生成一串二進位的 1 和 0──0110100001101001──並藉此傳達出第二名使用者可以看見並解碼的資訊。透過這種辦法，第一名使用者就可以與第二名使用者溝通。[109] 這兩名想要在電腦中溝通的使用者可以事前做好這樣的謀畫。他們也可以完全不曾在電腦外進行過溝通，但仍能推論出另一名使用者在對他們發出訊號。若兩個人說好在某一天的曼哈頓見面，但沒有機會敲定會面的時間或地點，他們仍可能各自獨立地臆測出一個見面的好地方和時間，是正午時分中央車站的時鐘下方。像這樣的默契，也可以被用在電腦中的溝通裡。

這種繞過安全控管來傳遞資訊的概念，被稱為隱密通道。使用電腦的 CPU 是實施隱密通道的其中一種辦法，但愈來愈多辦法慢慢被找了出來。[110] 有個身爲數學博士的學者花了許多年，嘗試「用數學的嚴謹性」證明 Multics 作業系統的內核，能滿足貝爾──拉帕杜拉模型。有人向他示範，一名 Multics 使用者可以如何靠消耗掉電腦硬碟上的全數空間，來與另一名使用者溝通，因爲這另一名使用者可以偵測到硬碟的用量。這名學者對此深感不安，他問：「這是怎麼發生的？」[111] 四十年之後，隱密通道的問題──所謂的監禁問題（confinement problem）──現身在行動運算與雲端運算等全新的運算領域中。[112]

提供安全性形式驗證所需的成本與時間，還有隱密通道的問題，聯手在一九七○年代末期促使國防部重新評估了他們的策略。相對於讓電腦一部部接受安全性的形式驗證，他們開始改採較爲務實的戰略。安全要求會分成不同層級。高層級會要求形式驗證，低層級就不會。高層級會要求較強的控管來阻卻隱密通道，但低層級就不會。[113] 這不同的層級，在一套由國防部撰寫的「評估標準」中有詳細記錄。[114] 此一評估標準描述了被要求存在於各層級的安全特性，而商用科技公司就必須製造出根據這組標準來進行評估和認證的電腦。此一計畫將讓國防部得以「從架上」購得所配備之安全性有一定保證的商用電腦。[115] 電腦業者也可因此受益，因爲他們可以用評估標準來確認他們應該納入自家產品中的安全特性。廠商還可以利用認證程序去證明他們的電腦配備了特定水準的安全性。

國防部開發出了一組評估標準，名爲可信賴電腦安全評估標準（Trusted Computer Security Evaluation Criteria），而這標準也很快就以「橘皮書」爲人所知，因爲官方紙本的封面是橘色的。[116]（初始草稿是從白色演變成某些人口中「病態的橄欖綠」，然後才確定爲橘色。[117]）

橘皮書是在一九八三年八月十五日發行的，總頁數是一一七頁。[118]

　　橘皮書的一些關鍵作者也曾參與過 Multics 計畫，所以橘皮書內提到的各種要求有股「濃厚的 Multics 風味」。[119] Multics 計畫使用了安全圈的概念，而橘皮書中則有各種不同的層級，或者說得更正式一點，叫做分級（division）。這些分級分成四層，其中只有最高的 A1 級需要正規的安全證明。A 級需要使用由國家電腦安全中心背書的自動化驗證系統，但該證明僅需涵蓋系統的設計，而不需要涵蓋實施的部分。[120]A 級之下是 B 級。電腦被認證為 B 級，就等於被判定為適合實施多層次安全。假設麥克唐納飛行器公司可以購買一台被認證為 B 級的電腦，那他們就可以在那台電腦上同時服務他們的軍用與商用客戶。為了獲得 B 級認證，一台電腦的整隊設計師必須做出「有說服力的論證」，來說明安全模型符合其實際執行的狀況。[121] 在 B 級之下是 C 級和 D 級。C 級是 B 級安全要求的降級版，而 D 級則是保留給那些有經過評估，但未能滿足其他等級安全要求的電腦。[122]

　　橘皮書作者群的期望是電腦廠商可以先在短時間內讓產品通過低層級的評估，然後再慢慢增加新的安全特性，藉此達成更高的層級。[123] 但這個進度非常緩慢。截至一九九一年，只有兩個系統獲得了 A1 認證：Honeywell 的安全通訊處理器（SCOMP）與國防部的超黑（Blacker）系統。[124]

　　評估與認證是一個緩慢的過程，但運算的其它方面卻突飛猛進。個人電腦（PC）革命透過零組件的微型化，讓運算獲得了普及。電腦開始可以放得下書桌的桌面，而且還附有對使用者友善的圖形使用者介面、鍵盤與滑鼠。購買新 PC 的家庭使用者與組織不再需要多層級安全與強制存取控制等安全特性。他們整體而言，是並不儲存或處理機密資料的商業公司，他們甚至連思考自身資料的方式，也和有其保密方案的美國軍方不同。[125] 美國軍方關心的，是如何保持資訊的機密性，但商業公司更可能關心的是確保顧客紀錄等資訊不會遭到竄改，進而能夠保持其完整性，這是一種迥異於軍方的安全目標。

達成 A1 認證的 SCOMP 電腦賣不到三十台，也從來沒達到過損益兩平。[126] 微軟的 PC 用 Windows NT 作業系統達到了 C2 評等，但那是靠著安裝好的 Windows NT 只跑在獨立的電腦上，未連接任何電腦網路，而且軟式磁碟機也遭到停用。[127] 但在現實世界裡，要在這樣的組態下使用一台跑微軟 NT 的電腦，可能性真的非常之低。羅傑・薛爾形容 C2 評等對應的電腦只能保護自己不受「純粹的普通業餘者」攻破，例如「閒來無事的大學生」，而且是「什麼真正的資源都談不上」的那種。[128]

在電腦作業系統中實施多層次安全系統的成本，估計會讓產品的開發成本翻倍。[129] 實施滿足橘皮書中高安全等級所需的安全特性，然後再讓電腦接受評估，恐怕得花上好幾年的時間，由此等到這些產品上市了，它們比起未接受認證的競品會顯得昂貴又過時。[130]

橘皮書終歸是一場失敗。[131] 它或許喚起了業者的意識，讓他們認識了美國軍方的安全要求，但同時它也誤導了確實參與進來的業者，讓他們誤投精力，到一個讓他們與商用市場的新現實脫節的計畫中。[132]

蘭德與其它在一九六〇年代初期為資訊安全研究發軔的早期研究者，都認為他們可以解鎖通往新世界的大門，讓機密資訊可以在當中獲得保護。但他們的夢想終究不敵市場的疑慮。就這點而言，蘭德被證明了是對的，理性確實是一切的主宰。新興的電腦公司完全是基於理性，捨棄了早期學者的這些創作，包括多層次安全、形式驗證，還有橘皮書。

　　時間來到一九九○年代中期，資訊安全領域開始隨波逐流。往前看不到什麼清楚的道路。但就在這同一個時間，一個嶄新而神奇的創意開始讓運算出現蛻變。而這個創意，也將帶領資訊安全通往一個完全不同於過往的路徑。

第三章

網際網路暨全球資訊網的創建，與一個黑暗的先兆

　　一九五七年十月四日發射的史普尼克號衛星，讓美國軍方緊張慌亂了起來。[1]蘇聯展現出一種美國尚且不具備的能力，而這也促使美國政府朝研究與發展投入了巨額的資金。[2]

　　就在這樣的時空背景下，高等研究計畫署（ARPA）在一九五八年成立，初始的種子資金是五億美元，年度預算是二十億美元。[3]該組織被賦予的目標是主導美國的太空計畫和所有的戰略飛彈研究。[4]ARPA並未直接雇用任何科學家或研究人員。相較於此，他們是雇用了經理人，由經理人去指揮在學術機構與商業組織中任職的科學家與研究人員，藉此來推動各種工作。[5]正因為這種安排，所以ARPA對一件事情非常感興趣，那就是撮合在不同學術場域服務的科學家相互合作。包括麻省理工、加州大學柏克萊分校，還有史丹福，都屬於這類他們關注的焦點。[6]不過也有件事情因此讓ARPA非常困擾，那就是這些不同單位的學者得建立他們自己的電腦、程式語言、電腦程式，還有

各種程序。這些努力的重複進行是資源的浪費，由此 ARPA 深信各個研究場域可以用一張電腦網路連結起來，即使連接相隔遙遠的多部電腦在當時是從來沒人進行過的嘗試。[7]

讓 ARPA 的願景得以實現的那個點子，來自一個在蘭德公司工作的研究者，名叫保羅‧巴蘭（Paul Baran）。巴蘭在一九四九年畢業於卓克索科技學院（Drexel Institute of Technology），取得電子工程學位。[8] 他畢業後的第一份工作，是在埃克特—莫奇利電腦公司當技師，負責測試要用在 UNIVAC 裡的電腦零組件。一九五九年，巴蘭投身蘭德公司，加入了他們的電腦科學部門，然後在一九六〇年代初期，他好奇起一個軍用通訊網路要怎麼打造出來，才能撐過核子攻擊。[9]

史普尼克啟動了蘇聯與美國之間的太空競賽，而洲際彈道飛彈上的核彈頭所代表的威脅與核子武器從太空中發射的可能性，如今成了美蘇兩國都得面對的生存威脅。蘭德分析師所鍾愛的賽局理論，描述美國與蘇聯是如何被掐在一個穩定的平衡中。兩邊都無法發動核戰，因為另一邊一定會報復。這就是相互保證毀滅理論，而其字首的縮寫 MAD 也切中了這個理論的核心，那就是瘋狂。但這個平衡要能夠成立，有一個前提，那就是美國必須保有在受到初始攻擊之後的還手能力。如果第一波蘇聯飛彈摧毀了美國軍方指揮官沿指揮鏈發號施令的能力，那反擊就會失去執行的可能性。這就是巴蘭意欲解決的問題。他後來會形容自己挑起的工作，「是在回應人類有史以來最凶險的情境」。[10]

巴蘭汲取靈感的來源，是人腦從物理傷害中回復的能力。[11] 人腦中並沒有哪一塊特定的灰質是一旦沒有了，整個大腦就無法正常運作。這代表有時候即使大腦其中一部分已經損壞到無法痊癒的地步，仍然可以完全恢復。大腦剩下的部分可以學著在少了損害部分的狀況下運行──適應和補償會隨著時間過去自動發生。巴蘭把同樣的觀念應用在這麼一個問題上：如何造出一個通訊網路，可以在一部分毀於核彈之手後繼續運作。就像在大腦裡一樣，該通訊網路可以確認自己受損的部分，然後將通訊路線繞道而行。[12]

巴蘭戮力開發出的計畫含有兩個關鍵元素。第一個元素是要建構一個通訊網路，使其可以用和大腦類似的去中心化方式運作，伴隨許多個別的、較小的部分連結起來，形成一個更大的整體。[13] 第二個元素是資訊如何在這張網絡中傳遞的設計。資訊會被拆解成訊息區塊，術語叫做封包。[14] 這些封包的旅行會經由封包交換來進行──意思是它們會從網路的一部分前進到下一部分，直到抵達目的地。如果網路的一部分被毀，封包可以改道繞行。[15] 封包之所以叫封包，是因為它就像一個小包裹，每個包裹外頭都會標有收信地址，使其能夠在網路中穿梭。[16] 這與當時電信網路的執行方式比起來，是一種從根本上不一樣的新東西。在當時的電信網路裡，打電話的人和接電話的人之間會建立起一條連結，而在雙方對談的整個過程中，這條連結都必須維持住。

一九六五年，巴蘭完成了其自身計畫的開發。他首先向他蘭德公司的同事們推銷，然後蘭德公司將之推介給了美國空軍，希望空軍能建一條通訊網路去運用巴蘭的去中心化和封包交換等理念。[17] 當時在美國，電信網路的所有權人與營運者是美國電話與電報公司（AT&T），而乍聽到巴蘭的提議，他們心存懷疑。他的做法與 AT&T 當下的業務與現有的科技，都有著徹頭徹尾的差異。由此，AT&T 拒絕了實施封包交換網路，即使空軍已經表示會為新網路負擔興建和營運的費用。[18] 空軍原本決定 AT&T 不幫忙，他們就自己來，但五角大廈的決定卻是把網路興建的責任轉交給國防通訊署（Defense Communications Agency）；一如 AT&T，國防通訊署既不明白也不相信巴蘭的願景。沮喪之餘的巴蘭仍不忘務實地建議空軍他們先等等，看有沒有哪個真心相信他理念的機構會冒出來。[19]

巴蘭並沒有等很久。短短兩年後的一九六七，ARPA 撥款五十萬美元給一個計畫，並由該計畫著手開發一個封包交換的網路。[20] 包含保羅·巴蘭在內的一小群學者與工程師，開始開會起草初始的設計。[21] 這群人在一九六八年六月，把他們的企畫呈給了 ARPA 的管理層團隊。[22]ARPA 審過了這個企畫案，並准許了該計畫以初始兩百二十萬美元的預算去向企業招標。[23] 這當中為了把 ARPA 的一個個研究中心連接起來，一批特別的電腦被造了出來，名叫介面訊息處理器（IMPs）。[24] 在 ARPA 的團隊廣邀一百四十家企業投標，並請企業在提案中說明他們計畫如何打造 IMPs。[25] 有些大公司收到了 ARPA 的請求，但婉拒了提案。IBM 決定不參與，因為他們認為沒有電腦可以小到讓網路具備成本效益。[26] 但 ARPA 還是收到了十二家公司的投標，其中兩家是迪吉多（Digital）與雷神（Raytheon）。一份份往上疊，ARPA 收到的回覆組成了一座六英尺高的紙碑。[27]

ARPA 仔細審查了投標的公司，最終他們沒有屬意像雷神這種國防包商裡的大傢伙，而是把合約給了麻薩諸塞州劍橋市的一間小小顧問公司，名叫「波特、貝拉內克與紐曼公司」，簡稱 BBN。[28]BBN 交了一份鉅細靡遺的提案給 ARPA，當中詳述了他們計畫如何去打造 IMPs。BBN 公司提供給 ARPA 的細節之豐富，讓 ARPA 有了信心在一眾投標者中，讓 BBN 雀屏中選。[29]

　　ARPA 與 BBN 之間的合約，明定了首台 IMP 電腦應於一九六九年勞動節（九月第一個星期一）交付，然後剩下的要逐月在一九六九年的十二月底前交貨完畢。[30] 第一台 IMP 在一九六九年九月準時交付，並被安裝在加州大學洛杉磯分校；十月，第二台被裝在 SRI 國際；十一月，第三台裝在加州大學聖塔芭芭拉分校，十二月的第四台裝在猶他大學；一九七○年初春，第五台裝在 BBN 公司自家。[31] 接著在一九七○年的夏天，第六、七、八、九台被分別安裝在麻省理工學院、蘭德公司、系統開發公司，還有哈佛大學中。[32]ARPANET 就此有了雛形。兩地 IMP 電腦的第一次連線，發生在加州大學洛杉磯分校與 SRI 國際之間。[33]BBN 公司拿到 IMP 電腦合約不到一年，連上網路的就有四個地點，分別是加州大學洛杉磯分校、SRI 國際、加州大學聖塔芭芭拉分校，以及猶他大學。[34]

　　一如 ARPA 的規畫，ARPANET 早期的使用者幾乎清一色是電腦科學家，但一款科學家與非科學家都沒有抵抗力的新「殺手級 app」，會讓網路的成長開始加速。[35] 在單一獨立的電腦上由不同使用者進行訊息交換的能力，從一九六○年代初期就已經存在，但 ARPANET 讓身處不同位址的使用者可以用不同的電腦進行溝通，而這靠的是一種新的溝通系統，名叫 email，也就是電子郵件。電子郵件提供了一種辦法，讓電子訊息可以又快又有效率地在兩台電腦間寄送。@ 標誌的使用，讓電子郵件地址變得一目了然，同時還有人特意去讓電子郵件的用戶端變得容易使用。[36] 大約在一九七二年，電子郵件的使用率開始變高，事實上電子郵件的魅力之強，以至於到了一九七三年，網路整體流量已經有四分之三都與電子郵件有關。[37]

　　每個加入網路且為自己設定了電子郵件地址的人，如今都可以被任何一個也使用電子郵件的人接觸到。擁有電子郵件地址能帶給人的價值，會隨著每一個加入網路的新人而增加，那股動能會像雪球一樣愈滾愈大。同樣的現象，也曾在其它通訊科技的指數成長中被人觀察到過，如電話和傳眞機都是如此，而這也就形成了後來所謂的梅特卡夫定律。*

這種人人平等的特性，是電子郵件的一大優勢，但時間久了，這也會變成一個缺點。第一封垃圾郵件進入電子郵箱裡，是一九七八年的事情，只不過用來指「不請自來的電子郵件」的單字 spam，要到一九八○年代才會進入普羅大眾的字彙。[38] 第一個垃圾郵件寄出者的「榮銜」，落到了迪吉多設備公司一名行銷部門員工的頭上，他當時是發了一封電郵要宣傳迪吉多的 DEC-20 系列電腦。[39] 這封訊息被發給了大約六百個電子郵件地址，信中請收信者「不吝接洽最近的迪吉多據點來獲取更多關於超令人期待，DECSYSTEM-20 家族的產品資訊」。[40] 這封電子郵件被評論者形容爲「赤裸裸地違反了」ARPANET的規範，該網路在書面上仍僅供官方的美國政府事務使用。[41] 此事還觸發了一場關於使用電子郵件何謂適當與不當的辯論——而這論戰的載體正是電子郵件本身。[42]

各台 IMP 電腦與它們之間的連結，提供了網路的物理組成，但讓連上網路之電腦可以彼此溝通，靠的是網路協定。通泛地說，協定就是各方關於如何溝通所達成的協議。握手也是一種協定。第一個人知道要伸出手來，而第二個人知道要握住對方伸出的手並上下擺動。短

---

* 譯註：Metcalfe's law，梅特卡夫定律是由國際網路設備商 3Com 共同創辦人勞勃·梅特卡夫（Robert Metcalfe）所提出的網路效應，他認爲網路的價值爲使用者人數的平方。

暫握手後，雙方都知道要停止手的擺動。協定的另外一個例子是教室裡有個學生舉手要老師注意她，而老師可以選擇要不要點名讓她發言。

　　ARPANET 的網路協定在名爲「意見徵求書」（RFCs）的文件中獲得了描述。[43] 選擇這個名字，是在暗示這是一個開放而合作的創造過程。[44] 任何人都可以在 RFCs 上提供回饋，也可以自行撰寫和提出一份 RFCs 去描述原創的網路協定設計。[45] 意見徵求書在被用來描述網路協定之餘，還能爲網路使用者提供指引，呈現新的觀念，甚至偶爾展現一下幽默感。發布在一九九〇年愚人節的一份意見徵求書，提議用一種新的載具來執行網路封包的傳遞，那就是信鴿。文件中形容這種「飛行載具」擁有「內建的碰撞避免系統」，惟讀者被警告「暴風雨可能導致資料佚失」。[46]

　　RFCs 審過之後，就會被加入由其它已過審的 RFCs 語料庫所創造出的「普通法」*。一個新版的 RFCs 可以取代舊版，而透過這種方式，RFCs 可以跟上時代改變與新科技的腳步。一些最早被設計出來的關鍵網路協定包括網際網路協定（IP）與傳輸控制協定（TCP），合稱 TCP/IP。[47] 一大組相關的協定組成了 TCP/IP 協定套組，而正是這個套組內的各個協定讓封包得以繞道通過各種阻礙，就像保羅・巴蘭的設計所描述的那樣。[48] 頭兩個被創造出來的應用層協定讓電腦使用者得以用電腦進行互動來創造生產力。Telnet 協定讓使用者得以連結到某台遠端電腦，並讓使用者宛若本人坐在那台電腦前一樣進行操作。[49] 人在蘭德辦公室的使用者可以用 Telnet 操作一台，比方說，在哈佛大學或猶他大學的電腦。檔案傳輸協定（FTP）讓使用者可以將檔案從

---

*　譯註：common law，即英美法系中以判例累積爲基礎所建立的法律體系，又稱判例法。

一台電腦傳到另外一台。[50]

這些協定在設計的時候，都完全沒有考慮到安全事宜。描述 Telnet 協定的初始 RFCs 文件連一次都沒有提到 security 這個字，而首度有 RFCs 文件檢視 FTP 的安全性，已經是一九九九年的事情。[51] 安全特性之所以在初始階段被視若無睹，有可能是出於想讓網路愈有用愈好，也愈快速愈好的欲望，畢竟添加安全特性會多多少少，讓人無法全力去追求這個目標。正因如此，從一九九三年開始，RFCs 才被要求必須在內容中涵蓋一部分討論安全考量。[52]

到了一九八八年，網路的組成包括了大約三百個位址，每個位址的連線電腦都是數以百計，甚或有幾處是數以千計。[53] 此時連結上網路的電腦總數，據信在大約六萬台上下。[54] 但連網電腦數能出現指數型增長，很大程度上是因為一種新型電腦在一九八〇年代的出現，那就是工作站（workstation）。工作站的大小可以放在桌面上，而且通常跑的是 Unix 作業系統。[55]

ARPANET 是 ARPA 之中央規畫的產物，但電腦被連上區域網路時那種看不出結構的方式，則代表著一種有機的自發生長。就是兩者之間這條模糊的線，代表了從 ARPANET 過渡到我們如今所知網際網路的過程。有人把自己的電腦連上網際網路，就可以連結到其它電腦，但這也等於其它電腦可以連結到他或她的電腦。這麼一來，網際網路上的每一台電腦，就都可以連結到網際網路上的任何一部電腦。[56] 這種連結性，為合作和生產力開啟了一個充滿了可能性的世界，但也生成了安全風險，而且這些風險還很快就會以十分戲劇化的方式顯現。

一九八八年十一月二日，這個星期三的下午，康乃爾大學的系統管理者偵測到他們認為的某種病毒在感染他們的電腦。[57]電腦病毒一詞第一次有人使用，是在一九八三年，使用者是電腦科學家弗列德·柯亨（Fred Cohen）。[58]作為一名南加大的研究生，柯亨在上一門課，而這門課又正好讓他思考起了一個電腦程式可以如何自我拷貝和複製。他拿著這個想法去找他的博士導師，連·艾德曼（Len Adleman），結果艾德曼建議他把這種自我複製的程式稱為電腦病毒。[59]柯亨最終寫成了他以電腦病毒為題的博士論文，還寫出了他宣稱是人類史上第一隻的電腦病毒。[60]那個程式的生日是一九八三年十一月三日。[61]出於某種巧合，據信在康乃爾大學感染電腦的那隻病毒，幾乎就是在恰好五年後被發現的。[62]

康乃爾的病毒感染之所以不尋常，是因為在那之前，病毒比較傾向於透過軟式磁碟片在電腦間互傳。但在康乃爾，病毒是經由電腦網路在不同電腦間散播。那這就不是病毒了，這是一種蠕蟲——會叫蠕蟲，是因為在現實中，蠕蟲是一種生活在其它生物中，吸取其資源來維持自身生命的寄生蟲。[63]

時間來到那天晚上的九點鐘，蘭德公司與史丹福大學也都偵測到蠕蟲在他們的電腦上。[64]此刻的蠕蟲開始快速擴張，而且就像生物性的大流行一樣，感染數開始呈現指數型成長。從蠕蟲一開始在康乃爾被偵測到起算，僅僅過了十二個小時，遭到感染的電腦就突破了一千台。[65]這當中包括在主要位址如麻省理工、哈佛大學與太空總署艾姆斯研究中心。[66]系統管理者之間開始互通有無地想要警告彼此蠕蟲的存在。其中一人寫道：「想保護電腦的話，請關掉電源，或將插頭從網路上拔下來！！！」[67]

蠕蟲有辦法感染兩類 Unix 電腦：由迪吉多設備公司出品的 VAX 電腦，以及 Sun-3 工作站。[68] 它看起來並沒有惡意的酬載可以刪除檔案，但它確實會在被感染的機器上耗用大量的系統資源，而這就會將電腦拖慢，並在某些案例裡會占光所有的可用硬碟空間。[69] 蠕蟲試著感染其它電腦的速率也會造成網路上的流量大增，以至於網路不時會出現壅塞的現象。[70]

系統管理者與不同位址的安全人員會設法捕捉蠕蟲的案例，然後將案例傳播出去，希望能理解其作用的方式。而他們也很快就明白蠕蟲用上了數種技巧去感染遠端的電腦。他們會知道蠕蟲的招式不只一種，是因為系統管理者會認出一種技巧，將之阻擋住，從電腦上清除掉蠕蟲，卻發現該蠕蟲會換一種技巧重新感染同一部電腦，並再次站穩腳步。[71] 系統管理者之間會透過電子郵件分享他們的發現，為此他們往往會建立一個特別的郵件論壇，叫做噬菌體（phage），專門做為蠕蟲的討論之用。[72] 蠕蟲用來感染系統的其中一個技巧，靠的是電子郵件。這導致一些位址關閉它們收發電子郵件的能力，但由於電子郵件只是蠕蟲使用的技巧之一，因此連網的那些位址終究還是會被重複感染。[73] 關掉電子郵件還有另外一個負面效應，那就是會阻斷溝通與資訊分享，讓這個位址無法協力研究如何遏止蠕蟲。

軍方專用網路 MILNET 與網際網路之間的連結被切斷，但為時已晚，蠕蟲感染已經擴散到了 MILNET 上的電腦。[74] 蠕蟲的切除加上修補程式被發展出來應用在 Unix 作業系統裡，花費了一星期。這些修補程式阻止了蠕蟲去感染更多電腦，進而讓已經在網路中的蠕蟲可以慢慢被肅清。[75] 該蠕蟲最終成功感染了三千台左右的電腦——大約是當時網際網路上全數電腦的百分之五。[76] 現在的問題是，蠕蟲是哪兒來的？始作俑者是誰？他們這麼做的動機又是什麼？嫌疑落到了一名身分不詳的作者頭上，他在美國東部時間十一月三日星期四的凌晨三點三十四分，也就是第一隻蠕蟲被通報出來的幾個小時後，發出了一封電子郵件。該郵件是匿名從哈佛大學的一台電腦上寄出，直接連上在布朗大學的一台電子郵件伺服器。電子郵件的本體是用「我很抱歉」破題，然後描述了一隻病毒是如何可能在網際網路上遊蕩，而系統管理者可以採取三個步驟去避免感染。[77] 寫出這些步驟的只可能是蠕蟲的作者，不然就是某個對蠕蟲設計知之甚詳的人物。不幸的是，蠕蟲的擴散拖緩了電子郵件的傳送，這番警語被看到已經是一天多後的事了。[78]

　　針對這封神祕電郵所進行的調查，帶著調查者們找上了一名叫做羅伯・T・莫里斯（Robert T. Morris）的研究生。[79] 莫里斯是哈佛的畢業生，也是康乃爾一年級的電腦科學研究生。莫里斯打了電話給兩個在哈佛的朋友 —— 安德魯・蘇達斯（Andrew Sudduth）與保羅・葛拉罕（Paul Graham）—— 並請蘇達斯寄出內含警語的匿名電郵。[80] 由康乃爾大學的系統管理者所取得的備份磁帶中，發現了該蠕蟲早期版本的電腦程式碼，而葛拉罕也在前月寄了一封電郵給莫里斯，當中他問到莫里斯：「那個超天才的計畫有消息嗎？」[81]

　　莫里斯是因為釋放惡意電腦程式而遭逮捕和審判的第一人。[82] 他是在紐約州的雪城地方法院受審。在庭上莫里斯對他寫出並釋放蠕蟲坦承不諱，但他仍做出了無罪申辯，因為他主張他並無意圖要造成破壞，同時實際發生的破壞也未達到適用法條所描述的定罪門檻。陪審團商議了五個半小時，在一九九〇年一月二十二日給出了有罪判決。[83] 這宗判決得以歷史留名，因為它是美國第一個在主文中提到了網際網路的法院判例。[84]

　　莫里斯在一九九〇年五月四日被宣判了刑度。量刑準則的建議是有期徒刑十五到二十一個月，惟最終莫里斯獲得了三年緩刑，外加四百個小時的社區服務，還有一萬美元的罰款。[85] 莫里斯與其法律團隊對這項判決提出了上訴，但美國上訴法院維持了原判，最高法院則根本駁回了進一步的上訴。除了一審法庭頒布的懲罰之外，莫里斯還先被康乃爾停學了一年，之後也沒讓他復學。但莫里斯後來還是在一九九九年拿到了哈佛的博士，後續也當上了麻省理工的電腦科學教授。他另外還以合夥人的身分加入了 Y Combinator，這是一家屬於新創公司的育成中心，其成功培育出的科技業者包括 Airbnb 與 Dropbox。

　　莫里斯從未公開解釋過他寫成跟放出蠕蟲的目的。他聲明過他不是故意要放出蠕蟲，但蠕蟲的設計顯然帶有避免被偵查到的特性。[86] 在該蠕蟲感染完某台 Unix 電腦後，它便會把自己的名字更改為 sh，而那正是 Unix 作業系統中最常見的程式名稱。[87] 名字這麼一改，就能幫助蠕蟲避免被系統管理者發現。該蠕蟲還被設定成會定期重開，由此它便不會出現在長期開啟的程式清單中。[88] 如果蠕蟲出於某種原因當機，它也被設計成不會留下任何數位殘骸，也就是所謂的核心檔案（core dump），免得調查者有東西可以檢視。[89] 但如果莫里斯刻意要讓蠕蟲避開偵查，他又為什麼要令之散播得那麼快？須知那種讓電腦過載，甚至讓網路本身過載的傳播速度，並不利於掩人耳目。這個問題的答案，似乎在於莫里斯原本並不想讓蠕蟲擴散得如此之快。原本每一隻蠕蟲都應該要檢查它們所感染的電腦是不是第一次被感染，不是的話就跳過，但出於某種程式設計上的錯誤，這種檢查機制的電腦程式碼只會每十五次才正確運作一次。[90]

　　有些人覺得構成這隻蠕蟲的電腦程式碼品質「相當平庸，甚至可以被認為是低劣」，同時蠕蟲的程式碼似乎出自某個「經驗不足、急就章或粗枝大葉的程式設計師」之手。[91] 惟這程式碼中有兩塊東西，似乎是全然由另一名不同的設計師所撰寫。該蠕蟲用來在電腦之間傳播的其中一款技巧，是透過把密碼給猜出來。為了做到這點，蠕蟲必須把在 Unix 系統中用來加密密碼的加密演算法複製起來。結果發現，在蠕蟲中執行此一加密過程的程式碼，要比在 Unix 作業系統中進行標準執行的演算法快上九倍。[92] 該蠕蟲的程式碼還同時支援加密和解密的功能，即便它本身只使用加密的部分，而這些觀察顯示的是蠕蟲中的加密程式碼，是由莫里斯從別處剪貼進去的。[93]

　　蠕蟲中另一塊似乎不是出自莫里斯之手的程式碼，對應的是被用來滲透電腦的另外一項技巧。這項技巧被稱為緩衝區溢位（buffer overflow）。易受緩衝區溢位攻擊的程式只會預期接收到一定量的資料，譬如 AAA。但發動攻擊者送出的不是只有 AAA，而是 AAAX。X 代表的程式碼會從緩衝區溢出，並由電腦執行──也就是電腦會去跑這段程式。而由於這段程式碼是由攻擊者所提供，因此它可以是攻擊者希望它是的任何東西，比方說那可以是一段讓攻擊者的程式在電腦作業系統中獲得最高等級特權的程式碼。緩衝區溢位的概念第一次被人以明文提及，是一九七二年的安德森報告，但蠕蟲是這種技巧一次非常公開的展現。[94] 該蠕蟲內含有可以利用緩衝區溢位弱點的程式碼，但在兩款風行於當時的 Unix「口味」*作業系統中，它只對其中的

---

*　譯註：口味（flavor）是習慣的說法，指的是各種以 Unix 架構為基礎所開發出的類 Unix 系統。

一款有效。這似乎暗示著莫里斯是從別處取得這段讓緩衝區溢位的程式碼，然後將之融入到他的蠕蟲中，而他本人並不知道如何撰寫這種程式碼。[95]

　　若莫里斯果眞既沒有寫出密碼加密的演算法，也沒有寫出緩衝區溢位的程式碼，那他是從哪裡取得這些東西的呢？一個可能性是他的父親。[96]羅伯・T・莫里斯的父親是羅伯・莫里斯（Robert Morris）這名在一九六〇年起在貝爾實驗室（Bell Labs）工作的電腦安全研究員。貝爾實驗室做爲一間研發公司，發明的東西包括雷射、電晶體，還有 Unix 電腦作業系統。如同蘭德公司，在貝爾實驗室工作的科學家也在做關於資訊安全的研究。在貝爾實驗室任職期間，羅伯・莫里斯親自負責了用於 Unix 上的密碼加密方案開發。[97]一九八六年，他揮別貝爾實驗室，加入了國家安全局，成爲了國家電腦安全中心的首席科學家，當時該中心還在萌芽的階段。[98]如果羅伯・T・莫里斯眞是從他父親那兒取得了相關的程式碼，或是透過他父親，間接從國家安全局那兒取得了程式碼，那這就代表國家安全局掌握了侵入 Unix 系統的能力，但沒有讓外界知道這一點。緩衝區溢位攻擊可以鎖定的特定程式碼，被說是「自古以來」就存在於 Unix 系統中，所以如果國家安全局早就發現了這一點，那他們就幾乎可以入侵所有的 Unix 電腦。[99]在兒子被捕後，羅伯・莫里斯接受了《紐約時報》的採訪，並在被引用的對談中表示蠕蟲是「一個研究生百無聊賴的作品」。[100]這話有可能是一名父親在保護兒子的說詞，但這也不無可能同時是一名國家安全局的資深人員，在大事化小地撇清國家安全局對蠕蟲創造的參與。

　　莫里斯蠕蟲最終能感染到的電腦數，震驚了網際網路社群。[101]雖然其效果大家都感受到了，但其可能造成的傷害比眾人想的還糟糕很多。蠕蟲有可能經由程式設計去刪除電腦中的資訊，或是將複製的資訊傳送到別處。莫里斯蠕蟲主要是靠著利用 Unix 系統的安全弱點去進行傳播的事實，也促使了 Unix 的安全性受到了更為仔細的檢視。

════════

　　Unix 最初被發展出來，是在一九六九年，作者是肯・湯普森（Ken Thompson）與丹尼斯・李奇（Dennis Ritchie），兩人都是貝爾實驗室在紐澤西的研究員。[102] 湯普森與李奇是 Multics 的程式設計師，而 Unix 的名字就是在玩 Multics 的雙關，其用意就是要「甩（Multics）計畫一個耳光」。[103] 截至一九七二年，Unix 系統的安裝數量已經成長到十台，當時他們有句輕描淡寫的名言是「更多敬請期待」。[104]

　　湯普森與李奇用象徵性的收費把 Unix 的原始碼送了出去，而雖然 Unix 原本是寫在 DEC，也就是迪吉多設備公司的硬體上，但它可以相對容易地經過程式的修改，就順利跑在不同類型的電腦上。[105] 價格不貴且修改簡單，讓 Unix 吸引到一所所大學，於是到一九七〇年代中期，Unix 已經廣泛被使用於校園內。[106] 那些在大學裡研究 Unix 的人，後來也把他們的知識與經驗帶進了業界。Unix 是這些人最熟悉也最喜歡的作業系統，而這也促成 Unix 在商業環境中的應用愈來愈多。[107]ARPA（在一九七二年被更名為 DARPA，多出來的 D 代表 Defense，也就是國防之意，全稱因此變成國防高等研究計畫署）看中 Unix 實行了 TCP/IP 協定，對其特別青睞，並自一九八〇年起指名 Unix 為其建議的作業系統。[108] 到了一九八〇年代中期，Unix 已經成為最風行的作業系統。[109] 事實上，Unix 當時流行和主流到在某個場合中，肯‧湯普森遇到一名教授上前告訴他：「我恨你。作業系統的研究統統喊停，都是 Unix 害的。」[110]

Unix 原本是用組合語言寫成，後來變成用一種肯‧湯普森偕同事創造出的程式語言寫成，這種語言叫 B 語言。在一九六九到一九七三年間，B 語言演化成了一種語言叫 C。[111]Unix 於是用 C 語言改寫，一直到今天。C 做為一種程式語言，其設計就是要容許這種低層次的程式設計，好讓程式設計師有工具寫得出像 Unix 這類作業系統。C 語言讓程式設計師得以創造出速度快、效率高，且可以完全控制電腦的程式。但 C 語言也提供了足夠的架構，所以它也可以被用來撰寫大型的程式，比方說其它的作業系統。李奇在形容 C 語言的時候，說它「很貼近機器」，而且「不按牌理出牌，不完美，（但又）成功至極」。[112]C 語言給了程式設計師很大的力量去控制電腦，但他們也必須小心翼翼，免得寫出含有安全弱點的程式碼。因為 C 語言需要由程式設計師從外部去管理程式對記憶體的使用，因此任何的錯誤都可能導致緩衝區溢位，也就是莫里斯蠕蟲所利用的那種狀況。這方面的問題，讓 C 語言被批評為「一個不小心，就會讓你把自己的手指切掉」。[113]C 語言的初始設計會欠缺對安全性的強力聚焦，也部分反映了當時的時代背景。有人形容，批評 C 的設計者沒有納入可以預防緩衝區溢位等弱點的安全措施，就像在批評亨利‧福特沒有發明防鎖死煞車系統。[114]

除了是用 C 語言寫成以外，Unix 作業系統本身的開發也沒有特別著重安全性。在一九七○年代晚期，李奇稱「光是這一點，就保證了漏洞必然百出」。[115]早期的 Unix 有許多部分都是學生的作品，不然就是在研究實驗室裡由程式設計師草草弄出來的東西。商用軟體理應接受的嚴格測試，普遍來講付之闕如，而結果就是 Unix「有一大堆通常可以正常運作，但偶爾會一敗塗地的工具」。[116] 一九八一年一份關於 Unix 安全性的學術研究指認出二十一個新的弱點，共分六類。[117] 這份研究報告在電腦安全研究者之間流傳，但卻在幾十年後才做為回顧的一部分正式出版。[118] 一九九一年曾出版過一本厚達五百頁、講述 Unix 安全性的書籍。[119] 這本書的其中一名作者傑納・斯帕弗德（Gene Spafford），在對莫里斯蠕蟲的回應中扮演了要角，並發起了噬菌體這個被用來調查蠕蟲與確認該如何遏止蠕蟲的郵件論壇。

　　Unix 的弱點也在駭客圈獲得廣泛的討論。線上雜誌《飛駭》（*Phrack*）——這個名字源自於 phreak（飛客；早期侵入電話線的人）與 hack（駭入）的結合——貼出了好幾篇文章來探討 Unix 的安全性，當中包括作者是 Shooting Shark（射擊鯊魚）的〈Unix 的剋星〉（Unix Nasties），作者是 Red Knight（紅騎士）的〈駭入 Unix 的深度指南〉（An In-Depth Guide to Hacking Unix），還有作者是 The Shining（閃靈）的〈Unix 的專業駭入工具〉（Unix Hacking Tools of the Trade）。[120] 這些文章介紹了 Unix 的弱點，其它主題還包括駭客可以如何在侵入後於 Unix 系統中隱身。USENET 上的新聞群組與名為 Bugtraq 的郵件論壇也是討論 Unix 弱點的熱門論壇。Bugtraq 的成立宗旨是討論電腦安全議題，像是弱點的技術細節。[121] 在 Bugtraq 上獲得討論的 Unix 弱點類型包括「遠距弱點」——可以讓不同的電腦侵入 Unix 的弱點——以及「區域弱點」——在某 Unix 系統上成為最強大使用者的各種辦法。遠距弱點可以用來侵入遠方的電腦，而區域弱點則可以用來控制那台電腦。

　　在這些林林總總的論壇上獲得討論的，不僅僅是 Unix 弱點的細節。那些可以占弱點便宜的漏洞利用（exploit）方式，也在上頭獲得了廣泛的傳播。所謂的漏洞利用方式，其實就是一個電腦程式，這個程式會讓人得以占系統弱點的便宜，而不需要確實去了解該弱點的技術細節。比方說，某人可以跑一個對應緩衝區溢位的漏洞利用程式，但不需要真正去了解緩衝區溢位的技術細節。

　　Unix 上發現愈來愈多的安全弱點，加上漏洞利用方式可以輕易取得，造成了有人開玩笑說「Unix 安全性」已經變成一種矛盾修辭，主要是 Unix 與安全性根本不可能同時成立，就像「速食經典」或「軍事情報（也有「智慧」之意）」一樣。[122] 外界的一種預期心理開始生根，那就是 Unix 永遠不可能被處理到安全，大家開始覺得處理完這一個安全弱點，下一個弱點也會接著出現。同樣的這種批評也曾經對準老虎隊和「滲透與修補」的典範，而這種批評的起源是一種無力感。系統管理者必須為了確保 Unix 電腦安全所付出的努力不斷增加，因為在 Unix 上發現的弱點數目也在增加。一個組織裡有著數以百台計甚至數以千台計的 Unix 電腦，請問他們要如何確保所有的電腦安全？他們需要一個根本性的新辦法，一個可以補償個別電腦安全性不足的辦法。而有些人認為他們找到了這個辦法。

　　這些人的靈感來自於特定汽車與建築的設計，而這些汽車與建築的共通點是：設有防火牆。防火牆的目的，是要保護乘客或居民，是要阻止火勢散播穿過物理性的結構。防火牆這個觀念，可以拿來應用在提供安全給一群電腦的任務上，讓擁有這群電腦的組織受益。相對於一台一台地去確保個別電腦的安全，防火牆會直接擋在電腦與網路之間。電腦與網際網路之間所有的通訊，都繞不過防火牆。只有由防火牆管理員明令准許的網路流量，才能順利通過——這種做法被稱為預設拒絕。[123] 只要防火牆沒倒，其所保護的電腦就不用一台台去確保。[124] 為了解釋防火牆的概念，偶爾會被用上的是中世紀村落的例子。村民為了保護自己不受野蠻人的入侵，可以蓋起一道只有單一門禁並由衛兵看守的高牆。衛兵確保了只有村民或其它獲准進入之人可以出入城門，而村中除了城門以外沒有其他的出入口。在這個比喻中，村民的家代表的就是由防火牆所保護的電腦，而對村子虎視眈眈的野蠻人，就是存在於網際網路上的各種威脅，包括蠕蟲與駭客，而防火牆則是由城牆、門禁與衛兵所共同提供的安全性。由於在防火牆的保護下，電腦的安全性取決於防火牆本身的安全性，因此防火牆必須設法讓自己愈安全愈好。[125] 這個安全強化的過程會剃除防火牆上的東西，讓它只剩下維持運作最起碼的功能。把防火牆簡化到極致，可以降低複雜性，複雜性少了，弱點的存在也會變少。

　　防火牆代表著一種典範轉移，方向是從主機安全模型轉移到邊界安全模型，其中前者代表安全方面的努力是，聚焦在個別電腦的安全性上，而後者則代表安全方面的努力是聚焦在使用防火牆來創造一個固若金湯的邊界。但防火牆其實是一九七〇年代參考監視器概念的一次重新施作。參考監視器的運作在其原初設想中，是會在作業系統中巡視各種活動，而防火牆的運作則是在電腦網路中巡邏各種活動。安德森報告甚至曾在作業系統安全的段落中使用過「防火牆」一詞，當中提到：「如果我們可以在使用者之間建起更好的『防火牆』，我們就能在多位使用者與多層級的安全環境中，限制安全遭到侵入的程度。」[126] 分時作業迫使人去考慮到多人同時使用一台電腦時會衍生出的風險。電腦網路化會創造出一種類似的壓力，迫使人去考慮到多人在同一張網路中使用多台電腦時會衍生出的風險。

　　為了確保組織內大量電腦不受網際網路上各種安全威脅的傷害，防火牆是顯而易見的解決之道，但在一九九〇年代早期，不是每個人都用這麼正面的眼光在看待防火牆。有些人形容那些選擇使用防火牆的人是「懶得」去改善個別電腦的安全性。[127] 還有人認爲防火牆是一種很不祥的區隔化和巴爾幹化，有礙於網際網路的開放精神。[128] 不過大部分人對這些批評都是置若罔聞。對組織來說，使用防火牆的好處實在讓人沒有抵抗力。有著幾百台乃至幾千台電腦的組織，知道他們不可能一台一台去確保電腦的安全，而防火牆看似是一個相對簡單而且直接的解決之道。[129]

防火牆早期大部分的工作，都完成在兩個人手裡，他們一個是比爾‧查斯維克（Bill Cheswick），一個是史提夫‧貝洛文（Steve Bellovin），當時他們是貝爾實驗室的同事。查斯維克在一九八七年創造了防火牆，比莫里斯蠕蟲早一年。[130] 在蠕蟲散播的期間，查斯維克的防火牆成功爲貝爾實驗室網路上的電腦擋住了蠕蟲感染。[131] 蠕蟲風頭過後，查斯維克檢視了貝爾實驗室的網路，結果他發現實驗室網路上有逾三百台電腦存在起碼一種蠕蟲可以利用的安全弱點。這代表要是貝爾實驗室沒裝防火牆，那等待著他們的就會是大規模感染。[132]

一九九〇年，查斯維克發表了第一篇以防火牆爲題的論文，題目是〈安全網際網路閘道的設計〉（The Design of a Secure Internet Gateway）。[133] 他知道這個觀念頗新，也知道發表論文並在當中提及貝爾實驗室，搞不好會引來更多的電腦駭客。想到這一層，他在論文的結論中加入了這樣的警語：「本論文並非邀人測試我們閘道的安全性。本實驗室管理層的政策是在偵測到入侵者時通報有關當局。」[134]

史提夫‧貝洛文對防火牆研究的貢獻始於他檢視了貝爾實驗室防火牆所接收到的網路流量。他發現嘗試攻擊的案例和其它可疑的網路流量，其中他形容那些可疑的網路流量裡，有「從扭動門把到死命想攻擊」的各種東西。[135] 他的研究工作顯示開放的網際網路正在日益變成一個很危險的地方，而這一點正能支持防火牆的價值主張。

查斯維克與貝洛文合著了第一本以網際網路防火牆為題的書籍，出版於一九九四年。[136] 憑藉外界對防火牆所充滿的高度興趣，該書首刷一萬本得以銷售一空，前後只花了一星期。[137] 單單初版後來就累積了十萬本的銷售量，而且還被翻譯成了十二種語言。[138]

防火牆提供了顯而易見的好處給布署它們的組織，但它們也是一個罩門所在。查斯維克本人都形容邊界安全模型是「犰狳模型；包在軟嫩有嚼勁的中心外一種硬脆的外殼」。[139] 防火牆如果因為被繞過或被侵入而破功，那牆內的電腦就會跟著淪陷。每道防火牆都需要配合組織的特定需求來編排組態，而創造這個組態可以是一件很辛苦的工作。防火牆的「規則」會描述什麼樣的網路流量會被放行，什麼樣的網路流量又會被阻擋，而這批規則會被寫成一種晦澀難懂的自定義語言。[140] 二○○四年的一份報告研究了三十七所機構的防火牆組態，結果發現九成以上的組態存有錯誤──這個發現讓報告的作者群表示「深受打擊」。[141] 一份後續的研究在二○一○年檢視了數目有兩倍多的機構，結果發現那些機構的防火牆組態也都相當糟糕。[142]

電腦駭客與網際網路蠕蟲是一種威脅，但防火牆並不是萬靈丹。防火牆與邊界安全模型很快會遭到一種新興科技的挑戰，這種科技就叫做全球資訊網。

在全球資訊網的發明中扮演最核心角色的人，是一名英國工程師兼電腦科學家提姆・伯納─李（Tim Berners-Lee）。[143] 一九九○年，伯納─李任職於歐洲核子研究組織（CERN）。[144] 他想要縮小兩者之間的隔閡，一樣是 Telnet 與 FTP 等文字基礎的應用層網際網路協定，另一樣是使用個人電腦來傳送影像、聲音與影片的經驗。[145] 他感興趣的另外一個問題是，大家是如何在網際網路上發現資訊的，因為想用 FTP 下載檔案，前提是你必須知道該檔案存放於哪一台特定的電腦，同時你還得知道檔案在該電腦上的儲存路徑。[146] 為此伯納—李擘畫了一種辦法，可以供網際網路使用者去建立「一個人類知識池」。[147] 為了達成這個任務，他想像有一種系統可以被創造出來，然後這個系統可以創造出連結去通往全世界電腦上的檔案。這些連結可以被分享，而這個分享的過程就可以產生一張資訊網絡。透過這些連結來分享的各種檔案所包含的可以不只是文字，還可以承載圖片、影片，乃至於各式各樣的媒體。[148]

這張資訊網想要成功運作，它就必須與已有的網際網路合作得天衣無縫，而具體而言這就代表與 TCP/IP 協定套組要相容。[149] 但為了建立這張資訊網，同樣必須得建立的是若干能在概念上居於 TCP/IP 之上的新應用層協定。超文本傳輸協定（HTTP）就此應運而生，為的是讓資訊可以被分享於網頁伺服器之間。網頁伺服器是網路上的資訊發行者，至於網路上的資訊消費者則是網頁客戶端，像網頁瀏覽器就是其一。[150]

人類歷史上第一台網頁伺服器，於一九九〇年十二月在 CERN 上線，而 CERN 也自隔年夏天起，經由網際網路發放該網頁伺服器的軟體。[151] 到了一九九二年，好幾處研究位址都建立起了網頁伺服器，其中一處是位於伊利諾大學的國家超級計算應用中心（NCSA）。[152] NCSA 成立之初，是一處超級計算設施，但超級電腦的需求因為一件事情的發生而走起了下坡，那就是工作站電腦的崛起提供了足夠的電腦算力來滿足許多研究任務的需求。NCSA 的人員只得重新找尋新的存在意義，而全球資訊網的點子看似爲他們帶來了無窮希望。[153]

一九九三年，NCSA 的一支隊伍在馬克·安德雷森（Marc Andreessen）的率領下，開始著手開發一款名爲 Mosaic 的網頁瀏覽器。[154] Mosaic 網頁瀏覽器裡有各種創新功能，包括它能讓一幀影像擔綱網頁連結，由此你只要往影像按下去，就可以讓瀏覽器前往被連結的網頁，同時 Mosaic 還可以在大部分 PC 與 Unix 工作站上執行。Mosaic 在一九九三年十一月免費上市。[155] Mosaic 的第一筆下載只花了十分鐘，接著在短短半小時內，其下載數量就達到了好幾百。[156] 第一個月的總下載量達到四萬筆，然後截至一九九四年春，估計顯示在使用中的 Mosaic 瀏覽器已逾百萬套。[157] 網頁伺服器的數量從一九九三年四月的區區六十種，增加到了一九九四年五月的超過一千兩百種。[158] 全球資訊網得以呈指數型成長是靠梅特卡夫定律——也就是電子郵件與網際網路得以發展起來的同一種效應。隨著愈來愈多網站出現在網上，Mosaic 等網頁瀏覽器的使用者也愈來愈多，而這又反過來促使了更多人搭建網站。

一九九四年，安德雷森偕團隊揮別了 NCSA，開始研發起商用版的 Mosaic。[159] 這樣做出來的產品，就是網景網頁瀏覽器，Netscape。網景提供了好幾項 Mosaic 所不具備的優勢，像是使用起來比較方便，而且效能表現有所提升。網景還同時支援安全通訊端層（SSL）這種可以將傳送於網頁瀏覽器與網頁伺服器之間的資訊進行加密的協定，而這就使在線上使用信用卡購物出現了可能性。SSL 作爲前身所演化出來的，就是今天的傳輸層安全性（TLS）協定。這種種特色，都吸引著 Mosaic 的使用者轉檯到了網景。

全球資訊網的成長，使防火牆面臨挑戰。某個組織若想推出網站，他們就得准許全球資訊網的流量，像是採用 HTTP 的那些流量，

能夠順利通過他們的防火牆。而要是該組織所使用的網頁伺服器軟體
中含有弱點，那他們就很難阻止駭客利用該弱點。對此一個常見的反
應是，將網頁伺服器移到他們網路中一個鄰近防火牆的隔離區，名叫
DMZ。[160] DMZ 一詞來自 demilitarized zone，也就是非軍事區，一個兩
國之間的中立領域。在非軍事區中，網頁伺服器一般會被兩面防火牆
包圍：一面是網頁伺服器與網際網路之間的防火牆，另一面是網頁伺
服器與組織中其他電腦間的防火牆。這種組態會讓組織擁有更多的機
會去阻止駭客或偵測到駭客，但如果一名駭客可以駭入網頁伺服器，
他們接著就會轉而嘗試去突破內網。

到了一九九五年，全球資訊網已經成為主流，各企業都爭先恐後
地開始在網路上插旗。資訊安全在這個新世界裡，會有什麼際遇呢？
有個人即將揭曉這個答案。

原本是陸戰隊員的丹・法默（Dan Farmer）在第一次波灣戰爭中
取得了「良心拒服兵役者」的身分。[161] 他在退役後的生涯原本前途茫
茫。他曾在九一一恐怖攻擊之後，為美國國防部提供過網路安全方面
的建言，曾出席國會作證，還為美國唱片業協會（Recording Industry
Association of America）擔任過專家證人，幫該協會和點對點檔案分享
服務業者 Napster 打過法律攻防。[162] 唱片產業有感於法默對該訴訟的
卓越貢獻，還給他頒發了一張榮譽金唱片。[163] 但同時他也是一個自稱
有著「病態執拗」的反傳統主義者。[164]

法默進入資訊安全領域的入場券，是讓他一迷上就無法自拔的莫
里斯蠕蟲。他後來甚至感謝過羅伯・T・莫里斯寫出了該蠕蟲，才讓

他得以在資安領域找到了職涯的第二春。[165] 歷經莫里斯蠕蟲後，一個叫做電腦緊急應變團隊（CERT）的組織，被組成來擔任安全資訊的結算交換機構。[166]CERT 建立了一條二十四小時熱線，全世界的人只要有關乎電腦安全的問題或疑慮，都可以打這個號碼去問。[167]CERT 也會彙整在 Bugtraq 等郵件論壇上被公諸於世的那些弱點，然後發行安全指南去凸顯並描述這些弱點。[168] 法默加入了 CERT，並用他在那兒的時間累積了相關知識，明白了駭客是如何侵入電腦。[169] 一九九三年，他以共同作者的身分發表了一篇文章叫〈想改善你網站的安全性，就從侵入它做起〉（Improving the Security of Your Site by Breaking into it）。[170] 這篇文章的用意是要做為給系統管理者的一份指南，讓他們可以按圖索驥地去找尋自家電腦中的弱點。[171] 他接著運用他累積的電腦安全知識，與人聯手寫成了一個電腦程式，它可以自動掃描遠端電腦的弱點。這個網路弱點掃描器的概念非常強大，因為這樣一個工具的誕生代表只消一個人坐在電腦前操作這個程式，他就可以判定幾十台、幾百台，甚至幾千台電腦有沒有弱點。這種檢查曾經是一個必須手動為之的過程，而如今經過自動化之後，作業的規模也可以大幅提升。他參與製作的這個程式，被命名為安全管理者用網路分析工具（SATAN）。[172] 這個縮寫因為與撒旦撞名，所以讓人覺得有點挑釁。由此法默為那些感到冒犯的人，提供了另外一個獨立的程式叫 repent，也就是「懺悔」，它可以把撒旦的名字改成比較友善的 SANTA，也就是「聖誕老人」。

　　網路弱點掃描器的點子並不新。威廉・吉布森（William Gibson）在一九八四年出了一本科幻小說叫《神經喚術士》（*Neuromancer*），當中就描寫到一種「中國人製造的狂級馬克十一滲透程式」會自動侵入 ICE，也就是在書中那個反烏托邦未來裡用來保護企業網路的一種防火牆。SATAN 並不是唯一一個被創造出來的網路弱點掃描器，和 SATAN 同期還有好幾種商用的網路弱點掃描器，可以在市場上購得。[173] 惟在此同時，就可以偵測到的弱點種類而言，SATAN 確實是覆蓋面最廣的網路弱點掃描器。SATAN 用起來還比較直觀，因爲它是率先把網頁瀏覽器做爲使用者介面的其中一種軟體。

在 SATAN 預定要推出的幾個月前，法默接下了一份工作，擔任視算科技公司（Silicon Graphics）的安全長，這是一家矽谷的電腦軟硬體製造商，專攻能創造出 3D 立體電腦圖像的產品。[174] 他將他在 SATAN 上投入的研究告知了視算科技，然後便受邀參加了一場會議，出席的有該公司的一名副總與兩名律師。[175] 法默面臨三個選項：一是讓視算科技把 SATAN 轉換成商用版的產品，二是將 SATAN 的公開上市喊停，三是從視算科技離職。[176] 法默選擇離職。[177]

SATAN 於一九九五年，丹・法默的生日當天發表。[178] 來自平面媒體的反應相當聳動。《奧克蘭論壇報》（*Oakland Tribune*）形容 SATAN「就像隨機把自動步槍郵寄給五千個地址」。《聖荷西信使報》（*San Jose Mercury*）使用了一個類似的比喻，他們說推出 SATAN「就像把高功率的火箭發射器分發到全世界，去你家附近的圖書館或學校就領得到，不用錢，只要你領完朝人試射看看就好。」《洛杉磯時報》（*Los Angeles Times*）宣稱「SATAN 就像一把槍，而推出 SATAN 就像把槍交到十二歲小孩的手上。」[179] 在一個主題爲安全的郵件論壇上，一名匿名的貼文者表示：「近期問世的 SATAN 是用來查探網際網路上各網址的套裝軟體，而其作者群藉此多少展現出的道德淪喪，足以讓世界各地的軍火販子歡欣鼓舞。」[180] 然而在資訊安全的領域中，大家的共識是無論 SATAN 造成了什麼樣的威脅，都沒有主流報紙繪聲繪影說得那麼誇張。一封電子郵件流傳在安全專業人士之間，信內描述了「你能判斷出 SATAN 已經入侵你網路的十大辦法」，當中包括「你的電腦螢幕開始原地繞起圈圈」，還有「你的防火牆變成一圈熊熊烈火」。[181]

　　一九九六年，法默好奇起那些急忙建起自家網站的組織有著什麼樣的安全性表現，於是他決定進行一場大膽的實驗。他用了一個特調版的 SATAN 程式，去檢視網際網路上數千個高知名度網址的安全性，當中包括網路銀行、報社、信用合作社、政府機關，還有一種歷史最久也最賺錢的網路事業──色情網站。他所檢視的政府機關包括美國行政與司法分支、國會、聯準會，還有一些情報機構。[182] 按他的原話所說，他的發現讓人感到既驚訝，又沮喪。[183] 逾六成的網站可以「被侵入或摧毀」，而另外百分之九到二十四的網站，則可以透過兩個很普及的程式去尋找入侵的機會，只要其中一個程式被找出一個新的安全弱點，這些網站就會被侵入。（此話一出不到一個月，這兩個程式就都被發現了不只一個弱點。）法默估計，若是利用較為先進的技術，在他測試過的網站中，有另外百分之十到二十相對容易被入侵或「癱瘓」。整體而言，有四分之三的網站難逃其安全性遭到破壞的命運，「只要有心人願意花那個力氣和時間」。[184]

　　法默沒有嘗試隱藏他的 SATAN 掃描，他甚至是從他所擁有的一個叫 trouble.org 的網域在進行這些掃描。但在他所測試的兩千多個網站當中，只有三個寄了電郵到他的網域去詢問他在幹嘛。[185] 有偵測到 SATAN 掃描但沒有嘗試聯繫法默的網站數量不詳，但技術上有能力偵測到網路弱點的網站數量似乎非常少。這代表這些網站不僅是在不受保護的狀態下在網路上裸奔，而且它們還像沒有雷達的飛機一樣在空中盲飛。

這些都是很重要的發現，但當中有些細節非常特別。讓人在線上看 A 片的色情網站，被發現在安全程度上更勝美國政府機關、銀行、信評機構與報社一籌。[186] 這種現象的一個解釋，可能是色情網站需要用到線上財務交易，而其它網站則不用，而前者也針對這一需求設計了更多的安全措施。美國銀行搶匪威利・薩頓（Willie Sutton）據說曾被問到過他為什麼搶銀行，而他的回答是：「因為錢都放在銀行。」在一九九〇年代中期，網路上有錢可賺的地方，就是色情網站。色情網站率先採用了很多科技創新，包括即時通訊、聊天室、串流視訊，還有線上購物，其中線上購物就可能推著他們比其它網站更早、也在更大程度上考慮到安全問題。[187] 確實在一九九六年，網路服務供應商美國線上（America Online）所提供的半數聊天室都與性脫不了干係，重點是這些聊天室還能每年創造出超過八千萬美元的營收。[188]

法默接著拿他在實驗中掃描各網站所得到的結果，去比較了在網際網路上對電腦隨機抽樣所得到的結果。此舉讓他發現他在實驗中掃描過之網站所含有的弱點數量，是隨機抽樣電腦的兩倍多。雖然許多在實驗中進行過掃描的網站，都使用了防火牆等安全措施，但它們的整體安全性卻較為無效。[189] 這種反直覺的結果是怎麼來的呢？法默認為在匆忙中架站的組織在上網的同時，並沒有意識到網路帶來的風險。單純安裝一道防火牆，並不能提供網站保護，因為防火牆並不是一種統包的解決方案，它無法像把鑰匙似地開啟，並取得「存放於箱中的安全」。某家公司或許請了某名安全大師來安裝防火牆，但這名安全大師可能會就此「消失一年多」，期間防火牆將得不到任何它需要的照顧與養護，最終淪入一種不安全的狀態。[190]

　　舞台已經搭建好。ARPANET 已經演化成網際網路，一種對通訊與商業而言十分重要的新媒體。確保由個別電腦組成之網路的安全，有其困難之處，而正是這種困難，催生出了防火牆，也導致了從主機安全模型到邊界安全模型的過渡。擁抱這種新思維的組織開始急著改成在網路上做事情。但丹・法默讓我們看到了資訊安全一事，並不像表面上看起來那麼簡單。他做的實驗，是即將發生之事一個黑暗的先兆。

第四章

網路泡沫，
與有利可圖之回饋迴圈的起源

　　網路泡沫，或稱達康熱潮，指的是一場投機性的泡沫，期間我們看到股票市場中的網路概念股價值飆漲了一大段時間，並完全超脫了經濟基本面的支撐。[1] 就和其它的投機性泡沫一樣，網路泡沫的成因是某種發明的出現讓賺大錢的希望開始膨脹。[2]

　　當網景通訊（Netscape Communications）── 開發出網景網頁瀏覽器的那家公司 ── 在一九九五年八月九日於美國的證券交易所上市時，一股的價格就從開盤時的二十八美元，漲到了收盤時的七十一美元。網景的創辦人吉姆・克拉克（Jim Clark），就這樣看著他的身價在一天之內，暴增了六億六千三百萬美元，瞬間躋身美國富豪之列。十八個月內，網景的市值就超越了二十億美元，和巨擘級的國防承包商通用動力（General Dynamics）乃至於其它的老牌公司，都已經不相上下。[3]

　　這種身價大爆發，是肇因於一種名為全球資訊網（World Wide

Web）的創新。全球資訊網給了人能力去做幾件事情，包括在網路上進行娛樂內容的消費，包括在網路上用嶄新的方式溝通，也包括在網路上購買產品與服務。網頁瀏覽器是用來與全球資訊網互動的軟體，而當時一場一觸即發的網頁瀏覽器大戰，要爭奪的就是使用者的心。網景通訊與微軟公司都堅信，誰能創造出最受歡迎的網頁瀏覽器，誰就能處於優勢的位置去促進自家公司的利益。[4]

全球資訊網是新近發明的一組科技與協定，因此在定義上，資訊網安全性的研究也是新的研究。全球資訊網的安全性不存在專家，網景與微軟等公司在自家產品內實施安全性的時候也沒有太多研究發現可以參考。網景與微軟之間的激烈競爭本質，也影響到了安全性。兩家公司在撰寫其網頁瀏覽器與網頁伺服器產品的時候，都用上了 C 程式語言。[5]讓緩衝區溢位的弱點得以被創造出來，進而被莫里斯蠕蟲利用的，正是 C 語言。網景與微軟都知道想用 C 語言寫出不含有這些弱點的程式，談何容易，但他們仍選擇了 C 語言，因為這讓他們可以三兩下就創造出又快又有效率的軟體；從他們的角度看來，快速生產的利要大於安全風險的弊。[6]出於這些選擇，網景網頁瀏覽器與微軟的 Internet Explorer 網路瀏覽器都受到安全弱點的連番打擊，包括緩衝區溢位。[7]在網景通訊上市的一個月後，網景網頁瀏覽器上就被發現了一個安全弱點，它可能洩漏線上交易的細節。[8]一九九七年，微軟在三十天的單一週期內，就針對 Internet Explorer 上的四個安全弱點發布了修補程式。[9]

微軟與網景都難以確保其安全性的，是行動程式碼，又叫小程式、控制項，或是腳本。它們是在瀏覽全球資訊網的過程中，從網站上下載下來的程式。行動程式碼提供了更豐富的上網經驗給使用者，超乎網頁瀏覽器本身的能力，這包括爲使用者提供內嵌的聊天室或遊戲。行動程式碼對網頁開發者或想要吸引網路衝浪者來到他們網站的企業而言，都深具吸引力。而行動程式碼所帶來的安全性挑戰是如何不讓其從網頁瀏覽器上脫逃，並在使用者的電腦上執行惡意的行動。一道出於惡意寫成的行動程式碼，可能會嘗試從使用者的電腦上讀取資訊，或甚至在上頭刪除檔案。[10]

　　兩種最流行的行動程式碼，分別是 Java 與 ActiveX，而它們面對安全問題有不同的做法。Java 會嘗試把行動程式碼限縮在一個其無法逃脫的沙盒當中。[11] 但肇因於實施上的失誤與設計上的瑕疵，Java 中發現了各種弱點，而這些弱點會讓惡意的行動程式碼恣意讀取電腦上的各個檔案，跑各種指令，修改或刪除資料，插入程式去執行各種功能，包括監控使用者。[12]ActiveX 所採用的辦法則是在行動程式碼上簽名來指認作者，然後把程式作者的資訊呈現給使用者。[13] 使用網頁瀏覽器的人將因此能利用所收到的程式作者資訊，去決定要或不要跑這個行動程式碼。[14] 但 ActiveX 裡被發現了若干弱點，當中包括使用者會被各種手法誘騙接受行動程式碼，或是行動程式碼會藉各種辦法在電腦上執行，無須獲得使用者明確的許可。[15]

　　這些在 Java 與 ActiveX 上的安全弱點，讓我們看到了內建於全球資訊網中一種新型態的弱點。莫里斯蠕蟲利用的是伺服器端的弱點，意思是蠕蟲會主動把手伸過整片網路到其它的電腦上，然後嘗試侵入那些電腦。但全球資訊網促成了一種新模式，那就是存心不良的網頁伺服器會坐等網頁瀏覽器（客戶端）接觸它們，然後等那些網頁瀏覽器上門之後，伺服器便可以嘗試去入侵。這是一個屬於客戶端弱點的新時代，一個光是單純瀏覽網頁就可以讓使用者電腦的安全性被突破的時代。[16] 網頁瀏覽器中遍布著眾多的客戶端弱點，包括有些弱點可以讓某個網頁去使用者的電腦上為所欲為，讀檔案、執行程式碼。[17]

客戶端弱點開始擴散，是在全球資訊網時代的早期，但當時同樣有經典的伺服器端弱點存在於網頁伺服器中。當網頁瀏覽器對網頁伺服器發出請求時，前者會送出資訊給網頁伺服器處理。比方說，某人可能會把 laptop 這個字輸入到網頁上的一個圖表中去搜尋各種筆電。這個字串 laptop 會被網頁伺服器用來搜尋對應產品的清單。但由於被輸入到網站表格中的文字處於使用者的全盤控制下，因此攻擊者可以故意輸入某些文字去混淆網頁伺服器，進而顛覆網頁伺服器對該文字的處理。這可能導致網頁伺服器去執行攻擊者嵌入在輸入文字中的各式行動。這被稱為指令注入（command injection）問題。解決之道是讓網頁伺服器去幫文字消毒，移除當中所有會傷害到網頁伺服器的東西。但如果這個消毒過程的實施有瑕疵，那指令注入的問題就無法根除。[18]SQL 注入這種格外值得注意且以資料庫為目標的指令注入攻擊，就是於此時開始大量獲得駭客採用，並持續到今天都沒有銷聲匿跡。[19]

網頁伺服器的安裝與組態設定，也創造了將弱點引入的可能性。組態設定不當，有可能造成電腦上的全數資訊都被外洩給網頁瀏覽器，而不只是系統管理者所希望提供的資訊。這種資訊外洩可能導致駭客得以從網頁伺服器安裝的電腦上取得資訊，包括加密密碼的清單。[20] 接著這些密碼便可能被破解——也就是被猜出來——然後被用來存取該電腦。網頁伺服器造成資料意外外洩的問題又變得更加嚴重，是因為 Yahoo! 與 Google 等搜尋引擎，主要是這些搜尋引擎會把全球資訊網上所有的資訊加上索引，讓人只要有心就查得到。

　　由網景通訊開發出的 SSL 協定讓網頁瀏覽器與網頁伺服器之間的通訊可以獲得加密，但如果網頁瀏覽器與網頁伺服器存在可以被利用的安全弱點，那這個協定的意義也就不大了。這種狀況被傑納・斯帕弗德形容為「用裝了厚甲的運鈔車去送錢，但錢是從一個睡在公園長椅上的遊民，被送去給在高架橋下以紙箱為家的傢伙（更別說：運鈔的途中充滿了隨機的繞路，任何人只要拿把螺絲起子都可以控制紅綠燈，而且沿路還都沒有警察）」。[21]

　　這些安全問題集合起來，提高了組織想要確保網站安全性的難度。而正因如此，許多最大和最熱門的網站都落得被駭，或是被發現內含有安全弱點的下場，如 eBay、Yahoo! 與 Hotmail 都在這波受害者之列。[22] 美國政府網站也遭逢了安全事件，像是美國參議院與聯邦調查局的官網都曾被駭而暫時關閉。[23] 網路安全業者自身也不能免疫，如安全產品廠商 Verisign 和安全服務業者 SANS Institute 的網站都未能倖免於被搞得面目全非的命運。[24]

　　面目全非在這個脈絡下，指的是「網站置換」，你可以想像在數位世界裡也有人手拿噴漆在牆上或在告示板上塗鴉。駭客會把被駭網站的內容置換成他或她自身的訊息，或是能倡導他或她意識形態或政治觀點的內容。[25] 中央情報局的官網就曾在被置換後出現這麼句話：「歡迎來到中央蠢蛋局」。[26] 駭客還會為了其它的理由去置換網站內容，這包括有人想自抬身價，有人想加入廣大的駭客社群，比方說有人會為了抗議駭客同志被捕而去置換某個網站。[27] 另外一種網站置換是有駭客會藉此向另一名駭客祝賀生日快樂。[28] 喬治・W・布希（小布希）在競選美國總統時的網站曾被置換過內容，當時駭客把網站上的小布希照片換成了亮紅色的鐵鎚與鐮刀。[29] 網站上的文字則被換成了這樣一段話：「我們必須讓馬克思的無產階級革命教條脫離理論，令其成爲現實。」[30] 小布希網站的訪客應該不太可能看到這些圖文，就以爲小布希的政治立場變了。但是同樣有可能發生的，是另外一種更爲巧妙的攻擊：駭客可以修改小布希的某些政策目標內容，而且不同於對馬克思主義革命的呼籲，這些改變有可能逃過網站管理員的法眼。

全球資訊網的安全性在早年，就像是美國開國時期的西部荒野。但資訊網本身仍是依靠底層的 TCP/IP 協定存在，而某個駭客即將證明由這些協定所創造的地基，有多麼不穩定。

━━━━━━

「路由」（route）是一名駭客，使用這個網名的他活躍在一九九〇年代。他對於電腦的興趣始於一九八二年，那年他收到了一台康懋達 64 電腦。[31] 他會用程式語言在那台電腦上寫出自創的各種冒險遊戲，並將之儲存在一台磁帶機上。[32] 慢慢長大，他對電腦的興趣與日俱增，單純的興趣變成了他口中「令人廢寢忘食的飢渴」。[33] 他的電腦開始一台一台地買，直到他的房間因爲塞滿「無數閃爍的明亮光源，好幾台嗡嗡作響的風扇，還有幾百英尺長可能走火的電纜」，而變成一個不夜城。[34] 他的這些電腦讓房間熱到他必須用鋁箔去把陽光擋在窗外，否則他在室內根本待不下去。[35] 他的背上看得到一個大大的黑色刺青，上頭是一顆用來製造電腦晶片的晶粒。[36]

到了一九九六年，路由已經在資訊安全領域裡有他的一席之地。在專門討論安全議題的 alt.2600 論壇上，他已經發表了不下兩千篇貼文。[37] 他還已經成爲《飛駭》雜誌三名編輯之一。[38]《飛駭》創刊於一九八五年，並有著在電信與電腦安全領域發行文章的悠久歷史。[39]

路由在網路安全方面有著特別突出的專業，而從一九九六年的一月到一九九七年的十一月，他就藉《飛駭》發表了他的研究。那一系列文章可以說是隔空輾過了 TCP/IP 協定套組。

　　一九九六年一月，路由在《飛駭》（Phrack）上發表了一篇文章，標題是〈海神計畫〉（Project Neptune）。他在這篇文章中描述了一場對 TCP 協定發動的 SYN 洪水攻擊。[40] 在 TCP 協定中，電腦會在想與另一台電腦連線時發出封包詢問：「我可以（和你）連線嗎？」如果另一台電腦既願意也有能力接受連線，那它就會發出一則回答表示：「是，你可以連線。」這時第一台電腦就會為了完成協定而發出封包表示：「OK，我要連線了。」路由所描述的攻擊過程牽涉到第一台電腦發出第一個封包詢問：「我可以連線嗎？」然後第二台電腦會回覆說：「是，你可以連線。」但此時攻擊者就會故意不寄出第三個封包來完成協定。[41] 一開始第二台電腦會繼續等待第三個封包，但一段時間後它會認定第一台電腦已經不想進行對話，這時它就會停止等待。但根據路由在文章中的描述，在很多作業系統中，如果這種半開放的連結達到一定數量，電腦就會開始不再接受額外的對話請求。攻擊者可以利用這種弱點，去阻止網頁伺服器等程式接受任何來自網頁瀏覽器的連線。[42]

　　這種弱點之所以會存在，是因為程式設計師在寫出這些有弱點的程式碼之時，做了一些假設。他們假設沒有人會嘗試用 TCP 去重複嘗試連結，但卻刻意不完成建立連結所需的協定。這種模式，也就是程式設計師等人做了一些假設，但這些假設卻遭到有心人的濫用，是安全弱點一個很普遍的成因。

　　SYN 洪水不是一種可以直接被用來駭入電腦的攻擊方式。事實上它也不是一種可以造成敏感資訊被洩漏給攻擊者的攻擊。它是一種阻斷服務攻擊，也就是藉由阻斷使用者使用電腦的能力去影響資安鐵三角中的「可用性」。[43]TCP/IP 中的安全弱點在莫里斯蠕蟲的時期就已經有人撰文介紹過。[44] 史提夫・貝洛文做為網際網路防火牆第一本專書的共同作者，就曾經在一九八九年預期過 SYN 洪水攻擊的發生。[45]但貝洛文與另一名共同作者比爾・查斯維克並沒有在他們的書中描述 SYN 洪水的攻擊技巧，理由是當時的人對這種攻擊尚屬束手無策。[46]貝洛文後來表示他相當後悔做了這個決定。[47]

　　SYN 洪水攻擊並不是路由的發明，但路由調查並記錄了這種攻擊對不同種類作業系統的有效性，然後讓這種攻擊技巧的存在變得普及。在其《飛駭》電子雜誌文章中，他還提供了一個名為海神的程式，那是一種可以用來執行 SYN 洪水攻擊的程式。[48] 從路由發表文章介紹 SYN 洪水算起的八個月後，曼哈頓一間網路服務供應商 Panix（公共接取網路公司）被連著幾天踢下了網路，禍首就是 SYN 洪水攻擊。[49]幾個月後，一家大型網站代管業者 WebCom 也遭到一場 SYN 洪水攻擊波及，結果造成三千多個網站離線超過四十個小時。[50]

　　新一期的《飛駭》在一九九六年八月出刊，路由又在當中發表了兩篇新文章。第一篇文章名為〈冥王計畫〉（Project Hades）。文章中介紹了兩款程式可以利用在電腦作業系統中實施 TCP/IP 協定而產生的弱點。[51] 其中「貪婪」（Avarice）可以中止在網路上所有電腦之間的 TCP 連結，而「怠惰」（Sloth）則會讓網路流量變緩。[52] 第二篇文章名為〈洛基計畫〉（Project Loki），洛基指的就是北歐神話裡那個詭計多端的神祇。[53] 在洛基計畫中，路由把監禁問題帶進了電腦網路的範疇中。在牽涉到作業系統的安全性時，監禁問題的典型概念是很難阻止同一台電腦上的兩名使用者用隱密通道進行溝通。路由描述了電腦網路為何可能遇上同樣的監禁問題。比方說，如果一道防火牆坐落在兩名使用者之間，阻斷了他們的溝通，那這兩名使用者就可能會想要建立一個隱密通道來逐行溝通。[54]

他的研究重心是 TCP/IP 協定套組中，一個名為網際網路控制訊息協定（ICMP）的協定。[55] ICMP 被用來在電腦與網路基礎建設（像是負責在網路四處為封包設定路由的路由器）之間發送資訊。[56]ICMP 流量在系統管理者與網路管理者的眼中，通常會被視為是良性的存在，因為兩台電腦之間交換 ICMP 訊息，並不會被認為有什麼可疑之處。[57] 而這就讓 ICMP 成為了創造隱密通道很有吸引力的選擇。[58] 對 ICMP 協定進行了規格描述的 RFC（意見徵求書），使一定量的資料得以被納入個別 ICMP 封包的空間內。[59] 特定處境下，協定會使用到封包空間裡的這些資料，但正常來說，封包空間是會被閒置的。[60] 路由的洛基計畫使用這些閒置空間去儲存資訊，然後這些資訊就能神不知鬼不覺地被傳遞在兩台電腦之間。這些 ICMP 封包乍看之下，就是正常的 ICMP 封包，但私底下它們其實可以夾帶資訊。[61] 雖然路由並沒有在一九九六年八月號的《飛駭》中發布其洛基計畫的原始碼，但他後續確實在一九九七年的九月號中將之公諸於世。[62]

一九九七年四月，路由釋出了「賈格諾特」（Juggernaut；意思是巨大的力量）這個程式，它能讓使用者做到三件事情：監視網路連結、中止網路連結，甚至綁架網路連結。[63] 一九九七年十一月，他釋出了「淚滴」（Teardrop）──這是一個可以讓 Windows 電腦當機的阻斷服務程式。[64]「淚滴」的運作，靠的是利用 IP 協定實施中所存在的一個弱點。IP 會把大塊的資料拆成獨立的封包，然後在目的地的電腦將它們重新組裝起來。每個封包裡都有編號，這是為了讓它們在目的地電腦處，可以以正確的順序組裝回去。「淚滴」會發出兩筆數字重疊的封包——這種情況正常是不會發生的——以造成收到封包的電腦當機。[65] 從「淚滴」開始，利用 TCP/IP 弱點的阻斷服務程式一一出現，當中包括「土地」（Land），還有名字很嚇人的「死亡之乒聲」（ping of death）。[66] 土地會發出封包給電腦，並假裝這封包就來自那部電腦自身，藉此造成電腦凍結。「死亡之乒聲」會造成電腦當機，靠的是發出規模大於 RFC 規定尺寸的封包。

　　網頁瀏覽器與網頁伺服器的弱點，知名網站遭到內容置換，還有路由大肆破壞 TCP/IP 協定套組，共同為一九九〇年代後期的網際網路和資訊網安全性繪製了一幅令人搖頭的即景。乘著網路泡沫起飛的商業公司想要保護他們的網站不受攻擊，因為不論是遭到阻斷服務攻擊，還是電腦被駭，抑或是網站內容被置換，都會對他們的生意造成傷害。但普遍而言，這些公司並不具備專業知識或意願去建制自身的安全科技——丹・法默的實驗已經為我們證實了這一點。這時跳出來填補這個虛空的，就是萌芽中的民間資訊安全產業。他們打造了安全性產品並將之商業化，目標是找出安全弱點與偵測出駭客的行蹤，而偶爾會有廠商將其產品標榜為萬無一失的絕對解決方案。有一份印刷品是在替名為 Proventia 的產品打廣告，而該公司的執行長在上頭高舉著一顆槍彈，文案寫著「Proventia：安全性的純銀子彈＊？」[67]

　　在這個嶄新的商業市場中展露頭角的第一種產品大項，是網路弱點掃描器。丹・法默的 SATAN 就是打開知名度的網路弱點掃描器，而任何人都可以下載並使用該產品這一點，就是 SATAN 甫上市便能讓

＊　譯註：西方人認為銀彈專剋狼人，用來比喻萬靈丹。

媒體追捧且爲之瘋狂的一大主因。達康熱潮爲商用網路弱點掃描器的產銷創造了機會，同時還有好幾項商用產品也很快就要冒出頭來。最受矚目的網路弱點掃描器業者，包括網際網路安全系統公司（Internet Security Systems）——這是一間總部在亞特蘭大，由一名喬治亞理工學院（Georgia Institute of Technology）的學生所創辦的公司——還有思科（Cisco）——一家專做路由器與交換器等網通裝置的業者。[68]

組織可以把網路弱點掃描器產品做爲一種「箱中的老虎隊」。有了網路弱點掃描器，組織就可以確認自家電腦中的弱點，但又不用養一整支專家團隊去做這項工作。由網路弱點掃描器所提供的自動化，也比人工展現了更大的拓展潛力，因爲掃描器檢查出電腦中弱點的速度要遠高於人類。而且不同於人類，掃描器永遠不會累。網路弱點掃描器的廠商把他們的安全性專業知識濃縮進這些產品，即便安全知識不如他們的人也同樣可以操作。但由於網路弱點掃描器也是一種電腦程式，因此它本身並不具備人的創意；它無法找到之前未曾被發現過的新穎弱點，那是人類老虎隊才做得到的事情。如果發現弱點既是科學也是藝術，那網路弱點掃描器就只能複製科學的部分，而無法觸及藝術的境界。

組織會使用網路弱點掃描器去掃描他們防火牆後的電腦，也會從網際網路端去掃描他們防火牆的外側，爲的是針對他們的網路伺服器與其它面向網際網路的電腦，取得和駭客在網際網路上看到的相同視角。在某次掃描完成後，網路弱點掃描器產品會生成一份報告，在上頭列出所有被偵測出的弱點。那份報告會用高中低的分類來對弱點加以排名，好讓人了解弱點的嚴重性。組織中的系統管理者可以拿著這份報告，然後去套用各種對應的安全修補程式。透過這種方式，網路弱點掃描器便能自動化一部分的滲透與修補循環。[69]

　　崛起於網路泡沫早期的第二大類安全產品是網路入侵偵測系統（network intrusion detection system）。若說防火牆就像把村子圍起來，並附有門禁和守衛的城牆，那網路入侵偵測系統就像是安裝在住家中的防盜警鈴。韋爾報告已經討論過我們為什麼需要數據軌跡（audit trail）──電腦系統上的活動紀錄──須知數據軌跡可以供我們「進行事件的重建，並藉此了解有沒有人嘗試滲透系統而未遂，或了解是否有資訊已然外洩或安全性已遭違反」。[70]安德森報告的建議是電腦應該內建「監控系統」來蒐集資料，並通報未遂或已遂的安全性違反行為。[71]詹姆斯‧P‧安德森──安德森報告的主要作者──在一九八〇年寫了一篇論文，當中描述了安全人員如何可以用安全數據軌跡執行其維護電腦系統安全的職責。[72]對於一九八〇年代眾多為了開發入侵偵測系統所進行的研究，這是一篇高度具有影響力的報告。在這十年間，相關的重要研究包括由桃樂絲‧鄧寧（Dorothy Denning）與彼得‧諾伊曼（Peter Neumann）在 SRI 國際打造的「入侵偵測專家系統」（IDES），還有鄧寧在一九八七年發表的論文〈一個入侵偵測模型〉（An Intrusion Detection Model）。[73]所以說，到了一九九〇年代，入侵偵測已經不是一個新穎的概念，但可供組織購買來插入其網路，而且使用相對方便的商用入侵偵測產品，在當時仍算是個新鮮玩意。

　　網路入侵偵測系統會觀測網路流量通過其在網路上被安裝的部分，並嘗試偵測當中有無攻擊正在發生的證據。這對組織來說，是一個頗具吸引力的命題，因為這似乎可以彌補防火牆的不足之處，畢竟在獲准通過防火牆的那些網路流量中，像是全球資訊網的流量當中，就可能存在著攻擊。如果某個攻擊行為得以通過防火牆，那入侵偵測系統就會被觸發，讓組織得以做出反應。入侵偵測系統還可以被安裝在防火牆的前面，來觀測是什麼樣的攻擊在從網際網路端敲打防火牆。

入侵偵測產品有兩個主要的辦法可以嘗試偵測攻擊。在第一個方法中，入侵偵測系統會在網路流量中尋找特定的特徵——特徵在此指的是模式。[74] 說得簡單一點，如果一個已知的攻擊使用了 HACK 的字串，那入侵偵測系統就會去尋找當中含有這個字串的封包。第二個方法則牽涉到創造一個預期行為的基線，然後去偵測有沒有異常的行為發生在這條基線以外。[75] 在一九九○年代，第一種特徵偵測法要比第二種基線偵測法常見。這有一部分得歸因於訓練問題，因為想在平日創造出乾淨的網路流量基線來訓練異常偵測系統，是一件有難度的事情。如果訓練資料不乾淨，也就是內含有攻擊，那系統就反而會在訓練過程中學會去忽視那些攻擊。[76]

網路入侵偵測產品近似防火牆之處，在於它們都只需要一個，就可以保護同一個組織內的眾多電腦。網路入侵偵測系統產品與防火牆產品因此都符合邊界安全模型的要求，而這也使它們廣獲購買者的青睞。一九九七年，直屬美國總統的國家安全電訊諮詢委員會（National Security Telecommunications Advisory Committee）建議，美國應該要針對入侵偵測科技提出一個「聯邦願景」，且當中需涵蓋聯邦層級的研究目的、目標與優先順序，將此視為國家政策。[77] 入侵偵測產品的市場在一九九七年僅有兩千萬美元的規模，但事隔僅僅兩年，這個市場就成長到了一億美元。[78]

網路泡沫期間，對於想在網路上建立據點和原本就是網路業者的企業而言，市面上能取得的安全產品大抵是這樣的一個配方：用一道防火牆將公司內網的電腦與網際網路隔開，用弱點掃描器確認內網電腦中的弱點，然後用入侵偵測系統去偵測攻擊。但在這個看似單純的表象後面，有一個複雜許多而且問題叢生的現實。企業欠缺安全方面的專業，所以他們想得到的是安全產品可以提供的能力。但正由於欠缺安全專業，所以他們也無從判斷坊間安全產品的良窳。他們無法判斷某種特定的防火牆或網路入侵偵測系統究竟有沒有用。[79]

　　這種情況，被總結為電腦安全的基本困境。[80] 而這個基本困境正是橘皮書在一九八○年代想要解決的同一個問題，當時橘皮書提出的辦法是評估並認證作業系統產品。但那種評估認證模型以失敗告終，原因是世界進步得太快，快到評估過程根本跟不上步伐，而在網路泡沫年間，事件的推展還要比之前更快。測試某種入侵偵測系統即便對擁有安全專業的人員而言，也是甚具挑戰性的工作。想測試物理性的門禁，我們可以嘗試破門而入，但想測試防盜警報就沒有那麼單純了。啟動防盜系統無助於我們判定該警報能不能在需要時，觸發適當的反應。

　　就像他們的客戶一樣，商用安全產品的廠商也因為資訊不完整而吃足苦頭。安全廠商可以打造入侵偵測產品去偵測攻擊，但攻擊者可以以無人知曉的方式修正他們的攻擊，藉以避免偵測，由此安全業者並無法確知他們的產品能持續且有效地發揮作用。[81] 傑納・斯帕弗德曾這麼形容過對入侵偵測的測試：「（那就像）你提議打造一個箱子，一個上頭有個燈的箱子。而只要你搬著箱子進到一個有頭獨角獸在的房間，那箱子上的燈光就會滅掉。請問你要如何讓人相信這箱子運作正常？」[82] 前面提到在 Proventia 的廣告裡，有個手握銀色子彈的執行長，而他這顆銀彈真的是握對了，只不過理由和他想得不太一樣。他可能以為觀眾會按通俗的想法去解讀銀彈：銀彈代表的是面對複雜問題時的簡單解決方案。但軟體工程師看到銀彈卻不這麼想，他們的想法是：銀彈代表著一種被標榜是解決方案，但其實並沒有理性支撐的鄉野傳說。[83] 那名執行長成功用銀彈說明了安全產品實際上就是像軟體工程師所想的那樣。

這些問題並沒有勸退的效果，很多組織還是繼續購買商用安全產品，而這是因為他們沒有意會到這些有問題的面向，或是因為他們接受了廠商對自家產品的吹捧。另外那當中也可能存在經濟學者所稱的羊群效應，亦即組織內負有採購之責的經理人會跟風去買大品牌的東西。[84] 大品牌的供應商選擇起來，好像就是比較言之成理。安全專家們都知道這種現象，而且他們有些人會討論到安全產品的市占率往往並不能反映一項產品的效力，而只能代表廠商的業務與行銷工作做得很到位。[85]

基本困境造成資安產品之商用市場失靈的證據，很快就浮現了出來。一九九八年，兩名研究者決定著手調查他們能不能把攻擊偷渡到很多組織使用的網路入侵偵測系統之後。[86] 他們觀察到網路入侵偵測系統可以看到封包在網路上通過，但無法確知那些封包會真的抵達目的地的電腦，也不確定電腦會如何解讀那些封包。換言之，入侵偵測系統可以觀察到其所連結的網路部分正發生了什麼，但它無法對整個網路的所有活動扮演全知者。[87] 利用這點發現，這兩名研究者開發了各種可以用來規避網路入侵偵測系統的技巧。如果有入侵偵測系統在搜尋 HACK 字串，那攻擊者就可以發出 HXACK 的字串，但此時攻擊者會知道含有 X 的封包會抵達入侵偵測系統而不會抵達目標電腦。目標電腦會收到 HACK，但入侵偵測系統會看到 HXACK，並因此不會觸發警示。[88] 這兩人還開發了其它規避技巧來利用一項事實，那就是當作業系統廠商在其產品中實施 TCP/IP 協定時，RFC 文件中對於協定的描述會有一些迴旋空間，而這些空間就足以讓細微的差異潛入每個作業系統的實施方式中。這代表攻擊者可以發出網路封包到某台目標電腦，而入侵偵測系統將無從得知電腦會如何詮釋這些封包：那台電腦會將之詮釋為 HAKC，還是 HACK 呢？[89] 最好的狀況下，入侵偵測系統可能會能夠偵測出有某種規避行為正在發生，但它做不到通報說它看到了攻擊，它只能草草地說那兒可能有攻擊行為，但它也無法確認出是哪一種攻擊。[90]

只要使用上述的這幾類技巧，每個被研究者測試過的網路入侵偵測系統都可以獲得規避。[91] 更糟糕的是，這些問題似乎深埋在這些偵測系統運作的本質中。學者形容他們的研究顯示出一點，那就是網路入侵偵測系統產品有其「根本性的瑕疵」，而且同類型的所有產品「都無法完全獲得信任，除非它們能先經過根本上的重新設計」。[92] 二○一七年，另一群研究者重新想起了這些發現，並一舉測試了十款商用網路入侵偵測產品。他們發現大部分的產品都難敵刻意的規避，且一九九○年代的那些技巧都還都管用。[93]

這次規避研究揭發了基本困境的現實面。組織無論如何，就是沒有好的辦法可以判斷市面上的安全產品是否真的有效。產業雜誌內會有這些安全產品的評價，但其切入點比較傾向於廠商宣稱的功能和使用的方便性。[94] 而這造成的結果就是產商間競爭的重點比較不是技術力，比方說，誰的產品更能不被規避掉，而變成在比拚一些表面工夫，比方說產品內建的弱點特徵數量。如果某個入侵偵測產品內建有特徵去偵測八百個弱點，但另一家廠商的競品可以偵測一千個，那購買者就可以一目了然地看出差別。[95] 這產生的效果就是創造出一種不當誘因，讓業者去人為操弄安全產品內建的弱點特徵數量。他們會盡自身所能去導入更多的特徵，包括為此去擴大解釋弱點的定義，把一些雞毛蒜皮的小毛病都納進來，結果就是在使用這些安全產品的組織內，安全人員的工作量大增。[96]

　　這種不當誘因也表現在其他方面。DARPA 啟動了一個計畫，其目標是要讓網路入侵偵測產品之間可以交流資訊。[97] 這麼做之所以有用，是因為如此一來，一個組織就可以購買兩家不同廠商的產品並一起使用。如果其中一個產品未能偵測出某次攻擊，那或許另外一個還有機會。但 DARPA 的努力功敗垂成，因為網路入侵偵測產品的廠商們沒有動機去讓自身的產品能與對手的競品協作。事實上，他們的動機會讓他們反其道而行。每家業者都在設法擊敗市場上的對手，以獨霸一方。

　　繼有研究揭發了網路入侵偵測系統產品可以遭到規避之後，很快又有第二篇重量級的作品讓事情變得更加複雜。只不過這一次，研究的發現沒有馬上在雷達上出現，而是一蟄伏就好幾年。一九九九年，瑞典查爾摩斯理工學院（Chalmers University of Technology）有一個學生名叫史蒂芬・艾克索森（Stefan Axelsson），他在很早的一場專門以侵入偵測為主題的學術會議上發表了一篇論文。[98] 在該篇論文中，艾克索森描述了他對「假警報」這個主題的研究。假警報，也被叫做偽陽性或型一錯誤，代表的是入侵偵測系統覺得自己偵測到了一次攻擊，但其實並沒有這樣的攻擊發生。[99] 假警報的發生可能有幾個原因。比方說，某個特徵在尋找字串 HACK，結果恰好看到一個網路封包內含一個無害的指涉連向字串 HACKERS。[100] 艾克索森的發現是，對一個入侵偵測系統的運作表現而言，其限制因子就是該系統產生假警報的次數。這是因為假警報會讓某個組織中的安全人員忙不過來，讓他們無法像大海撈針似地去找到貨真價實的攻擊。[101]

位於艾克索森之研究核心的，是基本率謬誤。在他的論文中，艾克索森拿替病人偵測特定疾病的醫學檢查來舉例。如果這樣一個醫學檢查的準確率是百分之九十九，那就代表如果測試的母群體都沒有這種病，會產生假警報的檢查就只有百分之一。假設有個醫生給病人做了這個檢查，然後通知他很遺憾地檢查出陽性，但好消息是在全體人口當中，只有萬分之一的人會得這種病。綜合這些資訊，這名病人真的得病的可能性是多少？

雖然檢查的準確率是百分之九十九，且病人檢查出來是陽性，但他真正染病的機率其實只有百分之一。這是因為健康人類的人口要遠大於染病人類的人口。這個結果可能讓人頗為吃驚，因為這有點反直覺。理由是在針對假警報進行推理時，我們很難把事件的基本率納入考量。這對入侵偵測的啟示是，在現實的作業環境中使用入侵偵測系統會比預期中更加困難許多。限制系統表現的因子不是入侵偵測系統正確認出入侵的能力，而是其正確壓抑假警報的能力。[102] 在後續的年月中，這個問題會在幾個非常驚人的現實世界案例中獲得證實。在二〇一四年一場受害者是服飾零售商尼曼瑪戈百貨（Neiman Marcus）的駭客行為事件中，駭客造成入侵偵測系統生成了超過六萬次警報。但這些警報只代表每天被生成之警報總數的百分之一，所以安全人員根本沒有對其採取行動。[103] 二〇一五年，有人再回顧了艾克索森的論文後評論說，雖然他的研究此時已經過了十五年，但「這類問題可能其實正愈演愈烈」。[104]

此時的現實出現了兩個分支。其中一個現實裡住著學術會議的出席者，會中會有入侵偵測系統的分析被發表出來，就像艾克索森的研究那樣。而在另外一個現實中，入侵偵測系統被標榜為人類的「未來」。[105] 就在證明了入侵偵測系統的根本性問題會造成它們難敵規避行為的研究發表短短一個月後，思科這家跨國科技集團就收購了入侵偵測系統廠商 WheelGroup，價金是一點二四億美元。[106]

這兩個世界之間的斷點有很大一部分，得歸咎於金融市場在網路泡沫中勢不可擋的上漲。但還有另外一個主要因素是電腦駭客的影響力。

===========

當個駭客是什麼意思，好像是多問的：駭客不就是刻意破壞電腦系統安全性的那群人。但隨著時間過去，這個詞在坊間的意涵，特別是在特定的群體中，其實慢慢有了轉變。hacker（駭客）裡的 hack（駭）一詞最早的現代用法，形容的是以有創意的方式去操作或調整某台機器。[107] 一九五五年四月份，麻省理工學院的鐵路模型技術社（Tech Model Railroad Club）開了一場會議，會議紀錄中就提到「埃克勒斯先生請所有人在試作或在『駭』電子系統的時候，要把電源關掉，免得燒掉保險絲」。[108] 麻省理工學院是數位運算最早期的一個重鎮，而 hack（駭）這個詞就這樣被校內的電腦科學家採用了。在那段期間，「駭」與「駭客」等說法並不具有負面的意涵。任何一個有創意或洋溢著靈感的程式作品，當時都會被稱作是「好駭」（good hack）。[109]「駭客」一詞最早被用來指稱某個想故意破壞電腦系統安全性的人，至少要等到一九六三年十一月，當時麻省理工的學生報紙提到「許多電話服務被截斷，就是所謂的駭客在搞鬼，麻省理工的電話系統管理者卡爾頓・塔克（Carlton Tucker）教授如是說。那些駭客的豐功偉業包括把哈佛和麻省理工之間的電話聯絡線綁起來，或是打長途電話，然後把費用歸給一個在地的放置雷達」。[110]

　　時間久了，駭客一詞分岔成兩種概念，一個叫白帽駭客，一個叫黑帽駭客。白帽駭客據說會利用他們的技術行善，包括像是成為專業老虎隊的成員。相較之下，黑帽駭客就會遊走法律邊緣或直接違法。在最早期的牛仔電影裡，主角往往會戴著白帽，而反派則會戴上黑帽。不同顏色的帽子對觀影者來說，是很有用的敘事輔助工具，同時也象徵著善惡之間的本質對戰。喬治・盧卡斯（George Lucas）在其《星際大戰》電影中也用了類似的工具，來區別神祕「原力」的兩種面向：光明面 vs. 黑暗面。另外，很小的孩子就會開始在他們玩耍的想像世界裡區分好人與壞蛋。像這種用來簡化事情的二元區分，對人類心理有著一種吸引力。但所謂「白帽」與「黑帽」只是標籤而已，而標籤充滿陷阱，因為標籤可以被人拿來貼，可以被人用來洗白或抹黑，但他們的所作所為可能與標籤的顏色截然相反。社會學家厄文・高夫曼（Erving Goffman）寫到過人為什麼會在不同的社會語境下採取不同的行動。[111] 他們可能會在特定的情境中想讓自己看起來是個白帽，像是在準雇主面前，但又想在他們的社交群體，像是志同道合的其他駭客之間，看起來是個黑帽。

　　丹・法默是黑帽嗎？須知他寫出了 SATAN，還將之放到網路上供人自由下載，而有人宣稱這就像「把槍交到十二歲小孩的手上」。抑或法默是個利他的白帽？畢竟他用自己的時間創造了一個程式，而這個程式又可以供系統管理者用來找出電腦中的弱點？路由是個黑帽嗎？須知他釋出了他的海神計畫程式，讓道行沒那麼高的駭客也可以使出 SYN 洪水阻斷服務攻擊，而那又有可能導致了讓網路服務供應商 Panix 倒閉的攻擊。抑或路由是個有先見之明的白帽？所以他才會設法讓大家注意到一種重要的弱點，而 Panix 後來遭到的攻擊正好證明他是對的。

丹・法默或路由所創造並普及的安全軟體，在本質上都是一把兩用的雙面刃。火箭可以把人送上月球，也可以攜帶核彈頭。SATAN 可以協助系統管理者找出其轄下的電腦弱點，也可以被駭客用來在網際網路上尋找電腦的弱點。路由所寫的海神 SYN 洪水工具可以被用來測試電腦，判定其面對 SYN 洪水攻擊有無抵禦能力，但也可以被用來發動阻斷服務攻擊。

世間不存在明確的標準可以把黑帽白帽一分為二。電腦犯罪定讞感覺像是個判斷的利器，但美國國會要到一九八四年才頒布實施《電腦詐欺與濫用法案》。[112] 至於在英國，《電腦誤用法令》更要到一九九〇年才成為明令的法律。[113] 電腦駭客行為的定罪率極其之低，像丹・法默與路由那樣發表文章或散布軟體更是不違法。現實的處境是駭客與商用資安產業都能受益於黑帽與白帽看似可以一刀切的偽觀念。駭客已經發展出無法輕易取得，因此需求相當可觀的知識與技術。[114] 當時只有少數大學提供資訊安全的學士學位課程，而這些大學每年能產出的畢業生人數也相當有限。如果你想自學資訊安全，坊間能公開取得的資料也不很充足，相關書籍的出版量就那麼一點。所以說，當年如果有人具備安全方面的專業知識，十有八九是無師自通，而且很有可能多多少少師承《飛駭》雜誌等所謂的地下資源。

商用的資訊安全產業需要身懷專業知識的員工。他們需要這些員工的知識，才能打造出網路弱點掃描器與入侵偵測系統等商用產品。

但一家公司不太可能錄取打著黑帽招牌的個人，所以有一部分駭客會偷偷地有著雙重身分：「晚上是黑帽而白天是白帽」。這看在其他駭客的眼裡是雙面人的行為，是與敵人共枕。二〇〇二年，一群黑帽駭客在網路上發表了一份文件，為的就是要揭發一部分白天以白帽身分擁有正當職業，晚上則頂著網名在黑帽社交圈中打滾的駭客。[115]

　　而這份文件，就這麼啟動了一個新階段：對電腦駭客與其祕密知識的偶像崇拜，還有一個強大回饋迴圈的誕生。駭客會研究弱點，然後把發現發布在公開的 Bugtraq 等郵件論壇上。這麼做的表面目的是把資訊放上公共領域，好讓組織能夠得知自身的弱點所在，並藉此去補強他們的電腦。但這些網路貼文的公共性與展演性，也讓駭客得以滿足了他們想要在同儕團體與廣大世人面前秀一手的欲望。[116]川流不息的新弱點在駭客的供應下，餵飽了商用安全企業，後者會拿著這些被駭客貼上網的資訊，然後創造出對應這些弱點的特徵，放進他們的企業產品裡。

　　由於某些駭客是把關於弱點的資訊貼在開放式的郵件論壇如 Bugtraq 上，因此同為駭客的其他人也可以得知這些發現。比如有個駭客發布了某個有用的漏洞利用方式可以證明一處弱點的存在，那一些半吊子的駭客，俗稱「腳本小子」（script kiddie），就可以利用這些漏洞去駭入有該弱點的電腦。[117]腳本小子是個貶抑詞，說的是那些對於漏洞利用方式光會使用，但並不明白其細部運作原理的駭客。[118]由於腳本小子可以拿被公開了的漏洞利用方式去執行攻擊，因此組織就會需要更多的防禦工事，而那就代表購買更多的資安產品。對於替資安業者工作的駭客而言，這創造出了一種荒謬處境，當中他們會在晚上研究並發表關於弱點的資訊，然後在白天撰寫特徵與其他的防禦工具來對抗他們自己創造出來的攻擊。[119] 獵場的管理員也是盜獵者；救火的消防隊員也是縱火犯。

　　這個在駭客與商用資安產業之間創造出的回饋迴圈，就像一台強大的引擎，推動著資訊安全產品的市場規模一飛沖天。這種配置的運作之所以如此順暢，正是因為它照顧到了所有參與者的利益。駭客可以滿足他們在智識上的好奇心，可以在同儕之間展現自己的專業性，還可以賺得一門生計。民間企業可以打造並銷售資安產品來供應一個具有成長性的新興市場。即便是那些以幫手的角色參與這個回饋迴圈的公司，也可以賺得口袋滿滿。時值二○○一年，安全弱點的人氣已經高到 CERT 可以將他們提供的資安顧問服務商用化，同時他們還推出了一個新創的產品——一種會員制的資料聚合服務，組織想成為會員的費用可高達七萬五千美元。[120]

　　駭客與商用資安產業之間這種奇特的共生關係，是一種只能做不能說的雙贏安排。一如卡爾·馬克思所言：「哲學家『生產』觀念，詩人生產詩作，牧師生產佈道內容，教授生產教科書，以此類推。罪犯則『生產』罪行。但罪犯『生產』的東西不只是罪行；他還『生產』出了與罪行對應的刑法，而這就表示他也以始作俑者的身分，參與了教授們的『生產』過程，而教授們『生產』的除了對應刑法的講課內容，還有不可避免的教科書，因為透過教科書，這些教授們得以在這個世間的各種市場上，把他們的講課內容塑造成一種『商品』。」[121] 再者，「這名罪犯打破了資產階級生活中，那種單調且乏味的安全感，也因此他確保了這種生活不會陷於停滯，他掀起了一種興奮與躁動，須知少了這種興奮與躁動，就連競爭的刺激也會慢慢鈍化。也就是罪犯為勞動部隊補充了興奮劑。」[122]

以此類推，駭客所創造出的勞動部隊興奮劑就是新的弱點，但這當中的底層通貨其實是恐懼。組織恐懼的是他們會被人用這些新弱點駭入，所以他們才購買資安產品。恐懼在資訊安全領域中是一個發展十分成熟的通貨，成熟到它已經有了一個獨享的字首縮寫叫 FUD，也就是 Fear/Uncertainty/Doubt（恐懼、困惑與懷疑）的合稱。駭客與商用資安產業都知道 FUD 是商機密碼，而他們揮舞起這股力量也毫無矜持可言。賽門鐵克是一家做資安生意的大企業，開發出了一款防毒軟體叫諾頓網路安全大師。這種產品的授權一到期，使用者就會看到跳出的訊息說：「時間到了，您的諾頓網路安全大師到期了。您受到的保護已經走入歷史。自此你的電腦每一秒都暴露在被病毒感染、被安裝惡意軟體，或是被竊走身分的風險中。也許危險不會立刻爆發。但誰知道呢？也許網路罪犯正準備要清空你的銀行存款。選擇是你的；看你是要立刻自保，還是等事發後求饒。」[123]

在眾多安全會議中，有個頗負盛名的黑帽簡報會議，資安圈簡稱其為黑帽會。黑帽會的門票可以賣到幾千美元一張，而這就反映了黑帽會鎖定的與會者，都是企業代表。[124] 其宣傳台詞在第一屆黑帽簡報會議的廣告上，是這麼寫的：「時間不早了，你在一個人的辦公室裡把資料庫管理的工作趕完。背後傳來你的網頁伺服器運行中的嗡嗡聲，那麼低沉，那麼可靠。生活如此甜美，生活如此安全。或者，安全嗎？一波不安如海浪席捲了你。空氣彷彿冷了起來，還安靜到讓人害怕。你的手開始冒汗，因為突然產生的第六感告訴你，你並不孤單。他們就在那兒。更可怕的是，他們正試著要闖進來。但他們是誰？他們想怎麼闖？你又要如何擋住他們？只有黑帽簡報會議，可以為你的員工提供他們需要的工具與認知去遏止那些潛伏在你防火牆外的幽靈。現實是，他們就在那兒。而選擇在你手上。你可以活在對他們的恐懼中。或者，你可以向他們學習。」[125] 要是有人恰巧看到這則廣告，又恰好因為讀了上頭的文字而體驗到 FUD，那他毫無疑問會很訝異地發現黑帽簡報會議的創辦人，和世界駭客大賽（Defcon）這個駭客的年度最大盛會的創辦人，竟是同一個人。創辦黑帽簡報會議與世界駭客大賽的都是傑夫・莫斯（Jeff Moss），其行走江湖的網名是「黑暗切線」（Dark Tangent）。[126] 莫斯，就和廣大的商用資安產業一樣。他們都成功地對白帽與黑帽兩端的駭客行為，完成了貨幣化。

有利可圖的回饋迴圈，是由駭客和商用資安產業聯手生成，而其運作並沒有考慮到可能的副作用。只不過就在不久之後，將有一場公然爆發的不滿情緒。

馬庫斯・J・拉納姆（Marcus J. Ranum）形容被牽扯進資訊安全領域，就像是「領帶被卡進動力機器裡——它會把你一直拉過去，死死不放」。[127] 拉納姆所牽涉進的，是早期的防火牆運動，而他的功勞，被認為是創造了一個叫代理防火牆（proxy firewall）的概念，又叫應用層防火牆。代理防火牆的運作就像是一個網路連結的中間人，存在於內網與網際網路之間，亦即它會在所保護之裝置的另一側重新創造出網路連結。這種做法被認為比針對個別封包要麼放行要麼阻擋的一般防火牆要更為安全。拉納姆還在另外一件事上扮演了核心的要角，那就是他主導創造出了歷史上第一款商用的防火牆產品，名叫 DEC SEAL。[128]

一九九三年，拉納姆任職於一家叫做 Trusted Information Systems 的安全公司，簡稱 TIS，而 TIS 收到了一通電話，打來的是 DARPA。[129] DARPA 的這通電話是代表白宮打來，為的是白宮要破天荒架設一個白宮的官方網站。比爾‧柯林頓剛就職，柯林頓政府就急於要擁抱網路這個新科技。[130]DARPA 與 TIS 分別派代表參加的會議被排在電話隔天進行。眼看著天時地利把機會送上門，拉納姆通宵趕出了一份提案。[131] DARPA 與白宮方面都很欣賞他的提案，因此他搖身一變，在 DARPA 出資的研究計畫中成了小組召集人，目標是研究出一個安全無虞的白宮網站。[132] 做為網站架設工作的一環，拉納姆註冊了 whitehouse.gov 的網域名稱，也就是今天白宮還在使用的同一個網域名稱。[133] 數日後，拉納姆與政府人員在華府見了面，席間他建議公部門也要一併取得 whitehouse.com 的網域名稱。對此，來自官員的回覆是他們並不擔心——要是真有人取得了這個網域名稱，政府只要寄出存證信函嚇退對方就行了。但事實是後來真的有人搶先註冊了 whitehouse.com 這個網域名稱，而且還賣了兩百萬美元。[134]

生涯的後期，拉納姆會以賓夕法尼亞州莫里斯代爾（Morrisdale）一棟一八二〇年代的農舍為家，與他作伴的有兩條狗、三隻穀倉貓，還有兩匹馬兒。[135]農場上的開放空間讓他得以實踐各式各樣的創意藝術，包括手作肥皂與所謂的「魅力攝影」（類似以女性為主角的外拍）。[136] 此外他還會從事一些屬於個人癖好的計畫與實驗，像是學習用蒙古弓（蒙古式的反曲弓）騎馬射箭，嘗試重現李‧哈維‧奧斯華（Lee Harvey Oswald）是如何用來福槍刺殺了約翰‧甘迺迪，還有試著用大口徑的狙擊槍來把上鎖的保險箱射開。[137]

拉納姆對於資訊安全領域投靠駭客與駭客行為的做法，有其非常強烈的看法。在他看來，如果網際網路上的駭客行為不應該被鼓勵，那我們就不應該眼看著資安領域去推廣那些由駭客主持的訓練課程與演講，不應該購買駭客當作者的書籍，也不應該一付就是幾萬塊美元，讓駭客去執行老虎隊的任務。[138] 拉納姆很看不慣「駭客行為很酷」的觀念，他說那是「電腦安全領域中一個很蠢的觀念」。[139]

二〇〇〇年，他受邀去黑帽簡報會議上擔任專題演講者，而這也給了他一個不吐不快的機會。那年的會議場地是在拉斯維加斯的凱撒宮賭場裡。拉納姆演講的對象，是一個遼闊的大廳中的幾千名與會者。他被印在了會議手冊中的演講題目，是看似人畜無害的「完整揭露與開放原始碼」（Full Disclosure and Open Source），但一上台，他卻脫稿表示他要講的題目是「腳本小子是爛咖」（Script Kiddies Suck）。[140] 在演講中，拉納姆痛斥駭客與商用資安產業的行徑是在創造大批的腳本小子。他描述了關於安全弱點的研究是如何只為了一個目的，那就是將這些弱點揭露出去，然後讓駭客和商用安全業者得以自我行銷。[141] 拉納姆批評資安領域是在姑息、縱容他口中那「存在於白帽與黑帽之間的廣大灰色地帶」。他聲稱「有太多人在這場戰鬥中兩面押寶，好左右逢源」，而這產生的不良效應就是營造出一個很多人「做事極其不負責任，也完全沒有罪惡感」的環境。太多的功勞被歸給了只知道搞破壞，而不懂得建設的人——他指的是駭客。[142] 他建議資安領域應該要採取一種「反恐」的做法去挫敗這些駭客的「業餘恐怖主義」，並用一種焦土與零容忍的做法「把戰鬥引導到敵人居住的地方」，好藉此「縮小那片灰色地帶舒適圈的面積」，並應該「停止雇用駭客出身者擔任安全顧問」。按照他的說法，「把自新後的豺狼宣傳成牧羊犬，是對羊群的一種污辱」。[143] 拉納姆在演講的最後提出了一項挑戰。他請求台下的與會者以及所有目前在研究弱點的人，可以從此用他們的知識去打造某樣更有用的東西，比方說一種更好的防火牆，或是更安全的作業系統——他的原話是「去做點有建設性、有價值的事情，好讓整個社群受益」。[144]

這場演講的效果，照拉納姆的說法，「就像教宗身穿統一教的袍子發表了佈道」。[145] 黑帽會議宣稱的目標是讓駭客在與會者面前呈現他們的知識與技術，所以對台下的觀眾而言，拉納姆的演講內容在他們心中生成了巨大無比的認知失調。他們來此開會是爲了聽取駭客的新知，但此刻卻被告知這是件毫無建設性的事情。

拉納姆的演講原本有潛力能至少在某個程度上，改變資訊安全領域的發展方向。只可惜就在他演講的短短幾個月前，網路泡沫破了。在一個以黑色星期五之名留名歷史的日子裡，科技股遭到了空前的賣壓。收盤的鐘聲響起時，那斯達克重挫了超過三百五十點──創下該指數當時的歷史最大跌幅。[146] 道瓊工業指數當天也崩跌了超過六百點。[147]

網路泡沫結束了。股市崩盤對資訊安全領域的影響就與其對資本市場的影響一樣：費用緊縮讓相關人士把焦點從短期主義，轉回到了長期的基本面。而在他們這麼做的過程中，一家世界級的大公司成爲了聚光燈的焦點。

第五章

軟體安全與「痛苦的倉鼠滾輪」

　　崛起於網路泡沫期間的回饋迴圈，創造出了許多獲利豐碩的資訊安全業者，並讓駭客獲得了許多待遇優渥的受雇機會。但該迴圈也同時創造出了愈來愈多的新弱點，讓窮於應付的組織必須用上更多的安全修補程式。對這些組織來說，「滲透與修補」已經淪為「修補與禱告」：修補新的弱點，然後禱告不會再發現弱點。但永遠又會發現新的弱點，而新的弱點就代表更多的修補程式。這種情況，就創造出了某個安全專業人士所謂的「痛苦的倉鼠滾輪」。[1] 在這個比喻的意象中，倉鼠代表的是一天到晚在安裝修補程式的那些組織，他們在滾輪上跑個不停，但其實也永遠在原地打轉。

　　在網路泡沫時期流行起來的資安科技，在某個程度上反而惡化了問題。邊界安全模型的核心是防火牆，但組織的防火牆必須允許全球資訊網的流量流抵組織的網頁伺服器。如果網頁伺服器上有弱點——事實上時間久了，任何網頁伺服器都會出現弱點——那駭客就會有辦法破壞其安全性，甚至能破壞網頁伺服器所使用的作業系統的安全性。

　　安全性可以由網頁伺服器等應用程式來負責，而不需要由底層作業系統的支持來提供堅實基礎的想法，開始被視為一種有瑕疵的推定。[2] 由於在概念上而言，作業系統是處於網頁瀏覽器與網頁伺服器等應用的底層，因此在理論上，作業系統可以防止有弱點的應用程式造成整台電腦的安全性遭到破壞。一九九八年，一篇由國家安全局人員寫成的論文稱「電腦產業尚未接受作業系統在電腦安全性裡的關鍵角色，證據是現有主流作業系統所提供的基本保護機制都不夠完備」。[3] 該論文還聲稱，任何安全性努力只要忽視了作業系統的安全性，那就無異於「把堡壘建在沙子上」。[4]

想要讓安全性努力聚焦在作業系統上，是對一九七〇年代與一九八〇年代的思維一次耐人尋味的回歸。韋爾報告、安德森報告、那些關於可證安全性的研究，還有貝爾—拉帕杜拉模型的發展，全都把焦點放在了作業系統上。但作業系統安全性卻在橘皮書的失敗和網際網路崛起帶來的熱潮後，遭到了一定程度的冷落。

二十一世紀初的兩大主流作業系統，分別是 Unix 與 Windows。進入二十一世紀，Unix 已經較少做為桌上型電腦的作業系統，而較多搭配網頁伺服器等伺服器使用。Unix 在不同非營利團體與商用廠商的操刀下，出現了許許多多不同的變化。而且這些款式各異的 Unix 作業系統往往是開放原始碼的軟體，意思是這些軟體的原始碼是對公眾開放的。既然是開放原始碼，民眾就可以拿著軟體，將之修改成符合他們需求的模樣。

Windows 產品線是由微軟公司所開發，公司總部位於華盛頓州的雷蒙市（Redmond）。Windows 作業系統屬於封閉原始碼軟體，意思是其原始碼只有微軟的員工可以觀看和修改。微軟創造了不同版本的 Windows 去對應不同類型的顧客與市場，包括家庭使用者與大企業都有各自適用的版本。同時隨著時間流逝，Windows 也歷經了多次改版，並以不同的品牌名稱重新推出，當中包括 Windows NT、Windows 2000、Windows XP，還有 Windows Server。Windows 作業系統在全球各地廣獲使用，而同樣風行於世的還有微軟的資料庫軟體 SQL Server，以及微軟的網頁伺服器軟體 Internet Information Server（IIS）。在二〇〇〇年代初期，這些微軟產品歷經了好幾次鬧得沸沸揚揚的安全事故。[5] 在微軟產品上被發現的弱點數目與種類，指向了微軟製作軟體的方式可能存在系統性的問題。會這麼說，是因為那些被發現的弱點裡既有 TCP/IP 協定被實施在 Windows 中時的低層次弱點，也有跑在 Windows 作業系統上頭那些應用程式（如 IIS）的應用層弱點。[6] 有個在 SQL Server 裡發現的弱點，可以讓駭客只要發出一個封包，就能全盤控制住那台在跑 SQL Server 的電腦。[7] Internet Explorer 的意思原本是網際網路探險者，但該瀏覽器上的弱點多到它多了兩個渾名，分別是 Internet Exploiter 與 Internet Exploder，意思是網際網路弱點利用者，還有網際網路爆炸者。[8]

　　計算弱點的數目並不是一件很直觀的工作。事實上弱點被記錄下的數目可以差到一倍，一切都要看計算工作用的是哪一個公共弱點資料庫。這是因為不同的弱點資料庫會以不同的標準去計算弱點。[9] 同時在公共弱點統計數據中，還會摻雜許多內建的偏見。某名駭客或安全性研究員可能會針對特定軟體業者所推出的產品來尋找弱點，因為他可能覺得那家公司是顆軟柿子，或是因為他討厭那家公司，所以想要用負面新聞來打擊那家公司。[10] 可以自由免費取得或屬於開放原始碼的軟體，也可能吸引到更多的弱點研究，而這多少和它們取得容易有關係。特定的駭客或安全研究員可能專門在各式各樣的軟體中，尋找特定種類的弱點，而這就可能導致他針對該種類弱點找到數百個分別的案例，進而造成該類弱點的數量一飛沖天。[11] 有名專門研究弱點統計的研究員稱這種數據「毫無用處」，因為上述的底層問題會導致分析的品質極差。[12]

如果說，這些弱點統計的品質問題誤導人對微軟產品產生了一種不安全的印象，那不久後一次非常公開的展示就會讓大家都沒有話講。

═══════════

二○○一年七月十九日，一隻網路蠕蟲用微軟 IIS 軟體上的一處緩衝區溢位，去感染了超過三十萬台電腦。[13] 這些感染全都發生在不到十四個小時之內。[14] 最高峰時，每分鐘被感染的新電腦達到兩千多台。[15] 不同於莫里斯蠕蟲，這種新蠕蟲並不含有惡意的酬載。在蠕蟲感染了在電腦上執行的網頁伺服器後，它會置換掉網頁，然後留下「被中國人駭了！」的訊息。[16] 接著它會讓被感染的電腦針對特定目標執行一個月一次的阻斷服務攻擊，而這些目標裡就包括白宮的網頁伺服器。[17] 這隻蠕蟲被命名為「紅色警戒」，因為初次發現它的那兩名研究員當時正喝著 Code Red 口味的激浪汽水（Mountain Dew），那是一種含有不少咖啡因的提神碳酸飲料。[18] 紅色警戒蠕蟲有能力將被感染之機器上的資料全部刪除，所以其所造成的影響恐怕要比想像中更大。但無論如何，該蠕蟲被推算造成了二十六億美元以上的財物損失，並因此被形容為是一記「當頭棒喝」，因為它讓人意識到了「讓電腦跟上安全性最新發展的必要性」。[19]

就在紅色警戒現身的兩個月後，另外一隻網際網路蠕蟲尼姆達利用了 Windows 上的弱點。尼姆達這個名字拼作 Nimda，正好是 Admin

倒過來──這指的是 Windows 作業系統中擁有最高安全權限的系統管理者帳戶。尼姆達從二○○一年九月十八日開始在網際網路上傳播。[20] 它有能力感染五種不同的 Windows 作業系統：Windows 95、Windows 98、Windows ME、Windows NT，還有 Windows 2000。[21] 不同於紅色警戒會利用單一弱點，尼姆達會在散播時「把祕笈中的所有招數統統用上」。[22] 它利用了電子郵件與公開網際網路分享中的弱點，也利用了用戶端與伺服器端的弱點。[23] 一旦成功感染了電腦，尼姆達就會重新設定其組態，藉此將電腦硬碟上的內容暴露到網際網路上。[24] 在 Windows NT 與 Windows 2000 系統上，尼姆達還會新增一個訪客帳戶，然後將該帳戶加入系統管理員群組。[25] 接下來只要有人用該訪客帳戶連上電腦，就可以執行他想在該電腦上進行的任何動作。[26]

調查尼姆達蠕蟲的研究人員發現蠕蟲內的原始碼中含有這樣的文字：Concept Virus(CV) V.5, Copyright(C)2001 R.P.China.。[27] 當中的 China 字樣可能表示該蠕蟲是誕生於中國，不然就是蠕蟲的作者想要嫁禍給中國。

尼姆達感染了世界各地的電腦。以感染數而言，重災區有加拿大、丹麥、義大利、挪威、英國，還有美國。[28] 對於遭到感染的組織而言，移除蠕蟲是一件耗時又昂貴的麻煩事。蠕蟲是一種「讓人很生氣的程式」，且偶爾還會讓組織「運作整個停擺」。[29] 尼姆達就連出現都出現得很不是時候。尼姆達開始散布，是在二○○一年九月十一日美國遭受恐怖攻擊的僅僅一週之後。這兩件事湊得這麼近，讓美國司法部長約翰・艾許克羅（John Ashcroft）不得不發布聲明表示這兩者之間並無關聯。[30]

做為對紅色警戒和尼姆達蠕蟲的回應，智庫顧能（Gartner）給公司的建議是「受到紅色警戒與尼姆達襲擊的企業要立刻尋求替代方案……包括把網頁應用程式搬到其他業者生產的網頁伺服器軟體上」。[31] 同時他們還補充說:「雖然這些網頁伺服器需要一些安全修補程式,但它們的安全紀錄要(比微軟)好上許多……而且也沒有廣大病毒與蠕蟲寫手的鎖定攻擊。顧能仍擔心病毒與蠕蟲會持續攻擊……除非微軟能推出完全重寫、徹底且公開測試過的新版本。」[32]

紅色警戒、尼姆達,還有永遠更新不完的安全修補程式所造成的成本上漲,都讓企業開始重新考慮要不要繼續使用微軟的產品。美國預算管理局(The Office of Management and Budget,OMB)宣布美國所有的政府機關都必須通報他們全數電腦系統的安全成本。[33] 美國空軍首先發難,找來了微軟磋商,並對其表示他們要對安全軟體的期望值「提高標準」。[34] 在當時,美國空軍的年度科技預算是六十億美元,而微軟是他們最大的供應商。當時的空軍資訊長約翰·吉利根(John Gilligan)對微軟說的是「我們實在承擔不起安全曝險,所以誰能給我們更好的解決方案,我們就跟誰做生意」。[35]

其他組織做得就更過分了。加州大學聖塔芭芭拉分校在其宿舍網路中禁用了跑 Windows NT 與 Windows 2000 的電腦,理由是這些作業系統裡,有包含弱點與紅色警戒和尼姆達等蠕蟲感染在內,「數以百計的重大問題」。[36] 劍橋大學內的紐納姆學院(Newnham College)禁用了微軟的兩種電子郵件用戶端軟體,分別是 Outlook 與 Outlook Express,因為校方「受夠了得把資源配置給清理病毒感染」。[37] 就像在二〇〇一年荼毒微軟的各種安全問題上,再加上一個驚嘆號似的,微軟旗下的十三個網站遭到了內容置換,當中包括微軟的英國官網和微軟的更新伺服器網站,其中後者正是微軟用來發布安全修補程式的大本營。[38]

　　微軟網站遭到內容置換、利用了微軟產品弱點的網際網路蠕蟲，還有逃離微軟產品的那些公司，共同營造出了對微軟非常不利的媒體曝光。[39]有人質疑微軟是不是應該為安全弱點造成的成本負起法律責任。[40]美國國家研究委員會（US National Research Council）下轄的電腦科學與電訊委員會（Computer Science and Telecommunications Board）對負責立法的民意代表提出了建議。委員會認為民代應該考慮讓軟體廠商為安全性出包造成的損失負起更大的責任——而這類損失的金額估計應該在數十億美元之譜。[41]

　　輿論對微軟在安全問題上的看法可說是每況愈下。微軟客戶對安全性的要求也不斷在改變。推出於二〇〇一年的 Windows XP 作業系統透過設計，讓使用者能夠更輕易地連結到電腦網通設備上，也連結到其它的應用程式上。惟此一設計也讓 Windows XP 有好幾個開放的通訊埠可供駭客嘗試突破電腦的安全性。[42]這種預設開放通訊埠的做法被形容為把車停在「鎮上的治安死角，車門沒鎖，車鑰匙插在車內，然後還附上一張便利貼，寫著『請不要偷這輛車』」。[43]微軟在 Windows XP 裡加入那些產品特色，其實是符合理性的，因為他們的客戶要的就是使用便利。微軟在撰寫軟體或打造產品時不深刻去考慮安全弱點，其實也是理性的，因為那有助於他們搶在競爭對手前，讓產品問世。先讓有程式錯誤的產品出貨，然後再在新版產品中改正，同樣是符合理性的行為，今天換做是任何一家在 PC 產業中勝出的公司——就像微軟那樣勝出——他們勢必都採取了相同的勝利公式。[44]惟隨著客戶對安全性的要求愈來愈高，微軟也不得不做出回應。

　　比爾・蓋茲身為微軟的董事長，知道他必須採取行動，而這有一部分是因爲他親身體驗過駭客行爲的危險。在一九六○年代晚期,當時還在華盛頓大學半工半讀的蓋茲,駭入了一個叫做 Cybernet 的全美電腦網路,網路的所有權人是一家名爲控制資料公司(Control Data Corporation)的企業。[45] 在嘗試插入他自身的程式時,他意外造成了網路內的所有電腦同步當機。[46] 爲此,被逮住的蓋茲遭到了訓斥。[47]

　　二○○二年一月十五日,蓋茲以電郵的形式發了一則備忘錄給微軟全體的全職員工。[48] 郵件的主題是「可信賴的運算」,而在備忘錄中,蓋茲描述了安全性何以應該是「我們一切工作的第一優先」。[49] 他坦承了安全失誤對微軟造成的傷害,並表示微軟「可以也必須做得更好」,還有「單一微軟產品、服務或政策的瑕疵所影響的,不只是我們整體平台或服務的品質,那會影響到的是客戶對我們做爲一家企業的觀感」。[50] 蓋茲接著描述了他認爲需要發生在微軟內部的典範轉移。他描述了過往的微軟是如何專注在「增添產品的新特色與新功能」,但「如今當我們面臨增加產品特色與解決安全問題的選擇時,我們必須選擇安全」。[51] 他強調「這個優先性觸及我們生產的所有軟體」。[52] 蓋茲正面回應了弱點修補給各組織帶來的問題,對此他表示微軟內部採取的嶄新安全措施「必須大幅度降低這類問題在微軟、微軟合作夥伴、微軟客戶所創造出的軟體中,所出現的次數」。[53] 他還激勵微軟員工要「率領整個運算產業達到一個可信任度的嶄新高度」。[54]

　　五年前,爲了回應產品安全性遭致的批評,微軟嘗試捍衛自己的說詞是微軟的產品「基本上是安全的」。[55] 但「可信賴的運算」備忘錄的出現,就是微軟在承認其產品其實不僅沒做到基本安全,而且是連基本安全的邊都摸不到。微軟現已承諾要在組織內部把安全做到最高標準。而這也給了世人一個機會去看看一家大型軟體公司,有沒有辦法以一種有意義的方式去改善其產品安全性。

━━━━━━━

在蓋茲備忘錄發出的前一年，兩名微軟員工 —— 麥可·霍華（Michael Howard）與大衛·勒布朗克（David LeBlanc）—— 合出了一本書叫《防駭程式撰寫實務》（*Writing Secure Code*）。[56] 這本書的出版者是微軟出版社（Microsoft Press），而蓋茲本人也在備忘錄中將之推薦給微軟的同仁。[57] 或許是蓋茲在備忘錄裡想傳達的訊息，員工們都清清楚楚地聽到了，該書在備忘錄寄出後的幾週內直竄亞馬遜暢銷榜的榜首。[58]

微軟依據蓋茲備忘錄所啟動的工作專案，被命名為「可信賴的運算」計畫。[59] 做為這個計畫的起始，微軟令其安全保證（Security Assurance）事業群率領超過八千名 Windows 程式設計師、測試人員還有專案經理，歷經了一次四小時的訓練課程，主題是安全的程式設計。[60] 微軟預計八千人上完四小時的課要一個月，結果花了兩個月，經費的支出則是兩億美元。[61] 在這些初步的訓練課程走完後，微軟內部每個對任一部分 Windows 作業系統需要貢獻軟體程式碼的小隊，都需要以書面計畫的形式說明他們打算如何將安全弱點從所負責的程式碼中移除。[62] 這些計畫必須標榜一款新的哲學：微軟的軟體必須展現「基於設計的安全，基於預設的安全」。[63] 要是有某個新功能的使用人數達不到九成的微軟使用者，那它就必須要預設為關閉的狀態。[64] 這種新哲學從根本上不同於微軟在 Windows XP 上採用的舊做法。其目標是要縮小軟體的被攻擊面，所以開放埠會被關閉，以減少駭客利用弱點的機會。

在微軟內部的每一個產品事業群，都被指派了一個人來負責軟體安全。[65] 微軟軟體工程師所能獲得的財務報償，包括加薪與獎金，也都會和其負責產品的安全性綁定在一起。[66]

為了減少在軟體程式碼中被創造出來的弱點，微軟引入了一系列的科技創新。他們的 Visual Studio .NET 編譯器產品裡內建了一種堆疊保護機制。[67] 這有助於舒緩堆疊基礎的緩衝區溢位風險。重要的是，這種堆疊保護機制會預設為啟動的狀態，由此所有由該編譯器創造出來的程式都會受到保護。[68] 這種科技的設計，近似於現有一種叫 StackGuard 的產品。[69] 微軟還布署了若干其它的科技來確認可能的弱點，像是靜態分析（static analysis）與模糊測試（fuzzing）。靜態分析牽涉到讓一個電腦程式去檢視原始碼，並藉此來偵測某種模式是否可能代表有弱點存在。[70] 模糊測試則是一個過程，這個過程會把無效且預期之外的隨機資料輸入一個電腦程式，然後嘗試讓電腦當機，或是讓其產生意料之外的行為。模糊測試可以複製駭客可能會使用的某種技巧，並藉此找出安全弱點。[71]

惟就在這些努力開始累積出動能時，一隻叫 Slammer 的凶狠新蠕蟲，開始透過兩款微軟的資料庫產品感染電腦。Slammer 開始感染電腦的時間點是世界協調時間（UTC）二〇〇三年一月二十五日星期六的早上五點半左右。[72] 相對於紅色警戒蠕蟲花了超過十四個小時去感染網際網路上有弱點的電腦群體，Slammer 用短短十分鐘不到就感染了七萬五千台電腦。[73] 最高峰時，Slammer 感染的電腦數目會每八秒半就翻一倍。[74] 就在其被釋放出去的三分鐘後，Slammer 所感染的電腦就多到每秒可以生成多達五千五百萬個封包，去嘗試感染其它電腦。[75]Slammer 蠕蟲的感染數量之多，其相應的網路流量造成了部分網際網路用罄了其承載力。[76]

　　Slammer 蠕蟲之所以能傳播得如此之快，原因是該蠕蟲可以整隻塞進單一個網路封包中。[77] 而正因為這一點，Slammer 蠕蟲不需要一一建立獨立的網路連結才能感染新的電腦——它可以直接在網際網路上恣意噴灑自己的分身。Slammer 因此被形容為史上第一隻快速蠕蟲。[78] 快速蠕蟲之所以稱得上快，是因為沒有人類能來得及對其做出反應。想靠手動的方式去修改防火牆，藉此來阻擋住快速蠕蟲，注定是徒勞無功，因為快速蠕蟲感染網際網路上所有有弱點的電腦，只需要幾分鐘，甚至幾秒鐘。

　　Slammer 蠕蟲內部並不含有惡意的酬載，但某些網際網路連結會阻塞住，只因為其散播的速度太快，而這就已經影響到了好幾家組織。美國運通（American Express）公司的官網被踢下線好幾天。[79] 美國銀行（Bank of America）的一些客戶，無法從自動提款機中提領現款。[80] 西雅圖警消所使用的電腦系統被影響到得回去用鉛筆和紙張。[81]

　　Slammer 的原始碼內，並不含有任何可以供人指認作者的資訊，因為作者已經預防性地移除了可能洩露起源國家的資訊。[82] 然而外界很快就發現 Slammer 利用了一個已知的弱點——一個最早是在黑帽簡報會議中被曝光的弱點。[83]

　　Slammer 之後，又有一條網際網路蠕蟲鎖定了微軟的產品。二〇〇三年八月十一日，疾風（Blaster）蠕蟲開始利用 Windows XP 與 Windows 2000 上的一個弱點。[84] 疾風蠕蟲的原始碼內含有一則訊息是：「比利蓋茲你為什麼讓這一切變得可能？快給我停止斂財，去修補你的軟體！！」[85]（在後來的一次訪談中，蓋茲說他並沒有覺得這則訊息是在針對他個人。[86]）

八月十八日，就在疾風蠕蟲襲擊的一星期後，一隻名爲 Welchia 的蠕蟲開始散播。[87]Welchia 有一個易於常「蟲」之處很有趣。其設計是要去感染那些已經被 Slammer 感染的電腦，然後它會嘗試移除 Slammer 的感染，並修補好被 Slammer 利用的弱點，好讓 Slammer 無法重新感染該電腦，最後再在二〇〇四年自我刪除。[88] Welchia 看似是種日行一善的蠕蟲程式，但其實它利用了微軟 Windows 作業系統裡的另一個新弱點，去把自己散播到那些不希望它來的電腦上 *。[89] 美國國務院曾因爲在內網發現了 Welchia 蠕蟲而將之關閉了九小時。[90]

跟在 Welchia 後面的是 Sobig 這隻感染了數百萬台微軟電腦的蠕蟲，而 Sobig 的做法是寄出電郵，並爲其加上非常吸引人的標題如「Re: Approved」與「Re: Your application」，讓人誤以爲自己的什麼東西獲得了核准，或什麼申請的結果出來了。[91] 微軟懸賞二十五萬美元，徵求能將 Sobig 作者繩之以法的線報，但該作者始終逍遙法外。[92]

Sobig 之後還有一隻蠕蟲叫 Sasser。Sasser 開始散播是在二〇〇四年四月底，當時它靠的是利用 Windows XP 與 Windows 2000 上的一個弱點。[93]Sasser 讓香港的醫院當機，造成美國的達美航空取消了四十趟班機，還經由感染澳洲鐵路網的電腦而使得數以千計的火車乘客動彈不得。[94] 一如面對 Welchia 的做法，微軟懸賞了二十五萬美元要逮住 Sasser 的作者，而這次他們接獲了多筆線報。[95] 二〇〇四年五月七日，十八歲的斯凡・亞斯翰（Sven Jaschan）遭到德國警方逮捕。[96] 亞斯翰是德國羅騰堡（Rothenburg）的一名電腦科學學生。檢舉他的人當中不乏他的同學，而同學會知道是因爲他們聽過亞斯翰炫耀自己的

---

* 譯註：所以當年在中文圈，Welchia 曾被趨勢科技命名爲「假好心」蠕蟲。

行徑。亞斯翰據報導個性內向，內向到會一整天大部分時間都坐在家裡對著電腦。[97] 他坦承在四月二十九日是送出了蠕蟲，那天正好是他的十八歲生日。[98] 由於他在創造並釋出蠕蟲的時候只滿十七歲，所以他在德國法庭上是以未成年者的身分受審，並只被判了二十一個月的緩刑。[99]

　　紅色警戒、尼姆達、Slammer、疾風、Welchia、Sobig 與 Sasser 網際網路蠕蟲，都是一個恐將更灰暗之未來的前兆。一群學界的研究人員開始計算在最糟糕的狀況下，網際網路蠕蟲會造成什麼樣的損失。這樣一隻蠕蟲會利用微軟 Windows 裡的弱點散播，並會攜帶具有高度殺傷力的酬載。學者對於這種最壞狀況下的網際網路蠕蟲進行了破壞性的評估，結果是他們認為直接的經濟損失會達到五百億美元，而且學者還認為像這種程度的破壞，只需要一小隊具有經驗的程式設計師就做得到。[100] 同一批學者還調查了一種可能性，那就是能否由一名駭客打造一隻蠕蟲去感染網際網路上數以百萬計的電腦，然後控制這些電腦去執行各式攻擊，像是藉此發動阻斷服務攻擊。[101] 這樣的一張受感染電腦網路將可以被民族國家當作武器揮舞，並可以被拿去跟對手國家控制的受感染電腦網路對戰。[102]

　　一隻隻高知名度且具有破壞力的網際網路蠕蟲，讓人產生了微軟的安全改善計畫效果不彰的印象，甚至許多名嘴都急於跳出來說「可信賴的運算」計畫是失敗一場。[103] 而一部分人也因此納悶起微軟怎麼能在這種狀況下稱霸市場，成為全世界最受歡迎的軟體供應商。二〇〇三年七月，美國的國土安全部宣布他們將由微軟負責供應 Windows 桌機與伺服器軟體，並授予微軟一筆九千萬美元的合約。[104] 一家駐華府的非營利組織電腦暨通訊產業協會（CCIA）注意到了這點。

CCIA 此前便曾參與二〇〇一年的反托拉斯訴訟，當時微軟涉嫌將微軟的 Internet Explorer 網頁瀏覽器搭售進 Windows 作業系統，而訴訟的重點就在於這種產品綁定是否構成壟斷。[105]CCIA 先是敦請國土安全部部長重新考慮合約之事，然後過了幾個月，CCIA 於二〇〇三年九月發表了一份立場書，名為〈網路不安全：壟斷的代價〉（CyberInsecurity: The Cost of Monopoly）。[106] 該立場書的作者是一群資訊安全專業人士，而他們的這份文件檢視了在科技中奉行單一栽培的風險。[107] 單一栽培是農業術語，主要涉及生物多樣性。當農夫只種植一種作物時，其成本可以降低，因為他們只需要照顧和收穫那種特定的作物。但單一栽培增加了單一病蟲害會抹滅整群作物的風險。莫里斯蠕蟲之所以能散播出去，就是因為網際網路上很多電腦用的都是 Unix 作業系統，所以也都含有同一種緩衝區溢位弱點。同理，影響到微軟產品的網際網路蠕蟲也都能利用不同裝置上單一微軟產品的弱點。

立場書的作者們描述了他們心目中「清晰而迫切的危險」，而造成這種危險的就是微軟軟體的普及。[108] 要是全世界的電腦都幾乎只跑單一種作業系統，也就是微軟的 Windows，而微軟 Windows 又含有安全弱點，那大部分的電腦就會同時曝險於某個能利用那些弱點的網際網路蠕蟲或駭客。電腦軟體的銷售數據似乎支持著他們的論點。立場書引用的資料來源稱，在當時，微軟 Windows 的市占率超越了百分之九十七，且微軟 Windows 代表了「二〇〇二年在美國售出之消費性用戶端軟體中的百分之九十四」。[109] 作者們進一步推展了他們的論點，描述一個居於作業系統市場霸主地位的軟體銷售商可以如何去鞏固其市場地位。想要創造出「供應商鎖定」的效果，龍頭廠商只需要增加使用者的轉換成本——改用競爭對手產品所會衍生出的各種成本。廠商想做到這一點辦法很多，其一是讓自訂檔案格式無法再變動。如果一名電腦持有者使用微軟 Word 來進行文書處理，而該應用程式儲存檔案用的是特定的檔案格式，那麼要把那些 Word 文件都轉換爲另一種不同的檔案格式，就會衍生出成本。這些轉換成本會把電腦持有者鎖定在微軟 Word 上，進而鎖定在微軟 Windows 作業系統上。要是有兩個人要共用檔案，他們就都得擁有能理解至少一種共有檔案格式的文書處理程式，而這麼一來，在看到所有需要交流檔案的朋友都正好使用微軟產品的時候，某個使用者就會有很強烈的誘因去加入購買微軟產品的行列。軟體廠商想要創造這種網路效應，就是爲了增加他們的市占率，但這也會產生增加單一栽培發生機率的副作用。[110]

　　CCIA 立場書的作者群建議，想舒緩微軟 Windows 弱點擴散，唯一眞正的辦法就是秉持良心，採取行動去「對抗微軟對運算界的壟斷霸權所帶來的安全威脅」。[111] 他們建議政府要一方面迫使微軟在 Linux 與 Mac OS 等其他作業系統上安裝微軟 Office 與 Internet Explorer 等微軟軟體，一方面逼使微軟開放其產品與作業系統的介面，好改善互通性。[112] 他們進一步建議政府使用法規去確保政府設施不會變成科技的單一栽培場。[113] 他們建議想做到這一點，政府可以實施一條規定：政府裡使用的電腦作業系統不得有超過五成來自單一廠商。[114]

　　至此，科技領域的單一栽培已經成了一個熱門話題。國家科學基金會（National Science Foundation）補助了卡內基梅隆大學（Carnegie Mellon University）與新墨西哥大學（University of New Mexico）七十五萬美元去研究電腦單一栽培的問題，也研究多元運算環境的裨益。[115] 但反對降低單一栽培的聲音認爲科技想獲致多元性，是要付出代價的。沒有航空公司會增加其飛機的多元性，只爲了防止某一種飛機中的缺點造成整個機隊停飛。透過把單一種飛機標準化，航空公司可以同時降低初始購機與長期維修的成本，同理也適用於需要採購和維護電腦軟體的組織。[116] 打造一個多元化的軟體環境也會衍生出運作安全性的成本，因為各類軟體有不同的修補程式需求，你得長期監控這些需求，並一一安裝那些修補程式。

這份關於單一栽培的立場書形容自己是「一記政府與產業界必須聽見的警鐘」，但也有人指出這份報告可能是「從已出航之船尾掠過的一發砲彈」。[117] 微軟在作業系統領域的市場霸業此時已然根深蒂固。其它公司之前已經輪流登頂過，譬如 IBM 曾在微軟崛起前同時稱霸過電腦軟硬體，而將來勢必還會有其它公司繼續成為霸主。關於占微軟產品弱點便宜的網際網路蠕蟲之存在，還有另外一個更實際也更迫切的問題。微軟會發現產品弱點，然後設計製造出修補程式來對應這些弱點，但使用產品的組織不見得會及時安裝修補程式來避免弱點遭到利用。

Slammer 蠕蟲所利用的就是一個早在半年前就有修補程式可用的弱點，但尚未安裝修補程式而能供其感染的電腦仍然數以萬計。微軟之所以被 Slammer 感染，是因為他們自己也不諱言，他們「就跟整個產業一樣，都很難在修補程式上……按應遵循的標準做到百分之百」。[118] 就以被疾風蠕蟲利用的弱點而言，在事發時，修補程式已經存在一個月了。以紅色警戒而言，修補程式已經存在十六天，而以 Sasser 蠕蟲而言則是十七天。一項學術研究調查了受安全事件襲擊的網站，結果顯示遭到利用的弱點通常都已經有修補程式推出，而且時間平均比襲擊發生早起碼一個月。[119] 根據該研究的描述，修補程式被執行在已知弱點上的速度「慢到讓人搖頭」。[120] 另一項研究顯示，一般來講，在某個弱點被公諸於世的兩週後，還會有三分之二以上的電腦沒有安裝相關的修補程式。[121]

　　微軟非常大手筆地在找出產品中的弱點，然後發布修補程式來供顧客關閉那些弱點。但使用產品的組織卻沒有把人家提供給他們的修補程式安裝上去，就連在大規模蠕蟲爆發的節骨眼上都是如此，就連美國政府跟企業說，確實做好修補程式管理「很重要」都沒有用。[122]會有這種現象，是因為對組織而言，修補漏洞的實務並不是那麼直觀。每個組織都必須特地去追蹤軟體廠商所發布的安全建議與修補程式。光是搞清楚有哪些修補程式需要安裝，就已經是件很花時間的事情。[123]同時組織還需要規畫好萬一修補程式在安裝後造成問題，他們打算如何將之從電腦上移除。就算是組織已經決定好要安裝某個修補程式了，他們通常也不會一口氣把組織內所有電腦都裝完，免得修補程式與他們電腦上已安裝的另外一個軟體相衝，或是怕後來才發現該修補程式無法正常運作。好幾回微軟都必須召回安全修補程式，因為這些程式和其它軟體相衝，像有一次是 Windows XP 的一個安全修補程式導致六十萬台電腦上不了網，還有一次是某安全修補程式會造成電腦當機，而且是螢幕上顯示「藍色死亡畫面」的那種當機。[124]

　　所以說每個組織都必須決定何時安裝每一次的安全修補程式。[125]修補得太早，組織必須承擔的風險是安裝了一個會造成傷害或後續會被業者回收的修補程式。修補得太晚，組織必須承擔的風險是弱點被駭客利用。為了緩解這些問題，組織會先把修補程式安裝在他們所處環境中的一小部分電腦上，測試修補程式的運作是否正確，然後再慢慢把測試範圍擴大到更多電腦。這代表一個大型組織得花好幾個星期，才能將一個修補程式全數安裝到有需要的電腦上。而這就給了駭客利用弱點的時間窗口。[126] 要透過什麼機制去安裝修補程式又是另外一個複雜的問題。布署修補程式一個很流行的辦法是利用微軟的軟體更新服務（SUS）程式，但微軟其實另外提供了七種修補工具。[127]

微軟面對這些和修補有關的挑戰，做出了好幾個關鍵的決策。他們承諾將修補機制的數目從八個減少到兩個。[128] 與其發布多個個別的修補程式，他們開始把眾多修補程式組合成一個服務包。這些服務包會是累積性的，所以只要安裝了最新的服務包，之前的服務包內容都會一起獲得更新。二〇〇三年九月起，微軟還改弦易轍，把視情況隨機釋出安全修補程式的模型，改成固定在每個月第二個星期二釋出的月更模式。[129] 這種固定排程的目標是減輕系統管理者的負擔，否則他們此前都得一聽說有修補程式發布就要緊急採取行動。[130] 微軟把這種新的月更排程命名為「更新星期二」，但這很快就變成大家口中的「修補星期二」。[131]

發布安全修補程式一個不令人樂見但在預料之中的副作用，是駭客會跑來對修補程式進行逆向工程，藉此確認出軟體商要修補的弱點在哪裡。修補程式會改變程式中的一段程式碼，而一般來說那當中就會含有弱點，或是含有跟弱點起因息息相關的線索。修補程式因此就成了一座燈塔，駭客一看就知道弱點該去哪裡找。等駭客找到關於修補程式所對應的弱點細節，他們就可以寫出漏洞利用程式，然後利用這個程式去侵害尚未安裝修補程式的組織。正因如此，修補星期二的隔天開始被叫做「漏洞利用星期三」。[132]

組織在安裝弱點修補程式上所歷經的挑戰，在某種意義上是微軟設法提升電腦安全性時的副產品。微軟的所作所為，是為了回應產品上愈來愈多被揪出的弱點，但結果就是會產生安全修補程式。如果弱點是陰，那修補程式就是陽。只有在產品上市前把弱點從原始碼中移除，微軟才能減少修補程式的數目，而想做到這一點，就代表微軟必須提高他們做出安全軟體的能力。

　　為了追求軟體的安全性，微軟專注在做的事情是他們所謂「推動每一項產品的安全性精進」。[133] 但這些精進工作都非常的操勞，也非常的耗時，搞得職責所在的軟體開發者都非常的辛苦。[134] 到了二〇〇三年底，微軟意識到他們需要一個更正規的做法，他們需要透過這個正規做法的實施去避免一次次看不到盡頭的推進。[135] 二〇〇四年中，史提夫・利普納（Steve Lipner）做為微軟「可信賴的運算」事業群的關鍵人物，同時也是二十年前讓橘皮書成書的重要供稿者，組織起了已有的安全訓練材料，使其成為一道流程，一道可以被整合進微軟產品製程結構中的流程。[136] 這道新流程被命名為安全性開發生命週期（SDL）。[137] 在時任微軟執行長的史提夫・鮑莫（Steve Ballmer）批准下，SDL 在二〇〇四年七月啟動生產。[138] 自此所有在微軟寫成的軟體，都必須將安全措施整合進軟體製程中每一個階段，這一點適用於從計畫發軔到所需條件的定義，乃至於設計、製作與發行的全過程。[139] 即便在軟體產品已經問世後，微軟也有一套具有架構的做法去處理那些慢慢在產品中被發現的弱點。[140]「可信賴的運算」做為為微軟催生出 SDL 的計畫，是有史以來由大型軟體業者所嘗試，範圍包覆最全面，資金也最充沛的軟體安全方針。

　　微軟的代表會偶爾宣稱，微軟安全性努力的目標是把顧客需要安裝的修補程式數量降到零，惟這類說法可能是為了行銷其安全努力的一種話術。[141] 微軟更可能有個比較切實的目標，是讓他們的產品安全到足以使安全問題不至於危及他們的市場霸業。改善他們的軟體安全性，也可以被視爲是一種成本縮減。負面新聞曝光會增加他們的成本，這點和需要去回應弱點沒有兩樣。在電腦科學界廣爲人知的一項常識是，比起在軟體開發的後期再去亡羊補牢，比方說發布修補程式，愈早在軟體開發的生命週期裡找到俗稱 bug（臭蟲）的程式錯誤並將之修理好，能省下的成本就愈多。[142] 就這個角度去看，減少安全弱點的數目就等於是在提升軟體的品質。畢竟，說得簡單一點，弱點就是有著安全疑慮的軟體程式錯誤。

微軟的安全性努力會需要歷時許多年，才能大舉獲得回報。在比爾・蓋茲發出「可信賴的運算」備忘錄的一年之後，一項非正式調查訪問了資訊科技主管、分析師、資訊安全專業人士，結果微軟產品得到的安全等第落在 B+ 與 D− 之間。[143] 在接下來的幾年間，關於「可信賴的運算」計畫之有效性的質疑，慢慢得以消退，而其整體的進展也開始被認爲對網際網路產生了正面的效應。[144] 意見領袖評論起微軟，開始稱其是「安全性的領導者」，並讚譽其創造了軟體安全計畫中的「黃金標準」。[145] 微軟的 SDL 成爲受到廣泛使用，組織想要導入軟體安全性時的範本。受到 SDL 啓發的企業包括 Adobe 與思科。[146] 自二○○四年 SDL 問世以來，出自微軟之手並對 SDL 進行描述的文檔已經累積了破百萬次下載，傳遍了一百五十餘國。[147]

比爾・蓋茲要微軟把企業重心放在提高軟體安全性上的決定，還有那個決定在微軟內部造就之影響深遠的變革，與其它聲名顯赫的大企業形成了鮮明的對比。在路線決定與微軟大相逕庭的組織裡，甲骨文公司就是一個很典型的範例。

甲骨文公司一九七七年創立於加州，該公司主要生產資料庫軟體。那些產品的銷路好到賴瑞・艾利森（Larry Ellison），也就是甲骨文的執行長兼共同創辦人，成為身價何止十億美元的富豪，躋身世界級的有錢人。艾利森買起東西的一擲千金已然赫赫有名，其征戰各種消費的戰利品包括一架噴射機、加州一個以封建時代日本村落為原型的莊園宅邸，還有夏威夷一個名為拉奈（Lanai）的島嶼，其中最後一個花了他三億美元。[148]

二〇〇一年十一月十三日，在紅色警戒蠕蟲開始肆虐網路的四個月後，艾利森在拉斯維加斯的電腦貿易展上發表了專題演講。他在那場演講中大放厥詞說甲骨文的軟體「堅不可摧」。[149] 艾利森在演講前就被甲骨文的員工提醒，不要把他們的軟體說成堅不可摧，因為這種囂張的語言只會招來駭客。但他無視於提醒，反而一不做二不休地表示，雖然近期針對甲骨文發動的攻擊數量變多，但所有的來犯者皆以失敗告終。[150] 就在同一個月，甲骨文針對安全弱點發布了四個修補程式。[151] 然後十二月變成七個，隔年二月變成二十個。[152]

也許是為了回應資安工作者對艾利森大言不慚說甲骨文軟體「堅不可摧」的質疑眼光，該公司釋出了一份白皮書想替艾利森的說法打圓場。[153] 讀起其內容，你會感覺這份白皮書在溯及既往地以艾利森的「堅不可摧」發言為中心，打造一場行銷活動。該文件裝作痛心疾首地問道：「怎麼會有人敢說自己堅不可摧？」「為什麼會有人說自己堅不可摧？」[154] 白皮書的作者們嘗試回答這些問題，為此他們搬出了由獨立安全評估單位，在近十年執行的十四次安全評估，把「堅不可摧」全部推到這些對甲骨文產品的評估結果上。[155] 這些評估在白皮書的描述中，被說成耗費了百萬美元的重本，且作者們表示最接近甲骨文的兩名對手分別只有「零次和一次的評估紀錄」。[156] 在二〇〇〇年代初期，正當艾利森發表「堅不可摧」宣言與上述白皮書被寫成的時候，微軟在做的事情是大量發布安全修補程式，去對接他們產品上被發現的弱點。甲骨文白皮書的一眾作者為此抨擊起微軟，只不過他們沒有對微軟指名道姓，他們只是說要「把最新的十二筆修補程式安裝完」才能獲致安全性，是「一件很丟臉的事情」。[157] 這份白皮書也痛斥「我們的一名對手」很亂來，「每兩天半就發布一次安全警示」。[158]

　　這些評論並不太經得起時間的考驗。二〇〇二年二月，有人發表論文直指甲骨文的資料庫產品可以如何駭入。[159] 該論文介紹了「海量」的攻擊方式，包括緩衝區溢位、各種繞過身分驗證的技巧，還有特權帳號中是如何存在著各種非常好猜中的密碼。[160] 一篇報刊撰文語帶嘲諷地做出了回應，稱這本白皮書「對堅不可摧之甲骨文箱子的每一位擁有者或管理者而言，都是不可或缺的讀物」。[161]

　　在二〇〇二年三月到十月之間，甲骨文釋出了二十二個安全弱點的修補程式。[162] 這之後又過了一個月，艾利森變本加厲地宣稱，甲骨文資料庫已經超過十年沒有被駭了。[163] 他還說甲骨文邀請了「來自中國、俄羅斯，乃至於全世界最強悍的駭客」來嘗試突破甲骨文的產品，結果成功的案例是零。[164]

　　在接下來的十八個月裡，甲骨文釋出了六十六個安全弱點的修補程式。[165] 二〇〇五年一月，一名在甲骨文產品上找到過數十個安全弱點的研究者揭竿而起，質疑起了這些修補程式的品質。[166] 他說甲骨文的修補程式確實可以使漏洞利用程式無法運作，避免特定的弱點遭到利用，但他指控這些修補程式無法釜底抽薪地解決底層的弱點問題。亦即只要弱點利用程式做一點細微的修改，它就又可以捲土重來了。

這麼一來，剛發表的修補程式就變得毫無用處。該研究者形容甲骨文採取的做法「敷衍了事，不曾真正去思考該如何解決真正的問題所在」。[167]

一個月一個月過去，甲骨文所發布的安全弱點修補程式愈來愈多，二〇〇五年四月來到六十九個，二〇〇五年十月達到九十個，二〇〇六年一月衝到一百零三個。[168] 到了二〇〇八年五月，一位專門追蹤弱點的研究者聲稱「並無實質的統計學證據顯示甲骨文有改善的趨勢」。[169]

甲骨文為其「堅不可摧」行銷活動所發布的白皮書，聲稱透過他們的軟體安全性努力，甲骨文會「帶動整個產業的安全性更上層樓」。[170] 但如此大言不慚的說法在經過時間的洗禮後，被發現是卑鄙的幻象。一個軟體要做到堅不可摧，它必須完全不含有程式錯誤，但軟體開發領域一個基礎的發現，就是軟體幾乎百分之百都含有程式錯誤。

甲骨文在拿著自身產品安全性自吹自擂時的囂張氣焰，並沒有連結到像微軟那種實際上的努力。光靠撂狠話或一廂情願的想法，並不能讓軟體安全無中生有。艾利森與甲骨文公司愈是不斷地把話說得天花亂墜，產品中的安全弱點就愈是以其類型與數量之多，去打他們的臉。光是二〇一八年十月這一個月，甲骨文就發布了超過三百個安全修補程式。[171]

甲骨文確實可能在幕後下一盤大棋。他們或許是做了和微軟完全相反的盤算，並認定在軟體安全工作上口惠而實不至，不在相關投資上與微軟看齊，才符合他們的最佳利益。這若真是他們的計畫，那還真可以叫鋌而走險。二〇一五年，甲骨文遭到美國聯邦貿易委員會（FTC）指控他們承諾客戶只要安裝了安全修補程式，產品的使用上就可以「安全無虞」。[172] 然而實際上，特定的甲骨文修補程式並沒有把舊版的軟體解除安裝，也就是說不安全的軟體依舊保留在使用者的電腦上，並依舊暴露在被駭的風險中。FTC 在其申訴中說甲骨文對此心知肚明，但卻未曾將此事知會消費者。[173] 甲骨文同意與 FTC 和解，並在協議裁決下「被禁止再就其軟體的隱私性與安全性對消費者做出任何欺瞞性的陳述」。[174]

甲骨文的失敗之處，也正是微軟的成功之處。微軟內部「可信賴的運算」事業群在二〇一四年解體，此時從比爾·蓋茲的備忘錄算起已經過了十二年。其它作為「可信賴的運算」計畫的一部分由微軟發起的企畫，至今都仍在維繫運作中。這包括微軟會每年出版一份《安全情報報告》(*Security Intelligence Report*) 來描述軟體安全性的各種趨勢，包括他們建立了協助系統管理者設定 Windows 系統組態的安全指南，也包括他們針對安全弱點與安全事件成立了一個反應中心，名叫微軟安全回應中心（MSRC）。[175] 此外他們在二〇〇六年六月出版了一本講述 SDL 的書籍，至今依舊具有影響力。[176]

微軟自二〇〇〇年代初期起，便致力於推動軟體的安全性，而他們的努力也促成了兩件事情，一件是讓廣大的資訊安全領域開始把軟體安全視為一個結構性的挑戰來處理，另一件則是讓軟體安全性被認可為一個具有清晰定義的專業分野。靜態分析與模糊測試等技巧的使用已經愈來愈普及。更多可以在實務上用來分析軟體的開放原始碼與商用工具也開始出現，並隨著時間過去而不斷改進。[177] 防禦性的程式設計做法已經累積出人氣。這類做法會嘗試確保特定的程式或某段程式碼可以一如預期地持續運作，不受到周遭程式碼停止運作的影響。同時世人也愈來愈能體認到使用設計來徹底避免特定安全弱點的新程式語言，可以產生何等的好處。Rust 與微軟之 C#（發音同 C Sharp）等程式語言的設計師做了一個刻意的決定，那就是透過設計，讓這些程式語言生成的程式碼，不會受到緩衝區溢位與其他種特定安全弱點的威脅。對軟體安全的注重也協助平衡了在網路泡沫時期，商用安全產品獲得的重度強調。弱點掃描器可以在某個程度上把指認電腦弱點的過程自動化，而入侵偵測系統則有可能測得駭客在利用弱點提供的漏洞，惟軟體安全性的發展才是我們釜底抽薪、從根本上避免掉弱點的希望所繫。美國投資銀行高盛證券（Goldman Sachs）的資安長菲爾・維納保斯（Phil Venables）是這麼說的：「我們需要的是安全的產品，而不是安全產品。」[178]

蘋果公司算是在軟硬體的設計上擁抱這種哲學的佼佼者。微軟 Windows 在二〇〇〇年代初期是電腦作業系統市場的霸主，所以遭到駭客圍剿與安全研究人員鎖定，因為他們都希望自己的努力可以產生最大的影響。[179] 蘋果成了這個時期的受益者，因為做為箭靶的微軟替他們吸收了大部分的火力。二〇〇七年，美國陸軍選擇用蘋果的機器取代部分的 Windows 電腦，他們聲稱蘋果釋出的安全修補程式很少，是個「好跡象」。[180] 但真相可能是當時單純比較少駭客與安全研究人員去鑽研蘋果產品的安全性。到了二〇〇〇年代的尾聲，不再冷門的蘋果已經開始釋出數量穩定的安全修補程式來關閉弱點。[181]

第一支 iPhone 在二〇〇七年甫推出就成為媒體寵兒，主要看點是其觸控螢幕與友善的使用者介面，但也有一些組織不信任此一革命性裝置的安全性，美國太空總署就是其中之一，iPhone 在他們眼中「還不到企業可使用的等級」，而其部分論據是 iPhone 還找不到可用的安全軟體。[182] 這些針對 iPhone 安全性懷有的疑慮，被一間安全顧問公司給證實，主要是該公司進行的一項調查發現了他們所稱「（iPhone）安全性在設計與實施上的嚴重問題」。[183] 做為回應，蘋果大手筆進行了安全方面的投資，而這些努力也促成了蘋果軟硬體安全措施之間的強力合成。

　　手機之類的行動裝置很容易搞丟或被偷，也就是說它們很容易落到錯的人手中。不肖之徒可能會試圖猜出手機密碼。有點本事的攻擊者則更可能試圖製造手機的「映像」，也就是將手機上的資料製作成複本，拿到另外一台電腦上去讀取，藉此徹底避開密碼的問題。對於這個問題，蘋果的解決方案是二〇一三年首見於 iPhone 5s 的「安全隔離區」（Secure Enclave）。所謂安全隔離區是一塊獨立於主處理器之外的硬體。[184] 其存在之目的是用來儲存一把每台裝置都不一樣，用來給裝置上資料加密的祕密鑰匙。[185] 安全隔離區的設計讓裝置上執行的軟體無法擷取密鑰，就算該軟體已經被攻擊者完全控制住也一樣。[186] 想要製作手機映像的嘗試也同樣會失敗，因為讀取手機上的資料同樣需要密鑰，而密鑰無法從物理性的安全隔離區中擷取出來。[187] 這麼一番操作下來，結果就是你想存取一支 iPhone，唯一的辦法就是知道手機主人所設定的密碼。經過組態設定的 iPhone 可以在十次密碼錯誤後刪除掉所有資料，但就算密碼可以無限制地反覆輸入，安全隔離區的存在也會拖慢這些嘗試。這代表只要你在設定密碼長度時沒有偷懶，那猜出正確密碼所需的時間就會讓駭客打退堂鼓。[188]

　　二〇一四年，也就是含有安全隔離區功能的 iPhone 5s 推出一年之後，美國司法部的一名官員形容這個裝置「相當於一棟無法被搜查的房子，或是一個絕對打不開的車輛後車廂」。[189] 在二〇一五年的聖貝納迪諾（San Bernardino）槍擊事件造成十四死二十二重傷的慘劇之後，一名聯邦法官下令讓蘋果提供聯邦調查局「合理的技術協助」來解鎖其中一名犯案者的 iPhone。[190] 蘋果拒絕了這個請求，並表示他們不願意創造會威脅到蘋果顧客安全性的科技。[191] 蘋果的律師團還主張該法官的命令是「對一七八九年《全令狀法案》*的濫用，為的是合理化其對自身權威的擴張」。[192]

　　蘋果是家消費性電子公司，所以其在安全性上的努力主要聚焦在 iPhone 等實體產品上。微軟最負盛名的則是其電腦軟體，所以其在安全性上的努力歷來都聚焦在軟體安全上。微軟取得成功的地方包括降低了自家軟體中安全弱點的數目，包括對軟體安全做為一門專業的創建做出了貢獻，也包括整體提升了軟體安全在社會上的能見度。第一場以軟體安全為題的研討會在二〇〇三年登場，與會代表來自微軟、DARPA、AT&T、IBM，乃至於各家大學。[193] 從那之後，與軟體相關的研討會與大型會議就日益多了起來，許多以軟體安全為題的學術論文也紛紛發表。隨著微軟投注在軟體安全性上的努力開始產生效益，想在微軟產品上找到能當成漏洞利用的弱點也愈來愈不容易。想在微軟產品上找到遠端漏洞所需付出的時間與心力成本，已然超過了普通駭客所能接受的限度。Windows 已經不是你要駭就駭的軟柿子了。[194] 駭客開始往別處尋找更綠的草原，而在這個過程中，他們找到了一個不會有軟體修補程式來礙事的目標：人腦。[195]

＊　譯註：所謂《全令狀法案》（All Writs Act）指的是一七八九年的《聯邦司法法》（Judiciary Act），其條文主要內涵為：「最高法院及所有國會立法設立之法院得為協助其各自之司法管轄權力，依照法律習慣及法理核發任何必要或合適之命令。」算是一種內容相當空泛的口袋法案。

第六章

易用的安全性、經濟學與心理學

　　每台電腦都有其處理資料的極限，就和人類的大腦一樣。當身體虛弱、疲憊，或是處於壓力之下時，人腦都會比平日更快觸及這些極限。[1] 不論是美國挑戰者號太空梭的爆炸悲劇，還是車諾比核輻射外洩的事故，其主要的成因都不是工程上的缺失，而是人為的失誤。且在這兒我只是略舉兩例而已。

　　既然電腦上執行的軟體愈來愈難駁，那換個地方尋找弱點就成了理性的選擇，其中電腦的人類使用者更是一個很合邏輯的目標。電腦的使用者處於破壞整個系統安全性的最佳位置，這包括他們可能會洩漏密碼，可能會做出削弱安全措施強度的行為。在資訊安全的領域中，使用者各種看似沒有盡頭的出包案例所惹來的鄙視源遠流長。科技界人士甚至發明了 PEBCAK [*] 之類的詞彙，來嘲諷那些電腦知識不足的人類會產生的各種誤解。資訊安全專業人士還長期都在痛斥普通使用者在安全知

----

[*]　譯註：problem exists between chair and keyboard，意思是「存在於椅子跟鍵盤之間的問題」，也就是拐彎抹角在點名電腦的使用者。

識上的欠缺。一九九九年，普林斯頓大學電腦科學暨公共事務教授艾德華・費爾頓（Edward Felten）自創了一則經常獲得引用的金句：「跳舞的豬和安全性給使用者選，他們十次有十次會選跳舞的豬。」[2]

使用者這種經常不明白自己的行為會帶來何種安全性風險的傾向，從電話技術誕生的早年就開始被當成漏洞在利用。[3]駭客會打電話給電話公司的員工，從他們口中套出可以讓他們打通電話的資訊。[4]這些社交工程攻擊並不需要任何科技知識，需要的只是對人的說服力而已。[5]家中有電腦可以上網的戶數不斷成長，造就出一種「愈來愈多安全性決定被交到普通百姓手裡」的情境。但這就讓這些人陷入了一種電腦安全的根本性困境：他們是想要安全，但因為他們不具備安全專業，因此他們無從判斷自己是否做出了理想的安全決策。二〇〇八年在某本資訊安全期刊的其中一期裡，某篇文章點名了從IBM在一九八一年推出個人電腦起算的那個時期，說該時期創造了一個環境，而在這個環境中，「大部分的電腦都將由能力不足者負責管理」。[6]這種感覺會在電腦安全從業人員之間瀰漫開來，有一大部分原因是他們觀察到電腦使用者做出了很多違反安全性鐵則的行為。二〇〇四年，《紐約時報》報導了一份調查的結果。該調查隨機街訪了一百七十二名路人，問他們願不願意拿他們登入網際網路的密碼交換一條巧克力棒。[7]結果是，七成的人收下了巧克力棒，只不過沒人知道他們交出的密碼是真是假。[8]

一個系統的強度常被比喻成一條鎖鍊，鎖鍊整體的韌性取決於最弱那枚環扣的強度。[9]如果在電腦系統安全這條鎖鍊上的人類使用者如今成了最弱的那一環，那我們就必須去檢視、去理解、去強化這最弱的一環，並將之設為我們新的工作焦點。[10]在由蘭德公司與其它早期研究者所從事的工作中，易用性 * 的重要性並不是一項很主要的考量。最早的電腦是用軍隊預算做出來的，爲的也是軍事目的，而軍中的人員所受的訓練就是要服從命令、嚴守規定，就是要一字不差地遵照程序——就像他們是零件在服務著機器一樣。[11] 以多層次安全系統與可證安全爲起點所進行的研究，則以數學的純淨性爲尊，很大程度上無視了人的因素。[12] 不過整體而言，人類操作員在電腦運行上的重要性倒也沒有完全被忽略。一九七五年，傑瑞‧薩爾策與麥可‧施洛德在兩人的經典論文中提到的其中一個設計原則，就是「心理接受度」的必要性。[13] 這指的是「人際介面」必須被設計得「易於使用，好讓使用者可以慣常且自動地把保護機制正確運用出來」。[14] 此外這兩人還描述了安全性在系統中的實施何以應該與使用者思索安全目標時的心理模型保持一致。[15] 這兩大建議分別對應了人類使用者很容易犯下錯誤的兩種狀態。首先，人的失誤會發生在他們想要做對的事情，但沒有能力達成那個目標的時候。其二，人的錯誤會發生在他們達成了目標，但那個目標並非對的事情的時候。[16]

　　一九九六年，一篇由兩名學界研究者寫成的論文提到了一個弔詭的狀態，那就是「易用性尙未顯著影響安全性社群」，但「這種影響力的欠缺並非肇因於我們不需要，或者我們不了解易用性在整體上或特別對於安全問題而言，所具有的重要性」。[17] 這個斷點會持續存在到網路泡沫的瘋狂期，理由是市場內的各種動機導致企業把心力集中在安全產品的開發與銷售上，而這些安全產品都是軟體。軟體有兩個特

---

*　譯註：usability，一譯優使性，指的是以使用者爲中心的設計概念，強調讓產品的設計能夠符合使用者的習慣與需求。

色，一是邊際成本低，二是具有搶先入市的機會，而這兩點都深受企業家的青睞。新安全科技如防火牆與網路入侵偵測系統給人的憧憬，都是它們可以一體保護組織內的所有使用者，只因為它們可以把使用者跟存在於網際網路上的威脅隔離開來。

各界紛紛開始共同聚焦於後來以易用安全性之名為世人所知的研究，大致上可說是開始於一九九九年，當時發表了一篇學術論文，名為〈強尼為什麼不會加密〉（Why Johnny Can't Encrypt）。[18] 那篇論文描述了一項易用性研究的結果，而該研究針對的是一個名叫 PGP 的加密程式。[19] PGP 是 pretty good privacy 的首字母，意思是「挺好的隱私」。[20] 而論及功能，PGP 有兩個，一個是幫電子郵件加密，另一個則是在電子郵件上簽名，好向收件者證明這封信確實寄自特定的某人。[21]PGP 利用的是密碼學領域中的一種創新技術，名為公開金鑰密碼學，又叫非對稱性密碼學。[22] 公開金鑰密碼學的方案解決了此前存在的一個問題，那就是當兩個人想要安全地進行通訊時，他們必須要在事前交換某項祕密資訊。公開金鑰密碼學與其在 PGP 等產品上的應用，創造出了一種可能性，那就是讓人人都能簡單而安全地進行通訊。PGP 的行銷資料宣稱「大幅升級的圖像式使用者介面讓複雜的數學密碼學也難不倒新手使用者」，而該產品也在產業雜誌中獲得了高度正面的評價。[23]

在 PGP 的易用性研究中，學者們給了受試者九十分鐘的時間使用 PGP 軟體去加密並發送電子郵件，時間算是充裕到不行。[24] 但實驗結果卻只能用災難來形容。即便有九十分鐘可用，卻還是沒有任何一個受試者能夠成功加密並送出電郵。[25] 七名受試者寄出了未正確加密的電郵，三人寄出了他們以為成功加密但其實並沒有的電郵，一人則完全沒能加密任何東西。[26] 學者將這種全面潰敗歸咎於「無可避免的使用者介面設計問題」。[27] 他們說自己相信，有效的電腦安全性有賴於一組與現行用來生產消費性軟體，完全不同的使用者介面設計技巧。[28]

　　這份「強尼報告」凸顯了讓安全措施能對普通人「可用」的挑戰性。二〇〇三年，一家叫運算研究協會（Computing Research Association）的非營利組織發表了一篇論文來描述「可信賴的運算之四大挑戰」，[29] 為的是確認出資訊安全領域中最迫切需要研究的分野。結果該論文確認出的其中一個目標是「設計出新的運算系統，以求讓這些系統具備普通使用者也能理解和控制的安全性與隱私性」。[30] 學術界對這些行動呼聲的回應是建立了一個供人對安全之易用性問題發表研究的場域。一年一度的可用隱私與安全性研討會（SOUPS）在二〇〇五年正式成立。[31]

　　SOUPS 成為易用安全性研究發表的一大主要平台。隨著一大群學者與各種研究者開始聚焦這個主題，他們發現易用安全性之所以會成為一個難題，有一些基本層面的原因。[32] 而在這些挑戰的核心，是一個顯而易見，存在於安全性與易用性之間的衝突。改善可用性牽涉到打造一個變好用的系統，但改善安全性則需要打造一個變難用的系統——難用的點在於使用者得執行一些他們平日不會去執行，且與安全性有關的任務。[33] 電腦使用者想要做的事情有：瀏覽網站、寄發電郵、使用他們下載好的軟體。電腦使用者通常不會特別去做的，是和安全性有關的特定任務。安全性頂多是個次要目標，所以說使用者要麼會對安全議題無感，要麼會假定有人在替他們為安全把關。[34]

　　第二個不容小覷的問題是在實體世界中，人會有意識地做出決定去增加或減少他們的安全性或隱私性，這包括敏感的話題他們會私下聊，而不會在大庭廣眾的咖啡廳裡聊，也包括他們會把大門鎖好，不會任由自家的門戶洞開。人天生會不斷觀察自身所處的安全水準，然後根據他們觀察到的環境變動來調整安全措施的鬆緊。這之所以可能，是因為人針對自身安全性所持有的心理模型，會與現實保持一致。但在網路世界中，足以激發這類安全評估的可見特質要麼遭到削弱，要麼根本不存在。[35]

考量到這些人造成的問題，直接將人的因素從這個迴路中徹底抽除，似乎會是個符合邏輯的思考方向。假設使用者可以不需要承擔做出安全決策的重擔，那他們就不會有機會判斷錯誤。[36] 這在概念上近似於微軟在其軟體安全工作上所採行「基於預設的安全」。然而微軟知道他們不可能百分百把安全決策從使用者手中抽離——他們只能拿掉那些與軟體初始組態有關的決定。一旦軟體完成了安裝和初始組態設定，進入到日常使用狀態，使用者的決定就不是企業能預期的了。除非人類使用者可以完全被取代為電腦程式，否則需要有人去做的決定永遠不會消失，而這些決定就永遠會成為安全性的潛在破口。[37]

普通人會在網際網路上使用的科技是電子郵件與全球資訊網。當事人不一定有意識到，但當他們打開或不打開電子郵件的當下，或是在他們點開或不點開網頁連結的當下，自己都是在做某種安全決策。這些決定都可以遭到駭客的利用，而最能讓我們看清這一點的是一種高度有效的新攻擊手法，叫做網路釣魚。

═══════

網路釣魚攻擊始於一名駭客發出電子郵件給他鎖定的對象。這封電郵經過駭客的設計，會推動收信者採取某種行動，像是按下電郵本文中的網頁連結，或是開啓電郵附件的檔案。[38] 爲了遂行這個目的，駭客可能會藉由操弄收信者的恐懼心理誘騙對方採取行動。具體而言，駭客會讓網路釣魚電郵看似寄自某間金融機構，並表示收信者被偵測到某筆可疑的交易。又或者駭客會玩弄人的其它感情，像是用電郵表示對方中了獎，或爲附件加上「核薪事宜」等讓人心癢的檔名。一旦收信者忍不住按下了網頁連結，或是開啓了電郵附件，電腦的安全就會淪陷。要做到這一點，駭客只需要在受害者的網頁瀏覽器上找到一個弱點，然後將之當成漏洞去利用。[39] 另外一種常見的網路釣魚牽涉到駭客用釣魚電郵，將人引誘至一個看似是眞但其實是詐騙的網頁。這個由駭客自製的詐騙網站，會請受害者輸入其帳號與密碼，只要受害者不察，駭客就可以取得對方的眞實帳密，再以此去連進正牌的網頁。[40]

網路釣魚被形容成一種新式的攻擊，是在二〇〇三年，並在二〇〇五年達到了聲勢的頂峰。[41] 從事網路釣魚的網站數量在短期內遽增。某研究團體在二〇〇五年八月偵查到五千個新的釣魚網站，然後僅僅三個月後的十二月又查到新增了七千個。[42]

phishing 一詞的起源，最早可以追溯至一九九五年，當時還只叫 fishing 的釣魚攻擊是由駭客發動在美國網路服務供應商美國線上的用戶身上。[43] 時間久了，fishing 慢慢演變爲 phishing，這是駭客圈子裡很流行的一種另類拼法。[44]

網路釣魚攻擊始於二〇〇〇年代中期急速成長，是各種趨勢共同塑造出的結果。防火牆的阻擋讓駭客無法攻擊個別的電腦。各種軟體安全措施，則讓電腦作業系統等軟體的弱點更難以找到和利用。但電子郵件可以通過防火牆，而網路釣魚攻擊則完全不需要利用任何弱點，後者需要的只是說服受害者輸入自己的帳號密碼到詐騙網站裡。在其抵達使用者前把釣魚電郵揪出來，也是讓組織感到很頭大的一件工作。如果抓得太緊，正常的電郵會一起被攔下來，但要是抓得太鬆，那釣魚郵件又會成為漏網之魚。由此比起突破防火牆或找到微軟 Windows 弱點，網路釣魚就成了一種對技巧與心力付出都相對要求較低的攻擊方式。駭客有兩種選擇，一個是去與微軟的專業程式設計師一較高下，另一個則是去拐騙人點進釣魚郵件中的網頁連結，而後者顯然比前者要輕鬆許多。

網路釣魚也為駭客創造出了規模經濟。駭客基本上可以無限量地發出釣魚電郵，而海量的郵件也確保了他們遲早會釣到冤大頭。好幾項研究都曾分別嘗試過確認網路釣魚攻擊的成功率，結果各有不同。[45]但即便只有很小比例的收信者上當，其絕對的數量都會讓任何一家組織覺得很大。[46]大數法則說的是大數的小比例還是一個大數，所以駭客可以發出數以百萬計的電郵，然後斬獲高達數萬人上當的收穫。[47]

網路釣魚成為了易用安全性絕佳的戰場，因為每個收信者現在都必須要自行判斷這封電郵是真是假。駭客必須創造出能騙到人的電郵與網站，而使用者介面設計師與易用安全性研究者則必須打造出足以擊敗這些釣魚嘗試的使用者介面與安全性措施。

最早嘗試擊敗網路釣魚的行動重點是「瀏覽器指示器」。[48]這指的是會有資訊跳出來，在網頁瀏覽器上被使用者看到，讓他們意識到某個網頁是虛有其表。統一資源定位器（URL）是全球資訊網能順利運作的核心概念。一個網站的 URL 如 http://bank.com 內含有網域名稱——此例中就是 bank.com。為了假裝是真的銀行，駭客可能會另行登記一個叫 banc.com 或 bank.securelogin.com 的網域名稱，然後把該網域名稱加入釣魚電子郵件裡的網頁連結。收信者會需要判斷該網域名稱對應著眞正的銀行還是詐騙一場，而瀏覽器指示器的存在就會幫使用者這個忙。

　　理論上，SSL 協定與位於其底層，開發於網路泡沫早年的公開金鑰基礎建設，都可以協助使用者判定自己是否連到了一個眞實存在的網站。實務上，有沒有能力做成這個判斷在很大程度上取決於使用者是否了解這些安全科技，而這層了解是普通使用者幾乎不可能擁有的。[49] 網頁瀏覽器會試著把複雜的 SSL 協定，濃縮成一個視覺性的指示物供使用者了解，比方說網站的 URL 網址前面有（或沒有）一個掛鎖的圖案。惟即便如此，使用者仍需要有意識地去注意掛鎖的有無。更何況駭客也可以自己放一個假的掛鎖到他們的釣魚網頁上混淆視聽。[50]

　　這些瀏覽器指示器的問題推著易用安全性研究人員與商業公司，去創造了可以安裝進網頁瀏覽器裡的外掛程式。這些外掛程式可以把資訊呈現給使用者，好幫助他們區分眞實網站與釣魚網站。[51] 像 eBay 就開發了一個瀏覽器外掛程式，去通知使用者他們連上了正確的 eBay 網站。[52] 但當這些網頁瀏覽器外掛程式接受起測試時，結果卻顯示它們對很大比例的使用者都產生不了效果，包括那些事前經過提醒的使用者。[53] 當這些研究裡的受測者被問起他們爲什麼不遵照由外掛程式提供給他們的指示時，他們會提出一些能合理化自身選擇的說法。有人說他們以爲某個假裝是 Yahoo! 巴西網站的釣魚網站爲眞，是因爲 Yahoo! 確實可能剛在巴西新開了分公司。[54]

　　如果瀏覽器指示器與外掛程式都不足以預防網路釣魚，那麼或許使用者就需要接受額外的訓練，去增強他們認出釣魚電郵的能力。有種模擬出來的釣魚電郵會被寄給使用者，如果使用者點下了電郵中的網址連結，結果不是他們的電腦安全遭到突破，而是他們會收到一則訊息，其內容是教導他們未來應該如何去判斷出某類釣魚電郵。[55] 提供這類服務的業者應運而生，而各個組織也開始使用這類服務，來訓練他們內部的電腦使用者。即便只是拿一些訓練資料給使用者看，也能有效降低他們被網路釣魚釣到的可能性。[56] 這類做法的挑戰在於如何訓練電腦使用者能普遍地認出釣魚電郵，而不是只學會看出那些駭客隨時可以更新的個別釣魚技巧。

駭客運用釣魚攻擊有兩種方式。如果駭客想鎖定特定的個人，那他可以針對這個人特製專屬的釣魚電郵或釣魚網站，像是他可以在假電郵與假網站中直呼其名。這種做法會提高攻擊的成功率，稱為魚叉式網路釣魚。[57] 對比魚叉式網路釣魚的狙擊屬性，駭客要是想用撒網捕魚的方式去亂槍打鳥，那他就會把電子郵件寫得通泛一點。[58] 這種把惡意電郵盡可能寄給更多人的網路釣魚，其手法會有點類似於其他透過電郵進行的網路詐騙。很多人都收到過這種很誇張的電郵，說什麼自己是奈及利亞一個時運不濟的王子，還說只要有西方人願意幫忙在銀行體系中調度資金，就可以獲得優渥的佣金。[59] 在這類詐騙中，受害者並不是被引誘進網站。他們是被說服了在後續的電郵中提供自身的銀行個資，這才導致了他們的資金能夠經由電子訊號被偷走。[60]

這套電郵詐騙的奈及利亞劇本相當常見，包括有一項研究發現百分之五十一基於電郵的詐騙都曾提到奈及利亞，還有另外百分之三十一會提到塞內加爾、迦納，或是其他的西非國家。[61] 為什麼這些藏身幕後的詐騙分子會這麼愛用奈及利亞的劇本呢？他們難道不知道「奈及利亞詐騙」用 Google 一查就能查到嗎？這個問題的答案是詐騙犯與想阻止他們的資安從業人員，兩者歷經了許多一模一樣的挑戰。史蒂芬‧艾克索森曾讓我們看到，若由入侵偵測系統產生的假警報數量太多，那系統就會變得不可用，因為光回應這些假警報就占用了太多時間。電郵詐騙也有相同的結構性問題。如果回覆詐騙電郵的人無法在後續的電郵往來中被說服交出銀行個資，那詐騙犯就會損失掉機會成本。換句話說，詐騙犯的時間白白浪費掉了。所以說對詐騙犯而言，最符合他們利益的做法是非最好騙的人不騙。而奈及利亞劇本的效果就在這：替詐騙犯篩選出最好騙的人。就是因為奈及利亞劇本眾所周知而且非常好認，它才能有效地幫詐騙犯像大海撈針一樣，找出廣大人口中那個很小的子集合：那些好騙到連上網查一下都不會的回信者。[62]

網路釣魚得以存活，靠的是兩個相對現代的科技——電子郵件與全球資訊網——的結合。但易用安全性問題的存在，則可以回溯至最最早期的安全科技應用，而這類安全科技中最無所不在的例子，就是看似不起眼的密碼。

————————

密碼在電腦使用的經驗中扮演著要角。密碼在登入電腦或網站的應用上，幾乎是一種世界語言般的存在。手機與平板等行動裝置往往會用個人識別碼（PIN）來取代傳統密碼，但 PIN 本身也是一種密碼。密碼是一種身分驗證機制。[63] 身分驗證顧名思義，就是要核實個人身分，讓人得以證明他或她就是其所宣稱的那個人。[64] 一般而言，身分驗證是人開始使用電腦時的第一個動作，俗稱「登入」。

作為一種執行身分驗證的手段，密碼有著壓倒性的普及程度，這是因為密碼擁有幾項很實用的特質。這包括密碼很好懂、很好用，可以記在腦子裡，可以寫下來，也可以透過口語和他人分享。

進入現代後，密碼首見的應用是出現在分時作業的大型主機電腦上，如一九六一年在麻省理工學院的相容分時系統就是一例。[65] 密碼在這些早期電腦上的作用是確保沒有哪個使用者多用了超出他分得的電腦使用時間。[66] 惟即便在早年，與密碼相關的安全問題也不乏有人通報。那些問題包括使用者會互猜彼此的密碼，或是儲存著所有人密碼的密碼主文件會遭到外洩。[67] 一九七四年由美國空軍執行、對 Multics 的安全評估中，密碼被認定是該作業系統中一個格外孱弱的面向。[68] Unix 繼 Multics 而生，並導入了自身的密碼系統。Unix 使用密碼的做法被記錄在一篇論文中，其共同作者分別是 Unix 的其中一名共同創造者肯·湯普森，還有羅伯·莫里斯——羅伯·T·莫里斯的父親。[69] 在 Unix 的密碼體系中，密碼會被加密，而加密的工具是一種單向的密碼學雜湊演算法。[70] 雜湊值只能從明文往密文單方向生成，也就是從未加密的型態變成加密的型態。[71] 即便取得了一個密碼的密文，駭客也無法輕易地反轉演算法去確認出密碼的明文；他們只能反覆地猜測密碼可能是什麼，將之一一加密成密文，然後以此去和他們掌握的密文進行比對，看能不能得出相符的結果。[72] 惟一旦使用者挑選了很好猜中的密碼，這樣的系統就會遭到削弱。莫里斯蠕蟲得以在電腦之間傳播，其中一個辦法就是靠破解密碼。

莫里斯與湯普森在論文中提到，Unix 的每一名使用者都必須選擇一個符合特定規則的密碼。假設使用者輸入的密碼全是字母且長度不足六個字符，或是複雜度夠但長度短於五個字符，那麼密碼程式就會請他重新輸入一個強度較高的密碼。[73] 該論文也描述了兩名作者測試

Unix 使用者所選密碼強度的結果。他們發現即便有 Unix 內建密碼規則的存在，使用者依然傾向於選擇強度偏弱且易於被猜出的密碼。莫里斯與湯普森還實驗了一些破解密碼的創意手法，像是拿紐澤西所有有效車牌號碼去測試密碼。之所以選紐澤西，是因為湯普森的東家貝爾實驗室就在那裡。[74]

　　一九八五年，美國國防部出版了他們的綠皮書，當中描述了他們針對抵禦密碼破解所建議的策略。[75]如同橘皮書，綠皮書也是因為官方印刷版本的封面顏色而得名。綠皮書就密碼的複雜性一事提供了建議，而複雜性的內涵包括了密碼的長度要求與哪些字符可以被用在密碼裡。綠皮書另外還嘗試排除使用者選擇的密碼強度不夠強的風險，為此他們唯一的一個建議就是「所有密碼都應該由機器利用演算法生成」。[76]密碼一旦由演算法生成，使用者就必須在不同的電腦上使用不同的密碼。綠皮書的作者群認為強迫使用者在每一台電腦上都使用不同的密碼，就能排除一台電腦遭到入侵並破解密碼後，其他電腦也跟著門戶洞開的風險。

　　遵照綠皮書的建議，美國國家標準暨技術研究院（NIST）出刊了他們的密碼使用指南。[77]NIST 保留了綠皮書建議的複雜性要求，但捨棄了使用者密碼必須由演算法生成的規定。與之相比，NIST 建議使用者「可能的話，應該在指示下使用某個從所有可接受密碼中隨機挑選出的密碼，或是選擇一個和其個人身分、經歷或環境皆無關的密碼」。[78]表面上，NIST 的這份指南相當務實，畢竟期待所有人都要記住電腦生成的密碼，有點不切實際。但這其實是一個災難性的錯誤。綠皮書的設定是複雜的密碼會由演算法生成，但 NIST 密碼指南卻把這項任務移交給了使用者。這代表使用者得負責為每一台他或她擁有帳號的電腦設計一個不同的複雜密碼。有人形容這就像請某人「挑一個你記不起來也不准寫下來的密碼」。[79]

隨著個人電腦變得相對便宜，加上愈來愈多企業開始採用桌上型電腦，由普通人操作的電腦數量不斷增加。在網路泡沫期間，好用的網站數量也大幅增加，而這些因素加總起來，結果就是每個人都有了很多密碼得記。記住一個又一個複雜的密碼只要超過一個不太大的數量，可行性就會變得很低，而這也導致了很多使用者開始在多台電腦與不同網站上重複利用相同的密碼。[80]有項關於密碼再利用的研究顯示電腦使用者平均有六個常被反覆利用的密碼。[81]另一項研究則發現有百分之四十三到五十一的使用者會在多個網站上重複使用相同的密碼。[82]

面對嚴格的密碼政策，使用者會發揮上有政策下有對策的精神，密碼的回收再利用只不過是他們的其中一招而已。遇到規定每個月都要更換一次的密碼政策，使用者可以基本沿用同一個密碼，只對其做出最起碼的修改。比方說，遇到有密碼政策規定密碼必須至少有六個字符長，必須含有至少一個大寫字母，必須含有一個數字，必須每個月修改一次，那使用者可以第一個月用 Password1，第二個月用 Password2，以此類推。[83]要求使用者在密碼裡加入！或 @ 等符號，看似是個讓密碼的熵值（亂度）增加的好辦法，但用 p@ssword 來取代 password 既不能增加多少熵值，也不是什麼能讓駭客猜不出來的變形。[84]

遇到有嚴格的密碼政策需要配合時，有一種密碼的生成法常被人搬出來推薦，那就是創造一個記憶術密碼。記憶術密碼中的每個字母，對應的是一句話裡每個字的首字母。Things fall apart; the center cannot hold（萬物都會崩解；其中心難以撐住）是出自某首詩的一個句子，用記憶術取首字母濃縮之後就會變成一個密碼：TFA;tcch.。但研究顯示記憶術密碼對猜測的抗性只比一般密碼強一點點而已，因為駭客可以把在網路上找得到的句子做成記憶術密碼字典。[85] 這麼一來，就像夏洛克‧福爾摩斯所說的：「你有辦法發明，我就有辦法發現。」

關於密碼的研究還進一步顯示有個基本的問題沒有得到解決，那就是「強」密碼的構成究竟是什麼。P@ssword 雖然是個有大寫字母和特殊符號的密碼，但它很顯然比隨機的小寫字母字串來得好猜。[86] Dav1d95 在理論上會比 7491024 難猜，但如果使用者的中間名是 David，而他又被人知道了他生在一九九五年，那麼前者猜起來可能就會變得比較直觀。[87] 出於這些理由，一個密碼的強度與其被猜出來的機率，其實兩者間並不存在高度相關，只不過使用者一般還是相信複雜的密碼更能確保他們的安全。[88]

雖然密碼具有簡單好用的本質，但需要在不同電腦與網站上使用各種複雜密碼的狀態會讓人深感挫敗。在要登入某個網站前，我們可能得先思考一下，自己是用那五、六個常用密碼中的哪一個登錄了該網站，甚至可能得一一試過，結果最後還是得求助於「忘記密碼」的密碼重設機制。隨著密碼的這些易用性與安全性問題浮上檯面，研究易用安全性的學者也嘗試設計另類的科技與技巧來認證使用者身分，希望能藉此取代密碼。這方面的努力不是開玩笑的，一旦成功，可以獲得改善的可是數億密碼使用者的安全與日常便利。

圖像密碼根據的概念是讓使用者在驗證身分時，不靠在鍵盤上輸入字母，而靠從一連串圖像中進行選擇。[89] 比方說，使用者可以從一連串人臉或動物照片中進行選擇。圖像密碼的問題在於換湯不換藥，許多在文字基礎密碼中能見到的底層問題，圖像密碼也看得到。使用者可以選擇好猜的文字密碼，當然也可以選擇好猜的圖像序列。而也因爲這一點，事實證明圖像密碼相對文字密碼能提供的優勢，是極其有限的，而且只存在於某些方面。[90]

兩階段身分驗證的登入是基於兩項要素的結合，第一項要素是密碼（代表你知道某樣東西），外加第二項要素是你的手機（代表你握有某樣東西）。[91]這種「你得既知道什麼又握有什麼」才能登入的概念，具有相當的說服力，因爲這解決了傳統密碼的一個根本問題，那就是駭客只要取得了某人的密碼，他就可以藉此登入對方的帳號。但在兩階段身分驗證中，駭客只要通過不了第二階段的確認，亦即他拿不到使用者的手機，那光破解了密碼也是白搭。兩階段身分驗證的挑戰在於使用者如今得兼具兩種條件才能通過身分驗證。有人開玩笑說兩階段身分驗證的兩項要素，不是你「知道什麼和握有什麼」，而是你「忘記了什麼和弄丟了什麼」。

臉部辨識與指紋掃描等生物辨識技術提供了一種可能性：把「與你密不可分的某樣東西」當作驗證的工具。[92]這些科技已經廣泛用於手機上，靠的是指紋讀取器與臉部辨識軟體的支援。從安全的角度看，生物辨識方案的顯著優點，在於驗證者會不得不把手指放到生物辨識裝置上。

像圖像密碼與生物辨識等被提出來取代傳統密碼的科技，一般而言都能提供較爲優異的安全性，但這原本就在意料之內，畢竟努力發明這些科技的研究者，通常也是那些對改善安全性有興趣的研究者。但光改善安全性是不夠的，安全性的改善是有其必要，但並不是安全改善了就完事了。想完美地取代密碼，一樣東西必須提供密碼具備的所有優點，而且還能在現有各種情境中一一取代密碼的作用。迄今被提出來代替密碼的另類身分驗證科技，都還沒有哪一樣可以滿足這所有的要求。從電腦作業系統廠商與網站管理者的觀點看，假設他們真的決定從使用傳統密碼改為使用某一種另類的身分驗證科技，首當其衝的就會是他們的客戶，嫌麻煩的客戶很可能就此跳槽到他們的對手那兒。

惟這種棘手的現實，並沒能讓社會上停止傳出密碼的時代已經過去的聲音。比爾・蓋茲在二〇〇四年宣稱「密碼已死」──這話回頭看真的是錯得離譜。[93] 所有想取代密碼的嘗試，都沒有在大眾的接受度上取得稱得上成功的結果。事實上，密碼作為身分驗證機制的霸主地位還變得比以往更加屹立不搖。[94] 兩階段身分驗證雖廣泛用於網站，但兩階段身分驗證其實只是傳統密碼的強化版。生物辨識的身分驗證用於智慧手機，但如果生物驗證失靈，通常預設在底層的還是PIN 碼。

易用安全性領域沒能跨過密碼這個世代，被某些人認為是「顏面無光」，而易用安全性研究人員也整體被抨擊為「昧於現實」。[95] 唐・諾曼（Don Norman）是專攻設計與易用性的麻省理工學院教授，他曾說「學者有薪水領是因為他們聰明，而不是因為他們正確」。他的這個說法用來批評易用安全性學者想取代密碼而做出的研究，堪稱一針見血。密碼所以能持續長伴我們左右，用英國前首相溫斯頓・邱吉爾的話說就是：密碼是一種爛透了的身分驗證方式，但其他方式比爛透了更爛*。事實上正因為密碼還健在，我們可以說在現有許多需要身分

---

* 譯註：邱吉爾說過民主是最爛的政府形式，但其他的政府形式比最爛更爛。

驗證的情境中，密碼就是我們的最佳解。[96] 靠著密碼的使用，全球資訊網茁壯成了一個幾十億使用者可登入數百萬個受密碼保護網站的地方。密碼是個網站可以用來驗證使用者身分，簡單又便宜的辦法。透過設定密碼，網站得以一方面驗證使用者身分，一方面讓人以各式各樣的網頁瀏覽器登入。要是沒有密碼從旁助它一臂之力，網際網路能不能成長到今天這樣的規模與影響力，還很難說。[97]

　　近來關於密碼的研究有兩大焦點，一個是把累積了幾十年雜七雜八且相互矛盾的建議加以一一導正，另一個是將關於密碼與密碼政策的傳統智慧加以重新塑造。這些研究中的一個關鍵發現是密碼的強度被過度強調了。[98] 符合複雜密碼政策的高強度密碼，也可能因為別的理由而很直觀地被猜出來。而就算高強度密碼不好猜，這一點也不必然就能派上什麼用場。某個系統的加密密碼清單一旦被駭客取得，高強度的密碼確實能增加駭客想破解加密密碼的難度。但如果駭客已經能從系統中取得加密密碼清單，他們恐怕也沒必要去破解那些密碼了。高強度的密碼也無助於抵禦網路釣魚，而成功的網路釣魚攻擊要遠比駭客成功取得加密密碼清單常見。[99] 因此組織該做的是，專心確保其加密密碼清單不會外洩。[100] 萬一組織發現他們的密碼清單外洩了，他們該做的就是迅速重設所有密碼，好讓使用者必須選擇新密碼。[101]

　　網站的高強度密碼遇到使用者電腦已經被侵入的狀況，效用就不大了。在那種狀況下，駭客可以記錄下所有被使用者敲進鍵盤的東西，這時密碼的強度就已經無關緊要。網站並不需要高強度的密碼去防止被駭客猜到這些密碼。網站只需透過組態把登入失敗三次的使用者鎖在外頭或暫停其存取網站，那麼即便是亂度只有二十位元的弱密碼，譬如六位數的 PIN 碼，就已經足以讓猜出單一使用者帳號的密碼變得不切實際。[102]

　　過往那些力勸人不要在多個網站重複使用密碼的建議，已經過時了，畢竟現在人均擁有的帳戶數實在太多。比較務實的建議應該是避免在重要的帳戶之間使用回收的密碼，至於那些對駭客價值不高的帳戶就不用杞人憂天了。[103] 當然凡事都有例外，如果你今天的身分是如政治家或名人之屬的公眾人物，那比普通人高的防護標準確實有其必要。

　　密碼到期政策會要求密碼在經過特定時間後進行更改，比方說每個月一次，而這可能會導致許多問題。這類政策會增加使用者忘記密碼的機率，造成他們被鎖在帳戶外。密碼到期政策的優點就在於它可以縮短攻擊者使用外洩密碼的時間窗口，但有研究顯示知道舊密碼的駭客有百分之四十一的機率可以猜出同一個使用者的新密碼。[104]

　　這些發現證明了把對安全性問題的分析擴大到科技以外的範疇，是有用的。有可能只要我們把分析的範疇擴大，我們就會有更為管用的發現。

　　這時有個關鍵人物跳了出來，為我們打開了那扇通往更廣大的世界的門，他就是羅斯・安德森（Ross Anderson），劍橋大學資訊安全工程學教授。[105] 兒時的安德森在社區圖書館邂逅了一本書，書中介紹了老師如何用數學觀念去啟發學童。那瞬間他便立志要成為數學家。[106] 他成功申請進入了劍橋大學，開始修習數學，但僅僅入學第二年，他就意識到數學對有些同學而言是他們的生活，是他們呼吸的空氣，而他壓根達不到這個境界。[107] 他於是調整研究的焦點，並在第三年投入了科學史與科學哲理的學習。[108] 在從劍橋畢業後，他花了一年時間遊歷歐洲、非洲與中東。[109] 他後來做起了和運算相關的工作，但在三十出頭時回到劍橋攻讀博士。[110] 他的博士論文指導教授是一名電腦科學家，叫羅傑·尼德翰（Roger Needham）。羅傑·尼德翰在資訊安全界成就斐然，包括身為尼德翰─施洛德安全協定的共同作者。[111] 尼德翰─施洛德協定被用在一個很風行的安全軟體上，名叫 Kerberos。該軟體是由麻省理工學院所研發，其作用是在電腦網路上協助完成身分驗證。[112] 尼德翰有過一句名言是「好的研究是用鏟子，而不是用鑷子完成的」。[113] 他給安德森的建議是「當你發現你像狗一樣趴在地上，並用鑷子在兩百個數學家踏平過的道路上撿拾麵包屑，那你就待錯地方了。你且將之留給灘塗大學（Mudflats；野雞大學之意）的那些傢伙去玩，自己去尋找大大的一堆牛屎，大大的一堆還在冒著蒸氣的牛屎，然後一鏟子挖下去」。[114] 安德森受此啓迪，準備為現行的問題另闢全新的蹊徑。

二○○○年，安德森在加州參加一場名為奧克蘭會議的資安主題會議，期間他與一名經濟學家聊起了天，對方名叫海爾·瓦里安（Hal Varian）。[115] 瓦里安算是奧克蘭本地人，主要是他在加州大學柏克萊分校任教。瓦里安感興趣的一個問題是，為什麼消費者對防毒軟體似乎都不太買單。安德森給了瓦里安他要的答案，而這個答案就是本來大家是會買防毒軟體的，但那是電腦病毒會刪除資料的年代，但自一九九○年代中期開始，駭客感興趣的事情不再是刪除檔案，而變成了利用被感染的電腦，去發動阻斷服務攻擊或發送垃圾電郵。[116] 每當有駭客入侵了大量電腦，並成群地驅使這些電腦去為其服務時，我們就說這些電腦形成了一個殭屍網路（botnet）。在這種使用被感染電

腦去幹壞事的新模式下，消費者對於阻止自己的電腦遭到感染就沒有
太大的經濟動機了，畢竟殭屍網路的各種操作往往不會直接影響到他
們。我們可能會願意掏出一百美元來防止自己的資料被刪，但如果是
要避免第三方受到傷害，我們恐怕連一塊錢都不願意拿出來。[117]

　　瓦里安認出了這種狀況就是「公地悲劇」的一例。所謂公地悲劇
是由英國經濟學者威廉・佛斯特・洛伊德（William Forster Lloyd）於
一八三三年提出的概念。[118] 公地悲劇的經典案例牽涉到一個農村。
農村居民會各自讓他們的羊群在村子外圍的田野上吃草。如果某個農
民在羊群中多加一頭羊，那他就可以多一頭羊產出羊毛，而其它綿羊
能吃的草量只會減少一點點。但由於每個農民都可以任意增加數目不
等的羊到羊群裡，所以村子周圍的草原很快就變成了一片光禿禿的沙
地。[119] 安德森與瓦里安展開他們的對話，是在去完餐廳，開車返回會
議的途中。這條思路讓他們非常感興趣，以至於等回到會議停車場之
後，兩人又繼續在車裡延續了一小時的對話，甚至為此錯過了當晚開
幕酒會的大半。[120]

　　安德森與瓦里安發現了一件關鍵的事，即經濟學對資訊安全有多
重要，特別是外部性（externality）在這當中所扮演的角色。在經濟
學裡，外部性指的是由第三方感受到的副作用。外部性有正有負。科
學研究創造出了正面的外部性，是因為科學發現可以相互累積去推
動公益。造成環境污染的發電廠則會創造出負面的外部性。電廠的負
責人本身並不會百分之百體驗到其行動的後果——他們只會享受到發
電的利益。同理，一個不在個人電腦上使用防毒軟體的個人也會創造
出負面的外部性，影響到網際網路上的其它人。其它人收到的垃圾郵
件或遭到的阻斷服務攻擊，都是肇因於殭屍網路，而殭屍網路的存在

又是靠著那些可以供其感染的個人電腦。「反應爐郵寄者」（Reactor Mailer）是一個由至少二十萬台受感染電腦所構成的殭屍網路，據知每天寄出的垃圾郵件超過一千八百億封。[121] 駭客會用殭屍網路寄出數量如此龐大的垃圾郵件，理由是只有超大量，才能讓垃圾郵件成為一門賺錢的生意。這一點得到證實，是因為有一群研究者成功滲透了一個殭屍網路並修改了被寄出的垃圾郵件，其效果是這些垃圾郵件會被連結到一個由研究者控制的網站。[122] 這樣一番操作後，研究人員看到了究竟有多少人真正完成了交易，購入垃圾郵件裡廣告的東西。他們發現靠著三億五千萬封寄出的郵件，駭客完成的交易只有二十筆，轉換率是百分之零點零零零零一（十萬分之一）。[123]

有種法制面的解決之道可以供寓言裡的農民採用，來防止他們的草原變成沙漠，那就是由眾人集合起來立法，明文規定每個農民只能擁有固定的羊隻數量。[124] 至於在殭屍網路的問題上，解決方案就沒有那麼一目了然了。想追究駭客的感染電腦之責並不是很實際的想法，須知這些駭客一方面很難追查，一方面可能根本就住在國外。想讓作業系統業者負起責任可能是一個方向，但微軟等作業系統業者已於幾十年間在安全性上進行了大量的投資，沒有人知道他們的努力還剩多少進步的微幅空間。再者，電腦被感染的手法也愈來愈可能是由駭客直接找上電腦使用者的漏洞，如利用網路釣魚來進行攻擊，至於把作業系統本身的弱點當成漏洞來利用，則已經變得好像是過往的事情了。Windows 與 Unix 等作業系統如今都提供了極大的彈性給使用者，讓他們基本上有能力執行他們想執行的任何行動。這時要是有個使用者決定要採取某種會讓電腦安全性遭到破壞的行為，那要作業系統廠商為這種行為負責似乎不太公平。但要擁有電腦的個人去負責防毒軟

體等安全工具的安裝跟維護，其實也相當困難，因爲許多使用者並不
具備足夠的知識和技能。不論是想把問題的解決寄託於駭客、作業系
統廠商，還是電腦的使用者，似乎都走不通。但其實這之外還有第四
種可能性。網路服務供應商（ISP）的角色是提供網路連線給顧客。因
此 ISP 處於一個很理想的位置，可以監控在個人電腦之間往來傳送的
網路流量。[125] 如果某家 ISP 偵測到一台受感染的電腦被用來發送垃圾
郵件或參與阻斷服務攻擊，那該 ISP 就可以採取行動，這包括他們可
以暫時切斷網路連線，或是阻斷網路流量。[126] ISP 還可以利用他們的
客戶資訊去確認誰是電腦的主人，然後聯繫對方，這一點可不是網際
網路上的其它人可以輕易做到的。[127] 事實上就是這種思考方式，爲資
訊安全領域內的各種沉痾提供了令人耳目一新的展望。

安德森寫出了世人心目中首篇以資安經濟學爲題的論文。這篇
論文名爲〈資訊安全之難難在哪兒 ── 一個經濟學的視角〉（Why
Information Security Is Hard─An Economic Perspective），發表時間是
二〇〇一年十二月。[128] 在該篇論文中，安德森闡述了外部性等經濟學
概念是如何可以用來解釋資訊安全領域的各種問題。在論文發表後，
他協助籌辦了第一屆資訊安全經濟學研討會（WEIS），時間是二〇〇
二年的六月。[129] 隨著安德森等學者開始把經濟學概念應用在資安問題
上，若干驚人而有用的發現也慢慢浮上檯面。

在網路泡沫期間，有人成立了以營利爲目的的機構，對企業客戶
賣起了所謂的信賴認證。獲得認證的企業會獲准在他們的網站上貼出
標章，好讓外界知道他們達到了特定的隱私與安全標準。取得和展示
認證標章的目的是在瀏覽網站的人心目中創造更多的信任感，希望人
看到標章就會傾向於覺得可以安心在這個網站上購物。哈佛商學院的

班傑明・艾德曼（Benjamin Edelman）檢視了各種線上信賴認證，結果他發現了一種隱晦但強大的逆向選擇。[130] 逆向選擇會發生在市場參與者接收到不對稱資訊的時候。艾德曼針對安全性與隱私性，看了一下那些獲得了信賴認證的網站，授予認證的是一家叫做 TRUSTe 的認證業者。TRUSTe 標榜他們是「隱私認證的第一品牌」，並宣稱其「隱私認證圖章」（Certified Privacy Seal）「廣獲全球的消費者、企業與政府主管機關認可，是極致隱私防護的最佳證明」。[131] 艾德曼比較了 TRUSTe 認證和未認證的網站，結果發現有 TRUSTe 認證的網站，其不可信的機率是未獲認證網站的兩倍多。[132] 未獲 TRUSTe 認證的網站中有百分之二為惡意，有 TRUSTe 認證的網站中則高達百分之五是惡意。[133] 這當中的蹊蹺，就可以用逆向選擇去解釋。如果一個認證程序，就像 TRUSTe 所操作的那個，並沒有能力確實有效地測量出一個網站的安全性，那麼就會出現一種狀況：安全性弱的網站會比安全性強的網站更有動機來參加認證。[134] 就是讓人信不過的網站，才會想裝出一副值得信賴的模樣，就像詐騙犯會想戴上勞力士來取信於人。TRUSTe 後來同意與控告他們欺瞞消費者並偽裝為非營利機構的美國聯邦貿易委員會和解，並為此支付了二十萬美元的罰鍰。[135]

另外一個很寶貴的見解來自於經濟學模型的應用。二〇〇四年，海爾・瓦里安發表了一篇論文，其論述根據是經濟學家傑克・赫舒拉佛（Jack Hirshleifer）的研究內容。赫舒拉佛是加州大學洛杉磯分校的教授，並曾在蘭德公司工作過許多年。[136] 在這篇論文中，瓦里安請讀者想像一座有著圍牆的城市，且該城市的安危取決於城牆的高度。如果城市裡的家家戶戶都同心協力來蓋牆，那我們就可以說城市的安全取決於他們努力的總和──市民全體能把圍牆蓋到什麼樣的高度。但如果建牆的責任分攤到一個個的家庭身上，每個家庭負責蓋一小段，那城市的安全就會取決於鎖鍊上最弱的那一環——也就是城牆上最矮的那一段。第三種可能的情境是這座城市有好幾道牆，每道牆分別由不同的家庭興建，這時候城市的安危就會取決於哪一個家庭的表現最好——也就是看哪一家興建的圍牆最高。

　　瓦里安論文裡所描述的經濟學模型，顯示努力的總和提供了最佳的安全性，而最弱的一環則提供了最差的安全性。[137] 同樣的模型也可以用來分析安全軟體的建構。軟體的安全性可以取決於最弱的一環，主要是某個程式設計師可能會不小心引入安全弱點。軟體的安全也可以取決於努力的總和，因為測試者會共同負責把安全瑕疵找出來。軟體安全還可能取決於最好的表現，因為軟體安全架構師可能以一己之力決定軟體的命運。這幾點給予想改善軟體安全的組織的幾個教訓是：程式設計師要寧缺勿濫，軟體測試人員要多多益善，而作為領導者的軟體安全架構師必須精益求精。[138]

　　就在第一屆的資訊安全經濟學研討會圓滿落幕後不久，丹尼爾・康納曼（Daniel Kahneman）就靠著他在行為經濟學這個新領域上的研究榮獲了諾貝爾經濟學獎。[139]（他研究的共同作者阿莫斯・特沃斯基〔Amos Tversky〕在頒獎前去世，而諾貝爾獎的慣例是死後不追授。）行為經濟學在概念上的定位介於心理學與經濟學之間，其內容牽涉到對人何以在參與經濟市場時會犯下系統性的行為錯誤，檢視其背後的心理學理由。古典經濟學裡的人，或云經濟主體，會被推定是理性的行動者，意思是他們的偏好不會改變。行為經濟學則展示了人的理性並非百分之百，人的偏好也不是一成不變。遇到不確定的時候，人會被觀察到重返現有捷思（heuristics）的懷抱，而捷思說白了就是粗略的規則。人類還會在認知偏誤的影響下做出與經濟最優解有落差的決定。行為經濟學比起傳統經濟學有更多的臆測成分；前者的成立必須依託在現有的經濟學認知要正確，加上現有的心理學認知也要正確。但它給了人一個憧憬，那就是說不定我們可以藉此對人類行為得出新的見解——進而讓資訊安全問題獲得某種解決。[140]

========

在實務面上，駭客對心理學的應用已經遙遙領先安全研究人員。網路釣魚和垃圾郵件都是訴諸受害者的恐懼與貪婪等最基本的情緒，在引誘他們上鉤。社交工程攻擊是在利用人的天真與一些常見的心態，包括一股不想對人見死不救的衝動。在日本，有種網路詐騙是使用者在瀏覽色情網站時，會看到一個視窗跳出來說他已經和網站達成了某種有約束力的協議，有筆錢不付不行。而且就那麼巧，網站索討的金額往往就剛好是五萬日圓左右。日本上班族男人每個月能從家庭預算中領到的零用錢，一般就是五萬日圓。[141] 這種詐騙是日本的特產，是因為它專攻日本人獨有的心態，主要是比起其他地方，日本人特別敬畏權威，同時也特別熱中避免丟臉。[142] 心理學就是這樣被詐騙分子與駭客拿去打造更有效的攻擊，但心理學也可以為我們所用，讓我們深入了解電腦安全措施為什麼效果不彰。

在其終止支援 Windows XP 作業系統的時候，微軟曾公開表示，他們此後不會再釋出任何的修補程式。但這話說完過了四年，Windows XP 依舊有百分之六點六的市占率。[143] 確實這當中有些人是對微軟停止支援 Windows XP 渾然不覺，也有些人是沒錢升級到新版的 Windows，但不可否認，這百分之六點六當中肯定有人是明知這個作業系統已經不安全，但還是決定要繼續使用。[144] 要解釋這種行為，我們可以思考心理上的因素。鋪天蓋地的安全建議——當中很多相互矛盾的說法，也很多複雜到普通人難以理解的說法——會導致安全疲乏。[145] 在與學者討論安全性時，使用者會在描述自身感受時用上「煩躁」、「挫敗」等字眼，並會提到他們感覺「很累」，感覺「一頭霧水」。[146]

　　安全疲乏會讓人兩手一攤承認失敗，不然就是會讓人躲回有瑕疵的心理模型裡。大多數家用電腦的操作者都有兩種特質，一個是他們的安全知識是零或趨近於零，二是他們從來沒有管道取得關於捍衛自身不受電腦駭客入侵的細部資訊。[147] 他們僅有的安全認知，很可能是來自於偶爾看到的網頁資料、新聞報導，或是親朋好友的經驗分享。[148] 而這導致的結果，就是這些電腦使用者所做出的安全決定並不是基於健全的資安知識，而是基於他們用自身偶遇的資訊在內心組建起來的「民間模型」。[149] 這類模型會成爲他們決策的基礎。[150] 在調查這一點的過程中，有項發現是人會有動機去採取行動，是因爲他們想保護自己不受兩種威脅的傷害，一種是他們認爲存在的威脅，一種是他們認爲把自己當目標的威脅。有項研究發現，某人若覺得駭客是愛惹麻煩的青少年，那他或她就會比較願意在電腦上安裝安全軟體來阻擋這些駭客。[151] 但如果某人認爲駭客是罪犯，那他或她就會覺得自己沒有重要到或有錢到會被這些犯罪者鎖定，並因此不太想花功夫去安裝安全軟體。[152] 另一項研究也有類似的發現——有一部分人覺得駭客只會鎖定「有趣的人物」和「非比尋常的電腦」，像是銀行電腦或大公司所擁有的電腦。[153] 這些人不覺得自己會成爲駭客的目標，是因爲他們是普通人，不「舉足輕重」、不「令人感興趣」，對駭客也不具有「挑戰性」。[154]

說起會主動由非正式來源覓得電腦安全資訊的那些人，他們比較可能接觸到跟駭客行為以及如何抵禦駭客行為有關的資訊，但他們比較了解不到的是駭客是什麼人，以及他們為什麼要執行攻擊。[155] 相反地，自然而然接觸到安全資訊的人則比較可能認識到各式各樣的攻擊者，但不會知道要如何在這些駭客的各類攻擊下保護自己。[156] 如果某人只能接觸到非正式的電腦安全資訊來源，那麼他就需要盡量拓展資料的來源，由此他的視野才能更加全面。[157]

惟即便在人可以取得優質安全資訊、可以理解這些資訊，也可以採取適當行動的狀況下，來自經濟學與心理學領域的另一項發現也可能讓這些努力變得白忙一場。這就是所謂的風險補償理論，有時候也稱為行為適應或風險平衡。這個概念說的是在某種安全防護措施被導入一項活動後，從事該活動的人會傾向於將風險水準重設到之前的程度。安全措施的導入並不會改善活動的安全水準；安全水準會維持在相同的程度，因為使用者會把風險重新分配到系統的整體之中。[158]

這個觀念固然有點反直覺，但已經有一定數量的實際案例支持其立論。如果高空跳傘者在自由落體過程中暈厥過去，他或她就死定了。除非他或她身上穿著一種叫 CYPRES 的特別裝置，全稱是「模控降落傘釋放系統」（Cybernetic Parachute Release System）。CYPRES 可以在預先設定好的高度（這個高度通常是七百五十英尺，約二百二十九公尺）偵測到跳傘者依舊是自由落體，然後自動打開跳傘者的副傘。如此一來就算跳傘者不省人事，他或她還是有很大的機率可以依靠打開的副傘在落地後倖存。CYPRES 已經獲得很多跳傘者的採用，同時也已經拯救過很多條性命。但有趣的是把副傘沒開的跳傘死亡人數，和因為其他原因死亡的跳傘人數放在圖表上比較，我們會看到近乎完全負相關的結果。[159] 在針對歷年參與高空跳傘運動的人數進行過校正後，我們會發現每個曆年的跳傘死亡總人數可以大致視為不變，但是死因改變了。[160] 這個結果完全在風險補償理論的預期之內，因為該理論已經預測到在導入像 CYPRES 這樣的安全措施之後，跳傘者就會做出補償，意思是他們會在跳傘運動的其它方面甘冒更大的風險。[161]

在英國，法律明文規定乘車要繫安全帶。但在該法頒布施行之後，車禍死亡人數不減反增，當中包括被車撞死的行人。[162] 風險補償理論認為是駕駛繫了安全帶後提高了安全感，因而加快了車速。在某種程度上，立法強制繫安全帶之舉是把風險從開車這件事，轉移到了走路這件事上，但明明前者對整個社會而言是弊大於利，而後者才是利大於弊的行為。[163]

防鎖死煞車系統讓車子得以更強力地把車煞停。一項研究針對挪威奧斯陸的計程車司機，檢視了車輛安裝防鎖死煞車系統所產生的效應，[164] 結果發現在防鎖死系統安裝後，計程車司機會大幅縮小他們與前車的安全距離，因而抵銷了防鎖死煞車系統所提供的好處。[165] 另一項針對防鎖死煞車系統進行的研究是以德國慕尼黑為舞台。[166] 該研究觀察了兩組車輛，兩組的車子基本上一模一樣，唯一的差別就是防鎖死煞車系統的有無。受試的計程車司機被隨機分配給有或沒有防鎖死煞車系統的車輛。三年後，車輛肇事的數據彙整之後，結果是有防鎖死煞車系統的那一組更常肇事。[167]

這些研究顯示想降低風險的嘗試會遭遇挫敗，往往是因為器材的使用者覺得他們現行的風險已經降到了令人可以接受的水準。在經濟學裡，道德風險（moral hazard）一詞，就是用來描述這種風險補償效應。當人不用直接承擔自身行為所衍生的後果時，他們面對某種處境的行為便會有異於他們得首當其衝的時候。保險公司會把這種效應納入他們的估算模型中，因為有保險在身的人往往會更敢冒險。很多例子都告訴我們某種安全措施會被賦予太大的期許，結果反而創造出一種虛假的安全感。防火牆與邊界安全模型都被批評說是導致個別電腦對安全掉以輕心的原因。[168] 礦業裡有一種燈，也就是所謂的「戴維燈」（Davy lamp），被說是許多礦工的救命恩人，因為它能在甲烷的燃點以下運作。但也就是因為有這種燈，礦坑才能夠愈挖愈深，進而導致礦工死亡人數的增加。[169]

　　把來自經濟學與心理學的概念應用在對資訊安全的研究上，在與安全相關的外部性、動機與心理模型等領域生成了重要的見解。但這也打開了潘朵拉的盒子，讓人意識到安全性永遠不可能靠著安全科技的增加而達成：更多的密碼學、更多的防火牆，更多的入侵偵測系統，更多諸如此類的安全科技，都是徒勞。比起這些，需要克服的是一些更為根本的挑戰，而那牽涉到的是使用者對安全性的認知，還有他們做出各種安全性決定的理由。

　　或許無可避免的，資訊安全的研究就是會走到一個它們不得不思索這些層面的地步。語言學家諾姆・杭士基（Noam Chomsky）說過：「比方說，就以物理學來說吧。物理學把自己限縮在極端簡單的問題上。如果一個分子變得過於複雜，那物理學家就會將之交給化學家。如果化學家覺得太複雜了，他們會將之丟給生物學家。而如果生物學家也覺得太複雜了，他們會把問題丟給心理學家。」[170]

　　作為易用安全性研究的起點，〈強尼為什麼不會加密〉報告讓我們知道，電郵加密軟體對普通人來說使用的難度太高，但其真正的貢獻在於顯示出斷點的存在，這個斷點的其中一邊是軟體開發者與資安從業者的能力與世界觀，另一邊則是普通電腦使用者的能力與世界觀。[171] 理想狀態下，強尼將永遠不需要去「加密」什麼──加密在此指的是執行各種任務來獲致電腦的安全性。要達到這個境界，我們就必須能生產出在無聲無息中保護著使用者，而且不需要人為干預的電腦。但電腦是一種泛用的裝置。使用者會想要有彈性可以確切告訴電腦他們想做什麼，好讓人的特定需求可以獲得滿足。而電子郵件和全球資訊網的本質，也造成了你在使用這些科技的時候，就是非得做出一些抉擇不可。

　　易用安全性的研究者曾嘗試讓強尼有辦法加密東西，但功虧一簣。有篇論文甚至表示強尼也許永遠都不會有能夠加密的一天──所以我們在處理與安全有關的任務時，應該從一開始就顧及普通人認知能力的上限。[172] 宛若宿命論，風險補償理論的預測是即便強尼掌握了加密能力，他也會從別處引入更多的安全風險來抵銷掉新獲得的加密能力。這是個很令人沮喪的前景，但關於強尼的慘況我們也可以換個方式去想。一名叫柯馬克‧埃利（Cormac Herley）的資安研究者提出一個論點，即強尼是出於理性才會無視安全專家建議他學會加密的建議。[173] 埃利的看法是那些提供給使用者的安全指南有助於嚇阻潛在的駭客行為，但執行這些安全指南會對使用者施加顯著的負擔，而兩者相加的結果是弊大於利。[174] 當駭客行為得逞後的代價不會由使用者承擔，而是會演變成一種外部性的時候，這一點尤為真確。民眾不用杞人憂天地擔心網路詐騙，因為銀行端一般都會把損失退給受害者。[175] 美國聯準會限制了消費者在詐騙中需要負擔的損失上限是五十美元，但實務上銀行與信用合作社等金融機構都會提供零損失責任的保證。[176]

　　如果每個收到可疑電郵的人都花一分鐘去仔細閱讀和分析電郵本文中的網路連結，以判定那是不是釣魚攻擊，那這所耗費的時間成本將比網路釣魚攻擊造成的所有損失加總大好幾個數量級。[177] 美國上網的成年人大約有一億八千萬人。如果這些人的時間價值是基本工資的兩倍，那麼他們每天共同浪費的一分鐘，就等於浪費一百六十億美元。[178] 所以說使用者對安全指南說不，其實整體而言是一種理性的決定，畢竟遵循安全指南所增加的成本，要遠大於不遵循安全指南的潛在損失。埃利的立場是資安領域並沒有考慮到這層計算，所以該進一步充實自己的不是電腦的使用者，而是安全專業人員本身。[179] 這麼一來，常被人引用說電腦使用者會選擇跳舞的豬也不會選擇安全性的說法，就產生了另一層深意。表面上，這代表安全從業人員在哀嘆電腦使用者在面對安全性選擇時實在是太粗心大意，但這也顯示出安全從業者並不了解電腦使用者為什麼會展現出這樣的行為。[180] 安全從業人員相信他們的目標應該被廣大的世人採行，但那些目標既不是電腦使用者要的東西，也不是不付出巨大成本就能做到的事情。[181]

　　埃利對於安全指南不切實際之本質的批評，在一個點上最不留情，那就是他直指在資訊安全領域的核心，其實存在著一種有害的科技官僚家長主義。蘭德公司與早年研究者的心態，都是覺得電腦作業系統應該要將它的意志強加在電腦的使用者身上，在實質上逼著他們安全。這種哲學在後續的幾十年間，獲得了在資安領域工作的人員採納，而這種哲學體現在外，就成了一種毫不遮掩、用科技解決問題的偏好。惟隨著電子郵件和全球資訊網的崛起，電腦使用者與他們的各種決定開始成為整體系統安全的關鍵所在。安全性可以只靠科技一己之力完成的可能性，被揭穿為是一種對機器的幻想。電腦的安全決定於使用者的一念之間，而推動那些念頭的，是經濟動機與心理因素合組的紛亂影響。

這些發現傷害到了電腦安全產業的商業利益，因為他們想灌輸給人的觀念是這個世界非常簡單，簡單到你只要買了他們的產品，也就買到了安全。駭客、安全研究人員，還有以尋找新弱點和新駭客技巧為業的每一個人，統統因為這些新知而吃了虧。他們急需一個新的觀念來恢復他們的勢力與權威，於是他們開始證明安全弱點的威脅要遠大於我們的想像。要是他們能說服世人萬物皆可駭，那他們的技能就又會變回搶手貨了。這個願景會變得非常風行，風行到不僅資安領域的從業人員都為其神魂顛倒，甚至連企業、媒體與政府都改變了他們看待資安的目光。

第七章

弱點的揭露、獎勵與市場

　　在英國對印度進行殖民統治的期間，德里這座城市的官僚關心起眼鏡蛇咬傷所造成的死亡。為了降低被蛇咬死的人數，有關當局發起了拿眼鏡蛇皮來換錢的計畫。一開始這個計畫的成效很不錯，眼鏡蛇的數量減少了。但接著就有滿腦子生意經的民眾開始鑽系統的漏洞，繁殖起眼鏡蛇。政府聽到了這樣的風聲，便取消了計畫，而民眾一發現自己養的眼鏡蛇沒有用了，就把牠們放了出去。結果就變成致命的眼鏡蛇在印度不減反增。[1]

　　二〇一二年，美國菸酒槍炮及爆裂物管理局（ATF）開了一間假的軍品店，說是願意收購槍枝。他們的目的是要減少坊間的槍枝流通量，進而減少槍枝暴力。為了把槍枝的收購量最大化，負責經營該店鋪的 ATF 幹員決定付高於市場水準的價錢，沒想到這導致入室行竊等犯罪率上升，因為竊賊會設法偷槍去賣。事實上那家店自己也遭了殃，ATF 制式的全自動槍枝被偷，而且還始終沒找回來。[2] 就結論而言，ATF 的餿主意導致了坊間的槍枝流通量不減反增。

　　德里官僚與 ATF 幹員所一手創造出的不當誘因，在各自的案例中導致了反效果。而同樣的模式也發生在二十一世紀初的資訊安全領域，其背後的成因就是某些人對技術性安全弱點的過度執迷。

　網路泡沫為電腦軟體創造出了一路成長的廣大市場。軟體的大小與複雜性隨著時間過去不斷上升，主要是開發者為了吸引並留住使用者而不斷往裡添加新的功能。網頁瀏覽器與網頁伺服器的規模大到程式碼多達幾百萬行。微軟出版社在二○○四年出了一本書，書中表示每一千行程式碼就會平均含有二到二十個程式錯誤，只不過如果程式碼是在微軟 SDL 之類的程序裡創造出來，則這個數字便能大幅度降低。[3]軟體安全方面的努力包括微軟的「可信賴的運算」計畫、微軟打造的 SDL，還有愈來愈普及的靜態分析與模糊測試等軟體安全技術，在在都拉高了找出軟體弱點之技術門檻。這導致的效應是在廣泛使用的套裝軟體中所找到的安全弱點價值變高，因為這類發現真的愈來愈稀少。

　一個不屬於常識且還沒有修補程式釋出的弱點，被稱為零時差弱點或零日弱點，有時候寫作 0day，英文唸作 oh-day。[4]零時差或零日的意思是這種安全弱點所代表的風險，其預警時間是零日，也就是連一天都沒有。[5]要是有誰可以在熱門的軟體中找到零時差弱點，那暴露在風險中的電腦數量將會很大。[6]比方說，駭客要是能在手機的作業系統裡找到一個零時差弱點，那裡論上他就可以駭入任何一台使用該作業系統的行動電話，一直到該弱點獲得修補為止。（實務上，除了知道弱點，駭客還需要攻克一些其它的障礙去完成這類攻擊。）

　零時差弱點之所以有價值，一大原因是它們代表了祕密的知識。[7]但零時差弱點也提供了駭客一些特殊的優勢。入侵偵測系統與防毒軟體等安全科技通常會試著偵測出已知的攻擊模式，也因此它們一般來講不太會偵測出有人利用零時差弱點。[8] 惟如果是準備周詳的組織，它們還是可以靠其它的辦法偵測出有人在鑽零時差弱點的漏洞，像是偵測駭客在成功滲透之後會採取的行動。

　　一個已經被發現但沒有被揭露的弱點，如果是存在於一個鮮為人知的軟體上，則它雖然在技術上符合零時差弱點的定義，但一般人並不會這麼稱呼它。口語中，「零時差」一詞是保留給那些足以掀起驚濤駭浪的弱點，亦即這些弱點必須存在於熱門的軟體上。在資安圈子裡，零時差弱點也有一定程度的「酷味」，像有一名研究者就曾多少有點刻意誇張地形容說，零時差弱點「難搞得要命」。[9] 零時差弱點並不必然得是軟體上的程式錯誤，比方說緩衝區溢位。不論你是有能力藉由「後門」與某台電腦保持連線，或是有能力創造出某條隱密通道，這些新技術都可以算是一種零時差的表現。[10]

　　zero-day 的字源不詳。邱吉爾在其一九五一年出版的回憶錄《緊縮包圍圈》（Closing the Ring）中形容，一九四三年十月二十日是德國用 V2 火箭彈攻擊倫敦的「第零日」。[11] 零日一詞也被用在把電影、音樂與電腦軟體拿來分享與交易的非法檔案分享圈中。把一個檔案夾用「零」開頭來命名，比方說取名叫 0day，就可以讓該條目被排在整個目錄的頂端，進而使該檔案夾內所含的檔案有更大的機會被瀏覽者注意到。[12] 但究竟零時差／零日這個修飾語是如何開始像現在這樣被廣泛用來指稱安全弱點的，則不得而知。[13]

　　被莫里斯蠕蟲拿來利用的緩衝區溢位，是大規模零時差弱點攻擊的首例，不過就是莫里斯蠕蟲也用上了其他的技巧來感染電腦，比方說破解密碼。在莫里斯蠕蟲被調查事件的人員進行反編譯，其原始碼被徹底檢視過後，該蠕蟲所利用的零時差弱點也被發現。後續推出的修補程式也避免了再有人嘗試將該緩衝區溢位當作漏洞來利用。這個例子展示了零時差弱點的弔詭處——把零時差弱點當成漏洞利用，正好會創造出令其曝光的可能性。[14] 遭到零時差弱點攻擊的被駭者，有機會利用攻擊行為留下的記錄檔與產出物等副產品，來重建弱點的技術性細節。[15] 這與微軟所面對之問題正好相反，微軟的狀況是駭客會利用修補程式中的資訊去反推其所修補的底層弱點。攻防在此可以說是對調了立場。

　　一旦零時差弱點的細節廣為人知，其用處也會相應地遞減。在弱點修補程式由軟體公司釋出後，該弱點對於駭客的用處就得倚靠那些還沒有用上修補程式的組織或個人了。隨著愈來愈多的組織用上修補程式，弱點的價值也會漸進地減少到零（或趨近於零，畢竟總是會有一兩個組織不去安裝修補程式）。在這種狀況下，零時差弱點的運用其實稱得上罕見。[16] 一項研究估計零時差弱點在所有被當作漏洞利用的弱點中，只占到百分之零點一。[17] 不過每當有零時差弱點攻擊被發動，駭客所針對的往往都是對他們有著特殊重要性的目標。

　　二〇一一年，有群駭客發送了一封網路釣魚電郵給 RSA 安全公司的全體員工。該電郵的標題是「二〇一一年度人才招募計畫」，結果 RSA 公司的一名員工在收到信後打開了附檔的試算表。[18] 那個檔案內含的程式碼會利用零時差弱點，在電腦上安裝一個後門。接著駭客們就利用那扇後門做為立足點，接觸到他們可以拷貝並「滲透帶出」的敏感資料，其中滲透帶出就是偷走的意思。[19] 這群駭客之所以會使出珍貴的零時差弱點攻擊來對付 RSA 公司，是因為 RSA 是一家生產兩階段身分驗證產品的安全公司。駭客從 RSA 公司電腦中拷貝帶出敏感資料，是因為他們需要以此來駭入洛克希德馬丁（Lockheed Martin）

的兩階段身分驗證系統。洛克希德馬丁公司是美國最大的國防包商，為美軍生產間諜衛星與戰鬥機。[20] 這些駭客似乎知道想駭入洛克希德馬丁，就得先駭入 RSA，所以他們才會在 RSA 身上使出零時差弱點攻擊的殺手鐧。

像微軟這樣的公司會在自家產品中找尋弱點，好讓駭客等來自外部的威脅沒機會找到並利用這些弱點。但企業也會在熱門套裝軟體中尋找弱點，然後藉此來宣傳他們的安全專業能力。[21] 再者就是安全業者也用得上他們在商業滲透測試活動中找到的大小零時差弱點，畢竟只要掌握了某個軟體中的零時差弱點，幾乎就能保證你有能力滲透使用該軟體的任何一間組織。[22]

二○○○年代初期，資訊安全領域內部的共識，是揭露零時差弱點是必要的行為，因為只有如此才能逼著軟體業者去修補弱點，[23] 否則業內普遍不認為軟體業者有理由這麼做。[24] 正因如此，那些把零時差弱點的細節刊登在 Bugtraq 等郵件論壇上的駭客與安全研究者被認為是在促進公益。[25] 只有少數幾個聲音對此表達了疑慮，包括馬庫斯‧拉納姆觀察認為「好像沒有人考慮到一個比較不那麼討喜的可能性」，那就是這些弱點之所以被揭露，其真正的用心是要幫進行揭露之人打廣告。[26]

零時差弱點的漏洞利用是如此之普及，創造出了一個風險，那就是駭客與腳本小子可以靠著這些漏洞利用去駭進電腦。在當時，弱點的漏洞利用主要是發生在一些相對較小的程式上，規模不過兩三百行程式碼，所以只要透過在網際網路上的傳播，這些漏洞利用輕輕鬆鬆就可以在幾秒鐘裡傳遍全球。釋出漏洞利用的程式碼或腳本的做法，偶爾會被合理化為提供概念證明，好讓人能去測試他們的系統有無曝險。但任誰都可以用來駭入電腦的漏洞利用就這樣在外流傳，也並不是什麼好事，因為那會讓一大群平日並無能力去從事駭客行為的人，有機會這麼做做看。[27] 有項研究發現駭客會密切追蹤 Bugtraq 等郵件論壇上有無貼出關於新弱點的訊息。一旦有，他們就可以利用這些訊息去從事漏洞利用的行為。[28] 這當中顯然有一種取捨，而大家要問的就是尋找弱點，然後把這些弱點的細節發布在 Bugtraq 等公開論壇上，究竟算不算利大於弊。

一項二〇〇五年的研究檢視了這個問題。[29] 考量到有許多駭客和資安研究者在尋找安全弱點，軟體的整體品質理應要有顯著的提升，因為池子裡的弱點在各方的努力下會愈發枯竭。惟這項研究發現，關於所謂弱點枯竭的概念，只有非常薄弱的證據。[30] 事實上研究作者群發現，他們無法排除所謂的弱點枯竭根本不曾發生的可能性。[31] 這種結果符合安全專業人員在當時的經驗，也就是弱點殘存了許多年，才在某個軟體中被發現，包括有些已經經過了安全稽核的軟體，這狀況在業界並不少見。該研究的結論是尋找並公開揭露弱點的價值，並無具體的證據支持，而這一點讓人感覺到「十分不安」。[32] 另一項研究發現，由軟體安全努力所促成的弱點枯竭並不能完全被排除其可能性，但還需要更多的調查才能有定論。[33]

尋找弱點究竟有沒有用的問題，或許只在理論和學術的層次上有趣。如果沒有人去尋找弱點，那僅有的弱點就會是那些被人意外撞見的弱點，而那數目就會少上許多。但因為確實有一定量的人在積極尋找弱點並將之公諸於世，因此包括軟體公司在內的其他人也只好跟著去尋找弱點。這是一種賽局理論式的死亡螺旋，所有人都被困在當中無法逃脫。

　　民族國家對零時差弱點的興趣尤其濃厚，同時也有很強烈的動機去取得這些弱點。民族國家會想要在世界舞台上取得敵國的資訊，而零時差弱點就是他們面對他國可能構築起來的強大防禦，一項有效的進攻工具。民族國家的可觀資源，也是他們在面對找出零時差弱點的挑戰時，一項可以派上用場的利器。

　　二〇〇四年，一個叫做電子前哨基金會（EFF）的非營利團體對美國政府提告，並希望引用《資訊自由法》（Freedom of Information Act）取得美國政府手握哪些零時差弱點的資訊。[34] 在法庭攻防的前夕，美國政府釋出了一些資訊，內容描述了美國情報單位是如何利用弱點來支援他們的「攻擊性」任務，當中包括監視和駭入在國外的電腦。[35]NSA 和 CIA 等「三字母單位」對零時差弱點的取得與使用，也在幾次引起軒然大波的資料外洩中被揭露。從二〇一六年八月開始，一個自稱是「影子掮客」（Shadow Brokers）的駭客團體在網路上張貼一連串文章。[36] 他們在這些貼文中宣稱已經駭入了另一個叫「方程式組織」（Equation Group）的駭客團體，並偷走了他們的「網路武器」，也就是後者的零時差弱點漏洞利用程式。[37] 影子掮客接著又聲稱他們將舉辦線上拍賣會來出售這些漏洞利用程式，價高者得。[38] 他們用不靈光的英文寫道：「我們駭了方程式組織。我們找到了許多方程式組織（的）網路武器。你們看照片。我們給你們一些方程式組織的檔案不用錢，你們看。這是好證據對不？你們好好享用！！！你們去破壞很多東西。」[39] 我們並不清楚，影子掮客是真的駭入了方程式組織所使用的電腦，從上頭取得了弱點的資訊，還是他們只是瞎貓碰到死耗子地巧遇了那些資訊，抑或是有人刻意把這些資訊洩漏給他們。[40]

　　為了證明他們要兜售的是真正有價值的東西，影子掮客發表了一些他們取得的漏洞利用程式。[41] 這些漏洞利用程式樣品中被寫入了一些代碼，如：ETERNALBLUE、ETERNALROMANCE 與 EXPLODINGCAN。[42] 其中一個漏洞利用程式是微軟 Windows 的零時差弱點——這可是個價值不菲的大獎。這些由影子掮客釋出的資訊，代表其他駭客現在也可以利用這些弱點資訊。其中的 ETERNALBLUE 弱點被用來創造了一隻叫 WannaCry 的網路蠕蟲，並感染了一百五十國的超過二十萬台電腦。[43] WannaCry 是一種勒索軟體，會先加密被感染電腦上的檔案，然後再在螢幕上秀出一則勒索訊息：三天內付三百美元，或七天內付六千美元，再拖下去被加密的檔案就會被刪除。[44] 英國國民保健署（National Health Service，即英國健保局）的電腦就遭到了 WannaCry 的感染，結果導致部分醫院拒收病人。[45]

　　事隔不到幾個月，第二個惡意程式又藉由 ETERNALBLUE 漏洞開始散播。[46] NotPetya 之所以叫做 NotPetya，是因為它很像一個當時已經存在的勒索程式 Petya，只不過沒過多久，外界就發現 NotPetya 的設計所圖不是金錢。[47] 雖然 NotPetya 是打著勒索軟體的招牌，但其真正的用心是要搞破壞。[48] NotPetya 感染的電腦遍布世界各地，但其設計似乎有特別鎖定俄羅斯與烏克蘭。[49] 在烏克蘭提供關鍵服務的組織紛紛遭到感染，如國家電力公司、在基輔的主機場，還有基輔的地鐵系統都中了標。[50] 烏克蘭的車諾比核電廠也因為電腦系統遭到感染，而不得不放棄電腦化監控，改由現場員工以手動方式檢查輻射等級。[51]

　　影子掮客相當之神祕，但更令人費解的是，方程式組織怎麼能發展出如此全面的一組零時差弱點漏洞利用程式。方程式組織所撰寫之漏洞利用程式經過檢視，發現其原始碼偏好採用特定的密碼學演算法，且擁有所謂的「超凡工程技巧」，乃至於具備「無上限的資源」。[52] 這個謎團的答案是：方程式組織幾乎可以確定就是隸屬於 NSA 的 TAO，也就是國家安全局內部的特定入侵行動辦公室（Office of Tailored Access Operations）。[53] TAO 這個單位的任務是駭入外國電腦來蒐集情報。[54] 據說 TAO 雇用了數百名民間的駭客與後勤人員。[55] TAO 之所以能開發出那麼多能夠讓影子掮客偷走的零時差弱點漏洞利用程式，必須歸因於該單位能投入任務的龐大資源。

　　惟 TAO 固然表現出驚人的能力，他們也不是沒有瑕疵。方程式組織之所以能被認出來是 TAO，是因為弱點漏洞利用程式中被發現的那些代碼，主要是那些代碼已經在別的地方被用過了。[56] TAO 犯下的另外一個錯誤是在檔案中留下了時間戳記。[57] 這些時間戳記顯示寫出這些程式碼的程式設計師是朝八晚五，且在美國東岸工作的一群人，其時間地點正好吻合國家安全局總部在馬里蘭州米德堡的時區。[58] 而且方程式組織的漏洞利用程式一經影子掮客披露，外界也得以確認了此前一些使用了這些漏洞利用程式的駭客攻擊，其部分受害者是哪些人或組織。就結果而言，那些駭客攻擊似乎很青睞伊朗、俄羅斯聯邦、巴基斯坦與阿富汗等目標。[59]

　　如同國安局，中情局也吃到了零時差弱點外洩的苦頭。二〇一七年三月，「維基解密」發表了一批超過八千份的文件，他們統稱之為「地窖七號」（Vault 7）。[60]「維基解密」宣稱這批文件曾「以未授權的方式流通在前美國政府駭客與包商之間」，並表示這些文件內含好幾個零時差弱點的細節，包括可以對應谷歌 Chrome 與微軟 Edge 等網頁瀏覽器，以及蘋果 iPhone、谷歌 Android 與微軟 Windows 等作業系統的各種漏洞利用程式。[61] 不同於影子掮客，「維基解密」表示他們不會自行釋出這些漏洞利用程式，還說他們正在與受影響的廠商合作進行修補程式的製作。地窖七號的發布也同時透露出一些資訊，涉及和中情局有關的駭客工具。其中一項被中情局賦予代號「哭泣天使」（Weeping Angel）的工具是由中情局和軍情五處共同開發，其中軍情五處是英國的反情報安全機關。[62] 哭泣天使利用的漏洞存在於韓國三星公司製造的網路電視上。[63] 當哭泣天使被用在這樣一台電視上後，這台電視會在看似關機的狀況下竊聽室內的所有對話，並將之錄下後傳送到網際網路另一端的中情局總部。[64]「維基解密」形容地窖七號文件的爆料證明了我們需要公開辯論兩件事情，一件是「中情局的駭客行為能力是不是超乎了其被授予的權力」，另一件是「網路武器的安全性、創造、使用、擴散與符合民主制度的控管是否得宜」——其中的網路武器，指的就是零時差弱點與利用零時差弱點製成的駭客工具。[65]

國安局與中情局無疑會希望避免他們的零時差漏洞利用程式被揭露，同時他們肯定也不樂見外洩的資料被認出源自他們的組織內部。地窖七號中的一些文件是中情局內部論壇的書面紀錄，上頭記載了中情局員工是如何討論國安局犯了哪些錯誤，才讓方程式組織被認出是TAO，乃至於他們可以如何避免犯下同樣的錯誤。[66]

影子掮客之所以揭露由美國國安局創造的零時差弱點，是想要藉此來牟利。「維基解密」之所以揭露由美國中情局創造的零時差弱點，是為了其所聲稱的要開啟公共辯論。但對白帽駭客、資安研究人員，以及商用安全公司而言，要不要揭露零時差弱點與用什麼方式揭露的決定會複雜一些。對軟體業者揭露弱點會促使他們釋出修補程式，但有了修補程式，駭客也可以按圖索驥地反向找出弱點，進而創造出漏洞利用程式。由於迅速並完整地安裝修補程式對組織而言是一件有難度的工作，因此駭客總能運用漏洞利用程式，去駭入那些沒能來得及用上修補程式的組織。但不對軟體公司揭露弱點，就代表修補程式永遠不會出現，結果就是每個發現該弱點的駭客，都能將之當成漏洞利用。這當中的取捨，就是看你想要爲數較多的駭客擁有漏洞利用程式，去針對存在修補程式的弱點，還是想要爲數較少的駭客擁有漏洞利用程式，去針對不存在修補程式的弱點。這是一個關於揭露的問題，也是一個在資訊安全領域長年讓人深思的問題。

在一九九〇年代末期與二〇〇〇年代初期，弱點的揭露是以完整揭露法爲主流。駭客與弱點研究者會把弱點的細節貼到 Bugtraq 上，還有另一個名叫完整揭露（Full Disclosure）的郵件論壇上。[67] Bugtraq 郵件論壇創立於一九九三年，而完整揭露郵件論壇則是創立於二〇〇二年。[68] 完整揭露顧名思義，其宗旨是要針對弱點進行「百無禁忌的討論」。[69] 創立不到一年，完整揭露郵件論壇的人氣就達到了單月新貼文超過一千篇的水準。[70]

完整揭露法對揭露這項議題，代表的是一種初始的條件或基礎回應。完整揭露始終做得到，是因爲一旦有人得知了關於弱點的資訊，你就不可能違反他們的選擇，不讓他們把東西貼到網路上。完整揭露在某種程度上，是安全弱點於早年諱莫如深所引發的一種反彈。從一九八九到一九九一年在一個名爲 Zardoz 的非公開郵件論壇裡，參與者會針對安全弱點進行討論。[71] 這個論壇的本名其實是安全文摘（Security Digest），之所以得名 Zardoz 是因爲他們用來發信給成員的那台電腦，就叫作 Zardoz。想成爲 Zardoz 的一分子，必須在職業上具有相關的身分，譬如身爲一整群電腦的管理員，身爲學者，或是得獲得論壇中其他成員的認可。[72] 由於 Zardoz 內部含有關於零時差弱點的資訊，因此該論壇一直都是駭客的目標。駭客試圖找到的，是 Zardozs 訂閱者存在電腦上的論壇資料庫。[73]

完整揭露被某些人說成是「必要之惡」，但也有人說完整揭露等於是複製了美國在越戰時的邏輯，須知當時的戰爭規畫者說：「為了拯救村落，摧毀村落是不得已的。」[74] 完整揭露中屬於公開羞辱的部分也讓一部分人不太能接受，這部分人認為這等於是在某人滿布灰塵的車上用手指寫下：「洗我。」[75] 完整揭露法甚至可以被視為一種在「檢討被害者」的做法，因為公告中那些存在著弱點的軟體，其作者可能是那些沒有資源在其內部推動軟體安全計畫的軟體業者。研究還顯示認為完整揭露，可以讓軟體業者加速推出弱點修補程式的說法，得到的支持很難說是熱烈。[76] 惟即便在這些質疑環伺下，資安界的主流看法仍是我們不應該苛責那些用完整揭露法去揭露弱點的人，畢竟「兩國交戰不斬來使」。至於那些把弱點資訊與漏洞利用程式貼到 Bugtraq 上的白帽駭客與安全研究人員，就更等於是在「進行公共服務」了。[77]

白帽駭客與安全研究人員在這個時期力倡完整揭露，因為這符合他們自身的利益。弱點的完整揭露充滿戲劇張力，而且會創造出一種急迫感。針對使用人數眾多的軟體揭露零時差弱點之舉，可以讓人一夕成名，而這就是一個強烈的動機。[78] 找到並揭露 Slammer 蠕蟲所用弱點之人在事件過後接受《華盛頓郵報》訪問，當時他說他應該「不會再發布這類程式碼了」，但言猶在耳，他就在隔月決定復出完整揭露界。[79]

從完整揭露演化出來的，是負責揭露（responsible disclosure）。在負責揭露中，找到零時差弱點的人不會將之公開揭露。[80] 做為替代，他或她會私下聯繫身為當事人的軟體業者，將細節告訴他們。[81] 這給了軟體業者一個在外界得知消息前，修好弱點並發布修補程式的機會。[82] 負責揭露法排除了黑帽駭客趁修補程式出爐前使用弱點資訊，去駭入電腦的問題。[83] 為了避免有軟體業者收到弱點通知，但卻不肯採取行動去發布修補程式，負責揭露法普遍採取的做法是給業者訂一個期限，比方說九十天。如果業者沒在九十天內發布修補程式，那弱點的細節就可能由發現者對公眾釋出。[84]

關於負責揭露有個廣泛被引用的非正式成文規定是「完整揭露政策」，作者是一個假名叫「雨林小狗」（Rain Forest Puppy）的安全研究人員。[85] 該政策為揭露的兩造——研究人員與軟體廠商——設立了一些基本規則，像是業者必須在收到電郵通報弱點的五天內，回覆研究人員。[86]

就此在資安圈中，負責揭露變成了「正確的，該去做的事情」，因為比起完整揭露，負責揭露的缺點較少。但其實負責揭露會成為揭露的首選，有一部分原因，是它更有效地滿足了弱點研究者與軟體業者想要的東西。白帽駭客、安全研究人員與安全公司使用負責揭露的動機是得到公眾對他們工作的認可。軟體業者若連同可用的修補程式發布弱點，他們通常也會提到揭露弱點的人是誰，所以負責揭露可以換得社會上的肯定。軟體業者採用負責揭露的動機，則是這讓他們能在弱點被公諸於世之前得到一些可以亡羊補牢的預警時間。而這也讓這些軟體公司的客戶獲得了有所提升的使用體驗。如果是完整揭露，軟體公司的客戶就得匆匆忙忙地去保護自己那些沒有修補程式可用的弱點。但換成負責揭露，軟體公司的客戶就可以在弱點資訊廣為人知前，就收到修補程式，也就可以預先安裝好修補程式來保護自己。很多時候是修補程式釋出了，但相關弱點的細節始終沒有公布。

　　負責揭露取代了完整揭露，成為首選的揭露方式，但負責揭露能存在的前提是完整揭露的威脅在後頭虎視眈眈。軟體業者知道，如果他們不能在收到安全弱點通知後，寫出並發布修補程式，則弱點的發現者就可以一不做二不休，把弱點的細節發出去——基本上就是回到了完整揭露的路子。一旦負責揭露變成一句空話，失去了其內涵精神的時候，緊張關係就會浮現出來了。有些研究人員和安全公司，會選擇在軟體業者發布完修補程式的幾小時或甚至幾分鐘內，就馬上釋出對弱點有效的漏洞利用程式，而這就會引發駭客和組織之間的賽跑，就看是駭客能先用漏洞利用程式攻擊到弱點，還是組織能先用修補程式把弱點補好。[87]

　　弱點研究人員有時會覺得十分挫敗，因為他們覺得軟體業者在收到弱點通報後，實在按兵不動太久了。[88]同時還有人批評業者會為了遲遲不導入修補程式找一大堆理由。[89]出於這些理由，有些研究人員對「負責揭露」一詞發出了不滿的聲音。他們開始覺得這個詞是在情緒勒索，彷彿只有這種揭露方式才叫負責，而其它名字裡沒有負責一詞的揭露做法都叫不負責。[90]在他們看來，負責揭露只是讓軟體業者莫名多了很多權力，可以去干預研究人員要在什麼時候把弱點通報給誰。[91]

　　負責揭露為軟體公司創造出一個處境，如果某個外部的研究人員發現了公司的某個產品中有個弱點，那公司就會被迫得按照研究人員的進度，去修理弱點並發布修補程式。而這也導致一些大公司在內部成立了程式錯誤的獵人團隊，好讓他們可以搶先在外部研究人員之前找出弱點，這樣他們做出修補程式的時間點就不用受制於人。[92]這些程式錯誤獵人團隊除了尋找自家軟體中的弱點以外，偶爾也會被要求去尋找其它軟體的弱點。[93] 這些其它軟體可能是公司倚重的開放原始碼軟體，也可能只是普羅大眾常用的某個軟體。這種在他人軟體上尋找弱點的工作，常被描繪成一種利他主義的日行一善，是一種有助於保護消費者的行為。[94] 但這些有專責團隊在其他人的軟體上，尋找關鍵弱點的企業，有時卻看似會在揭露這些弱點時懷著雙重的心思：在凸顯了弱點的存在之餘，他們也宣傳了公司搜尋弱點的專業能力，換句話說，就是在宣傳公司本身。[95] 這麼一來，負責揭露就在出資自組弱點搜尋團隊的大公司手中，變質成了一種可以說是「宣傳用揭露」的東西。

　　企業的程式錯誤獵人團隊只要能找到並揭露那些矚目程度極高的弱點，就可以斬獲大眾報章雜誌暨安全專業刊物的報導版面，而且會有種揮之不去的印象是在某些場合中，商業考量也摻和了進來。[96] 谷歌的弱點獵人團隊打著「清零計畫」（Project Zero）的名號，在微軟的 Internet Explorer 網頁瀏覽器裡找到了一個弱點，並釋出了該弱點的細節，但明明微軟已經以修補程式尚未準備好而請他們手下留情了。[97] 在另外一個場合中，清零計畫揭露了微軟 Windows 上一個嚴重的弱點，時間比他們將之通報給微軟僅僅晚了十天。[98]

　　二〇一四年四月，一名任職於谷歌的弱點研究人員發現，一段廣泛用來在網頁瀏覽器與網頁伺服器之間進行通訊加密的程式碼中，有一個弱點。[99] 這是一個非同小可的程式錯誤；據信網際網路上大約百分之十七的網路伺服器受其威脅，而這個百分比相當於大約五十萬台個別的網路伺服器。[100] 為了宣傳這個弱點，它被授予了一個名號叫 Heartbleed，一個淌血的紅色心臟標誌，還有一個專屬的網站。[101] 會叫 Heartbleed 這個名字，是因爲該弱點存在於軟體中負責處理程式心跳 *的部分。Heartbleed 行銷活動所獲得的好評，在於其能挑動情緒，主要是 Heartbleed 這個名字被認爲「聽起來很嚴重」而且「感覺很致命」。[102] 但在 Heartbleed 被公開並開始接受宣傳之後，駭客也開始把該弱點當成漏洞去利用。Heartbleed 弱點被用來入侵由加拿大政府所儲存的個人資訊，逼著加國政府不得不關閉網站數日。[103] 二〇一四年八月，駭客利用 Heartbleed 弱點鎖定美國第二大的醫院連鎖體系，突破了四百五十萬筆病歷的安全防護。[104]

從那之後，其它商業公司也效法起 Heartbleed，開始嘗試用同等高調的行銷手法來宣傳他們發現的軟體安全弱點，這包括他們也爲弱點取了如 Rampage（橫衝直撞）、Shellshock（砲彈休克）與 Skyfall（天降危機）等挑釁意味十足的名號。[105]

因爲 Heartbleed 而翻車翻得最嚴重的，莫過於美國國安局，主要是他們被控在該弱點被揭露的至少兩年前就對其知情，而且還將之當成零時差弱點去駭入電腦。[106] 論及零時差弱點，國安局的立場處於一個很獨特的位置，原因是他們身負所謂的雙重使命，這代表他們一方面要從美國的敵國與對手處取得情報，另一方面又有義務保護美國國內的電腦安全。[107] 雙重使命代表國安局一發現零時差弱點，就會陷入一個進退維谷的困境。主要是這種弱點確實可以爲國安局所用，供他們去達成獲取情報的目標，但想拿這種弱點去獲取情報，他們就無法將其揭露，而這又會讓美國本土的電腦處於風險之中。反之若國安局

---

* 譯註：心跳在電腦科學中指的是一種週期性的訊號，作用是用來檢測軟硬體的運作是否正常。

選擇把弱點的細節透露給軟體業者知道，美國的電腦就會因為業者發布的修補程式而獲得保護，但這就代表國安局無法將之作為零時差弱點去蒐集情報了。[108]

這種兩難的關鍵，在於駭客等其他勢力或某個外國也會發現同一個零時差弱點的可能性高低。如果可能性低，那在雙重使命的狀態下，比較合乎邏輯的做法，就是不要透露弱點的細節給軟體業者知道。反過來說如果可能性高，那比較合邏輯的做法，就是要把弱點的細節透露給軟體業者知道。這種另一股勢力也可能發現同一個零時差弱點的概念，叫做弱點的重新發現（rediscovery）。[109] 如果重新發現的機率高，那零時差弱點的價值就會變低，因為別人也可能發現同樣的弱點。美國政府機構可能囤積了一大堆的零時差弱點，都是和其他國家一模一樣的東西，因此不揭露這些弱點的理由是不存在的。[110] 但如果弱點重新發現的機率低，那零時差弱點的價值就會變高，因為別人可能發現不了這些弱點。這麼一來，美國政府機構就可以假定他們囤積的零時差弱點大多是獨有的，並因此較傾向於不要揭露這些弱點。[111] 但重新發現率的計算並不是那麼一翻兩瞪眼。一項研究估計，零時差弱點的平均保存期限可以長達七年，而對任一組零時差弱點而言，只有百分之六可能在一年之後被外部勢力發現。[112] 另一項研究估計出的重新發現率要顯著高出許多，達到百分之十三。[113]

關於弱點重新發現的爭論，還有雙重使命該如何取得平衡的問題，對國家安全局都不是新鮮事。國安局長年都在嘗試突破用來確保通訊安全性的加密機制，以便於他們攔截外國政府的電話通話與其它形式的通訊。這個研究領域有個名字，叫做通訊安全，英文簡稱是COMSEC，而此一領域必須面對許多如今與零時差弱點共存的兩難困境。這是因為如果國安局發現有某種辦法，可以突破某種通訊系統的安全性，那麼國安局眼前就會有兩條路可選，一條是利用這個辦法進行竊聽，另一條則是提出修理方案去提升那種通訊系統的安全性。[114]

　　為了回應外界指控他們在 Heartbleed 弱點被公開揭露前，就已經掌握其存在，國家安全局在其官方推特帳號上，發了一則推文說「國安局對於近期被公開的 Heartbleed 弱點，事前一無所悉」。[115] 沒過幾星期，白宮也發布了一則部落格文章，由白宮網路安全召集人暨總統特別助理對外表示，「很顯然在大部分的案例中，以負責任的方式揭露新發現的弱點都是符合美國國家利益的做法」，惟「揭露之決定確實存在利弊之取捨」。[116] 這篇白宮的部落格文章稱美國政府已經「建立了一個有紀律、嚴謹，且高水準的決策過程來處理弱點揭露」。[117]

　　該過程被命名為「弱點公平裁決程序」（VEP）。[118] 開發出這個程序的單位是二〇〇八與二〇〇九年間的國家情報總監辦公室（Office of the Director of National Intelligence），而該程序所描述的，正是聯邦政府用以處理零時差弱點的流程──所謂處理，就是要二選一，看是要通知軟體業者把修補程式製作出來，還是要保守這個祕密，好讓國安局等美國安全機構可以加以利用。[119] 這個程序要求找到或察覺到零時差弱點的政府機關要通知 VEP 的執行祕書處，也就是國安局的資訊保障署（Information Assurance Directorate）。[120] 接著一個由中情局、國安局與國防部等機構代表所組成的 VEP 委員會，便會定期開會來檢視被呈交上來的弱點清單。這個委員會在決定要不要通知受影響的業者時，會根據眾多的標準衡量幾件事情，包括這個弱點具不具有「操作價值」來支持「情報蒐集、網路行動，或是執法證據的蒐集」，也包括這個弱點的使用能不能提供「特殊化的操作價值來抗衡網路威脅行動者」──

換句話說，就是這個弱點能不能讓美國政府用來扮演駭客。[121]

　　二〇一五年，國安局發表了聲明說他們歷來「釋出了超過百分之九十一經過我們內部審查流程，並且是在美國做出來和使用的弱點」。[122] 但包含 EFF 在內的若干組織認爲，這則聲明中存在很多的迴旋空間。可以想像有些美國政府發現的弱點並沒有送進 VEP 的審核流程，或是並非「在美國做出來和使用」。國安局的聲明還有個問題，那就是它沒有說清楚國安局，是否在把零時差弱點送入 VEP 審查前，已經用其去駭入過電腦了。[123] 這些模稜兩可處造成部分評論者認爲 VEP 的成立不是做爲一個分類機制，而是做爲一個公關的白手套。[124]

========

　　零時差弱點之所以對國安局等機構有價值，是因爲你可以藉由它們去完成很多事情，而這種價值也益發表現在財務數字上。在完全揭露時期，因爲找到弱點而給予金錢報償是一種禁忌。雨林小狗所編的完整揭露政策就稱「金錢報償……能免則免」。[125] 但買賣零時差弱點的事情從二〇〇〇年就有人寫過，而到了二〇〇二年，商業公司已經開始付錢收購關於零時差弱點的資訊，也收購零時差弱點的漏洞利用程式。[126]

　　二〇〇五年，一名幹勁十足的駭客自稱「恐懼牆」（fearwall），在拍賣網站 eBay 上開啓了商品的刊登，而他要賣的東西是微軟 Excel 試算表程式上一個零時差弱點的資訊。[127] 在那則刊登被下架之前，網站上的價格喊到了大約一千兩百美元。[128] 到了二〇〇五年底，針對微軟 Windows 一個弱點的漏洞利用程式由一群俄羅斯駭客以四千美元的價格售出。[129] 含有弱點的軟體在世人心目中的重要性愈高，漏洞利用程式的價格就愈高。二〇〇七年一月，也就是微軟發表其 Windows Vista 作業系統的那個月，網路安全智庫 iDefense 懸賞了八千美元要徵求前六個零時差弱點的資訊，同時每多一個可用的漏洞利用程式再加碼四千美元。[130] 有個對應 Windows Vista 弱點的漏洞利用程式後來被丟出來求售，開價是五萬美元。[131]

但即便是相關的價碼愈喊愈高，某些安全研究人員的想法還是他們委屈了，因為錢沒給到位。二〇〇九年，一名由國安局轉換跑道的民間弱點研究人員，跳出來主持了一個「反免費除錯運動」。[132] 他跟他的同事主張，考量到弱點研究人員為找出零時差弱點所投入的時間，市場並沒有公平對待他們。[133] 這樣的訴求其實有點無厘頭，因為這些研究者尋找零時差弱點是自己要這麼做，沒有人逼迫他們。[134] 以他們的技術能力，自然不愁找不到高薪的工作，差別只在於去做那些普通的工作，他們得不到發現安全弱點所能提供的「超級技客 * 名氣」。[135]

就這樣，投身零時差弱點市場的企業數目增加，公司間開始買賣與零時差弱點有關的資訊。這些公司包括雷神與諾斯洛普格魯曼（Northrop Grumman）等國防包商，還有奈特拉加德（Netragard；暫譯）與終局（Endgame；暫譯）等資訊安全業者。這些公司裡的某些幹部同時受雇於政府與產業界。如終局公司的董事長就身兼 IQT 電信（In-Q-Tel）的執行長，而 IQT 電信作為一家應中情局要求成立的創投公司，其宗旨就是要注資那些有機會裨益情報界的未上市公司。[136]

那些為了購入、仲介與轉賣零時差弱點而成立的企業，都有一點

---

* 譯註：技客指不善社交但對特定技術有所鑽研之人，為 geek 的音譯兼意譯。原本的形象是一群智力過人但獨來獨往的學者或高知識分子，含有貶義，惟近年來隨網際網路文化興起，貶義正在變淡。

共識，那就是他們都認為負責揭露並不合乎理性，因為那等於是白白有錢放著不賺，同時他們也認為把零時差弱點賣給最高出價者是理性的行為。[137] 這種立場引發了輿論的強烈反彈，買賣弱點的企業負責人被形容成「道德瑕疵的機會主義者」與「當代的死亡商人」，賣的都是些「網路戰爭的子彈」。[138] 做出這些批評的人認為買賣零時差弱點的商業公司簡直就是私人軍火商。而他們買賣的武器就是對應零時差弱點的漏洞利用程式，可用來駭入其他國家或普通民眾的電腦，也可以用來執行電子犯罪。有些公司試圖為這些疑慮緩頰，為此他們宣誓不會把對應零時差弱點的漏洞利用程式，出售給北大西洋公約組織（NATO）成員國以外的政府。[139] 但即便有這類限制，弱點資訊落入不肖人士之手的機率依舊不能排除，像有一種可能性是某家購得弱點資訊的公司萬一被駭，東西也就走漏出去了。[140] 二〇一五年，一家販售「攻擊性安全科技」的義大利公司「駭客團隊」（Hacking Team）遭到駭入，數百GB（十億位元組）的原始碼、內部郵件、法律備忘錄，還有發票，因此流入了網際網路中。[141] 而在那些外洩的檔案中，就有針對Adobe與微軟軟體產品的零時差弱點之漏洞利用程式，當中包括微軟Windows作業系統與Internet Explorer網頁瀏覽器。[142]

　　零時差弱點市場的興起，顛覆了負責揭露的常態。原本會把弱點通報給受影響之軟體公司的白帽駭客與安全研究人員，現在多了把資訊拿去賣掉的選項，而這對整體資訊安全，究竟是利大於弊還是弊大於利，實在是很難看得清晰。[143] 金錢在商業市場裡轉手，不難想像會製造出很多弊端，像是有家軟體業者會刻意在自家產品中人為製造弱點，然後再把相關資訊拿去賣錢。這類軟體業者會在程式碼中，安插他們可以合理搪塞過去的弱點，而寫出這種程式碼的能力已經獲得了證實，主要是有場比賽叫做「C語言暗箭大賽」（Underhanded C Contest），比的就是看誰更能用C語言，寫出看似良性但其實具有惡意的程式碼，而且還要是萬一被發現可以推說是失手或看走眼的那種。[144] 惟這些疑慮都被虛擬世界裡的淘金熱給踏平了。在零時差弱點的市場中，商業公司往往會在出價時輸給口袋比較深的各國政府。[145] 零時差弱點市場中一些最大的買家，包括了以色列、英國、俄羅斯、印度與巴西政府。[146] 美國國安局從二〇一二年起就成為了弱點買家，並不是什麼祕密，當時他們是向法國公司VUPEN訂閱了所謂的「零時差服務」。[147] 隔年國安局據稱是零時差弱點的全球頭號買家，而且國安局買這些東西不是為了學會保護自己，而是為了能扮演駭客。[148] 美國政府內還有其它機關，也有興趣成為零時差弱點的買家。美國海軍發布了一則提議，宣稱他們在尋求取得零時差弱點的漏洞利用程式，並且他們的目標是微軟、IBM與蘋果等業者出品的商業軟體。[149] 二〇一六年，聯邦調查局以超過一百三十萬美元的代價取得了蘋果iPhone上一個零時差弱點的漏洞利用程式。[150] 其相當周全的安全設計，讓iPhone成了可以索取高價的搶手標的。有家叫做Zerodium的公司曾公開稱他們願付一百萬美元買iOS內的零時差弱點，而iOS正是蘋果iPhone用的作業系統。[151] Zerodium後來宣稱他們確實付了這個價，買了這樣一個弱點，但他們說自己這項資訊的轉售對象「僅限美國客戶」，像是其政府機構與「龍頭企業」。[152]

　　隨著弱點市場成長，個別的科技業者也開始參與。這些公司通常會支付一筆固定費用或獎金換取在他們自家產品中發現的弱點。至於何謂弱點的定義，在這些案例中普遍會比較廣泛，且往往會納入那些比起零時差弱點，沒有那麼嚴重的問題。比方說，一家企業可能會付錢給某人，只因為他發現公司擁有的一台面向網際網路的電腦含有組態錯誤，有引發安全問題的疑慮。

　　一九九六年，網景通訊曾懸賞一千元和一件 T 恤，給能找到他們軟體中弱點的人，但直到二〇一〇年代中期，才有顯著數量的組織開始建立程式錯誤懸賞計畫。[153] 這些計畫讓組織產品或網站內含有安全弱點的通報者可以收到獎賞，通常是一筆獎金。大公司如蘋果、谷歌、微軟與臉書都建立了程式錯誤懸賞計畫，一如國防部等美國政府機關。[154] 建立了程式錯誤懸賞計畫的組織，往往會以程式錯誤懸賞公司的形式雇用一名仲介，由該公司來擔任中介者。程式錯誤懸賞公司會直接與繳交偵錯報告的人在前端合作，同時也負責處理後端的付款事項。這種模式可以創造出一種規模經濟，主要是程式錯誤懸賞公司可以熟能生巧地經手大量第一線人員，從各式組織繳交來的偵錯報告。到了二〇一七年，程式錯誤懸賞公司中的龍頭，所接獲的創投資本挹注已經高達七千四百萬美元。[155] 該公司的執行長稱透過程式錯誤懸賞，他們「讓世界有了力量去打造一個更安全的網際網路」，但實際狀況並沒有那麼單純。[156]

　　程式錯誤懸賞計畫一般會提供較高的獎勵給比較重要的弱點，至於重要性較低的弱點則只能換得較低的獎勵。但由於研究人員只能在找到弱點時領到程式錯誤懸賞計畫的錢，所以他們就會有動機只尋找那些「划得來」的弱點，至於划不划得來，就要看以找到弱點的辛苦程度而言，可能的報酬有多少。這樣的結果就是提供程式錯誤懸賞的組織，會發現一大堆人在尋找相對好找的弱點，而比較難找的弱點則相對乏人問津。[157] 弱點研究者還有一種傾向，他們會把時間精力專注在那些剛推出的程式錯誤懸賞計畫上，說白了就是會喜新厭舊，投身新計畫而捨棄舊計畫。[158] 新計畫代表的是新天地，也代表有更高的機率能找到有償的弱點。[159] 這創造出的局面是程式錯誤懸賞活動的目標和組織客戶的目標並不一致。程式錯誤懸賞公司想要簽下新客戶，但這麼做就等於倒打一耙以找到舊客戶弱點維生的研究者。[160] 程式錯誤懸賞公司究其本質，就是一種被動治標的存在；他們嘗試處理的是存在於程式碼中的弱點，至於一開始為什麼會有這些弱點存在於程式碼中的根本性問題，則不在他們關心的問題之列。程式錯誤懸賞計畫因此並不能針對造成弱點存在的系統性問題提供治本的解決之道。即便白帽駭客找到並通報了某軟體的安全弱點，也不代表同類的其它弱點可以獲得解決，類似的弱點還是會繼續在同一個軟體中層出不窮。

　　程式錯誤懸賞計畫乍看之下，是個「反免費除錯運動」推廣者可以藉此達成其目標的機制，但安全研究者從程式錯誤懸賞計畫得到的財務報酬並不如他們所希望的豐厚。二〇一二年，程式錯誤懸賞計畫中最具規模者是惠普 Tipping Point 公司所經營的零時差專案（Zero Day Initiative）。從二〇〇五到二〇一二年，該計畫付出了五百六十萬美元的獎金，平均算下來，有收到過錢的研究者就是一年八萬。[161] 二〇一六年，臉書程式錯誤懸賞計畫自成立之初累計的總獎金付出，是四百三十萬美元，收到過錢的程式錯誤獵人有八百人，人均不過五千美元上下。[162] 且實際上普通研究者到手的金額，要比這個數字還低很多，因為總會有一小撮菁英錯誤獵人帶走了最大塊的蛋糕。[163] 某家大型程式錯誤懸賞公司針對他們不能對賞金太大方，提出一個理由。他們表示若賞金給得太多，軟體開發者將從原本的工作離職，轉職成全職的除錯獵人，屆時「他們將找不到人替他們修補這些程式錯誤」。[164] 但這種說法相當無稽，因為真的到了沒有軟體開發者在寫新程式碼的那天，檢查軟體弱點的需求也就不存在了，正所謂皮之不存毛將焉附。但這種說法確實有一個用處，那就是它可以供我們看出商業程式錯誤懸賞公司的葫蘆裡在賣什麼藥。這些公司為其企業客戶發起的程式錯誤懸賞計畫，會刻意付給除錯獵人遞減的費率——有人說這就是「跨國企業在藉此讓數以百計的安全研究者替他們做白工」。[165]

眾人很快就意識到想靠找弱點拿計畫的獎金為業，你不可能賺到在資安界上班的全職薪水。[166] 有些弱點研究者抱怨程式錯誤懸賞計畫給付的報酬太低，養不活有「房貸和家室」的研究者。[167] 只有為數甚少的弱點研究者可以靠領程式錯誤懸賞計畫獎金維生的事實，慢慢對計畫參與者的組成產生了影響。開發中國家的人開始大量投身這件事，因為程式錯誤懸賞計畫所付的錢在他們本國具有更高的購買力。[168] 這種由來自開發中國家的人收錢在美國公司所寫的網站與軟體中找弱點的概念，引起了記者的興趣，於是他們刊出了一部分這類偵錯獵人的側寫。[169] 這些側寫文章中所剖繪的那些偵錯獵人有幾個特點，首先他們往往很年輕（二十來歲），再者他們會說自己只是暫時靠偵錯獎金養活自己，將來他們要麼希望找到一份企業內的正職，要麼打算用存到的獎金創業開公司。[170]

偵錯獵人的另外一層顧慮，是參與程式錯誤懸賞計畫不見得是一項安全的活動。在二〇一五年的一場事件中，一名偵錯獵人在 IG 這個臉書旗下的照片與影片分享服務上，找到了一處弱點。而在他透過臉書的程式錯誤懸賞計畫通報了這個弱點後，臉書的安全長亞力克斯・史塔摩斯（Alex Stamos）致電雇用偵錯獵人的公司執行長，威脅要採取法律行動，[171] 顯然臉書覺得這名偵錯獵人在對軟體的測試上，做得太徹底了一點。[172] 該名偵錯獵人感覺亞力克斯・史塔摩斯聯繫他的老闆，是針對他的一種嚇阻戰術。[173]

在某些案例中，程式錯誤懸賞計畫影響到了金融市場的健全運作。共乘服務業者優步（Uber）在二〇一六年出現的安全性破口，全球五千七百萬名優步使用者的個人資料因此外流。[174] 這些個資包括姓名、電郵帳號與電話號碼。但優步並沒有把資料外洩一事告知主管機關，反而是利用其程式錯誤懸賞計畫去掩蓋資料外洩發生的事實。[175] 優步透過程式錯誤懸賞計畫付了十萬美元給駭客，讓他們做兩件事情，一件是將他們取得的個資銷毀，一件是對個資的外洩閉嘴。[176] 優步的董事會是在委託人進行調查之後才發現有此一事，公司安全長與其一名律師下屬則因為這起事件而於後續遭到解雇。[177]

由零時差弱點的買賣與新程式錯誤懸賞計畫所構築出的商業市場，是揭露問題的資本主義終局。程式錯誤掮客──在買方與賣方之間見縫插針的中間人──相信沒有其他的做法值得考慮。他們將自身存在的任何替代方案都描繪成「共產主義」。[178] 程式錯誤懸賞計畫在某種意義上，是駭客的勝利，因為這些計畫代表的是駭客行為有助社會公益的概念，獲得了某種正常化。對駭客而言，他們已經收到了商業巨擘的邀請去駭入他們的軟體，而且這麼做還有錢可領。但這也是一種駭客與其弱點找尋技術的商業化，而商業化的另外一層意思就是：私人控制。

這麼一來，駭客行為已經沒有任何浪漫的成分，也沒有智識上的享樂主義色彩可言，一切都是在商言商。白帽駭客在重新掛上安全研究人員或程式錯誤獵人的新招牌後，已經淪為機器裡的一顆齒輪，而這台由大企業操作的機器要大於任何的個人。現金成為這些人身邊一切的主宰，而那些現金要的是祕密性。出售零時差弱點的個人不能公開揭露之，因爲那會剝奪買方使用零時差弱點的能力。而買方也不能揭露該弱點，因爲他們會希望盡可能久地保持該資訊的價值。這種局面讓白帽駭客、安全研究人員與商業資訊安全公司，統統無法透過揭露去自我宣傳，遑論進而取得地位。他們被困在不上不下的地方。往上看，他們再無法與投入龐大資源去找出零時差弱點的民族國家競爭。往下看，那些較不嚴重的弱點都已經被組織內的軟體安全專案或被程式錯誤懸賞計畫給消化光了。在這種狀況下，他們需要新的辦法回復地位。

========

　　爲此他們發明了一樣東西：特技駭客行爲（stunt hacking）。[179] 這指的是他們會在汽車、飛機與醫療器材等日常科技中尋找安全弱點並大肆宣傳。[180] 特技駭客行爲是對這個世界一種粗暴的簡化。這種行爲抹消了經濟學與心理學的重要性，完全不去思考這兩種學問在安全性失靈中所扮演的角色，而只是專注在駭客行爲與安全弱點的技術層面上，因爲那是駭客握有專業的地方。他們在特技駭客行爲中所追逐的弱點類型，是那些他們認爲可以產生知名度的弱點，這一點無關乎他們鎖定的目標有多小眾，所以他們會駭入貨櫃輪、價值數百萬美元的超級遊艇、居家的恆溫器、警報器、風力發電機、溫度計，甚至是電動馬桶。[181] 他們這種新的安全研究焦點，在安全弱點的基礎上創造出了一種「災難旅遊」。二〇一一年，一名安全研究人員公開了他以無線駭入胰島素幫浦爲主題的研究成果，那是一種有助於糖尿病患者保命的醫療器材。[182] 隔年，一名安全研究人員宣稱他可以遠端駭入某人體內的心律調節器並使其停止運行，藉此讓病患死去。[183]

這是一種黑暗而讓人感到悲觀的前景。一切事物都暴露在風險中，而由此你會歸納出一個安全性已然無望的結論。這是一個很多記者都願意去擁抱而不加深究的訊息。一篇《紐約時報》的文章激動不已地報導了以車輛為目標的特技駭客行為。該報導要讀者「想像你以時速六十英里（近百公里）開在高速公路上，結果你的車子突然在尖銳的摩擦聲中停下，造成後面的連環撞，外加幾十人受傷。然後再想像這完全不是你造成的意外，而是有駭客接管了你的車子」。[184] 另一篇《紐約時報》的文章則認為「想阻止懂駭的壞蛋，我們只能靠懂駭的正派」。[185] 特技駭客行為獲得了記者與讀者的溫暖接待，或許是因為那滿足了一種低層次的人性需求——在某種程度上，比起單純懷疑未來會很慘，直接被告知未來會很慘，要稍微不那麼痛苦。

特技駭客行為被描繪成一種無私的行為，是在讓人注意到危險的弱點。但沒被說出口的是，特技駭客行為只是一種手段，是駭客與商業安全公司在藉此宣傳自己，也宣傳他們的技術能力組。[186] 廣大的安全產業也能受益於特技駭客行為，因為在大眾平面媒體中宣傳弱點和安全問題，有助於把安全產品和安全服務的市場做大。黑帽簡報會議與世界駭客大賽等安全會議，會邀請所作所為最適合寫成報導的駭客，在會上擔任講者。[187] 這對自認被推上注意力爭奪戰前線的駭客而言，是一場勝仗。惟原本只是練習自我宣傳的東西，慢慢變成了世人眼中的真理。甚至有時候他們自己也會感到吃驚，他們做出這些特技駭客行為竟沒有獲得預期中的尊重與感激。

二〇一五年，一名安全顧問搭著波音七三七客機，要從丹佛前往芝加哥。飛航途中他用飛機上的無線網路在推特發文，宣稱他已經駭入了機上的一台飛航電腦。或許有點明知故問地在做效果，他在推特上問他是不是應該發訊給電腦，啓動機上的氧氣罩。[188] 這種行爲，讓他遭到了聯邦調查局的逮捕。[189] 在接受審訊時，他宣稱自己用上了一條網路線去連結到飛機座椅下面的電路，並在航班中做過這種事情「大約十五到二十回」。[190] 他還宣稱自己有一次發出了命令給一架飛機，造成其中一枚飛機引擎開始加速，結果造成了他口中「飛機的側邊或橫向移動」。[191] 但這不過是卑劣的自我錯覺，只是空想家的一面之詞。他眞的曾讓波音七三七側偏的可能性，被一名飛航專家說成是匪夷所思。[192] 波音公司也發表了聲明說，座位上能爲乘客所接觸到的娛樂系統與控制飛機飛航的電腦系統，完全是風馬牛不相及。[193]

　　鎖定波音七三七的特技駭客行爲事件，凸顯了這種做法的雙重危險：爲了譁衆取寵而做出的駭客行爲，既可能創造出虛構的風險概念，也可能淹沒掉正規的研究。[194] 關於汽車安全等主題的研究會在有專家審查的學術會議上發表，也可能在有同儕審閱的學術期刊上被刊出。[195] 但特技駭客行爲的存在創造出一種局面，即大衆刊物會以高出許多的頻率撰寫文章，來談論一名評論家口中「前衛的恐怖故事，像是心律調節器，可以被人用車庫遙控器加品客（Pringles）洋芋片罐子從遠端控制」。[196] 由此，這種報導可以造成一般人發展出一種錯誤的認知，讓他們無法對日常生活中的風險水準持有正確的理解。[197]

　　特技駭客行爲可以說非常成功地取得了主流報章的注意，以至於這種觀念開始向外傳播。有人把駭客行爲想像成一種純潔無瑕的善舉，而這些人自然會按他們的邏輯成爲推廣駭客行爲的助力。[198] 這種認知會催生出一種概念：所有人，包括小孩，都應該學著「像駭客一樣思考」，並像駭客那樣找到弱點。[199] 在二〇一八年的世界駭客大賽上，有個工作坊主打要讓五到十六歲的孩子「有機會駭入十三個總統大選激戰州之州務卿 * 選舉結果網站的百分百複製品，然後練習改掉投票統計數字，也改掉選舉結果」。[200] 國土安全部的一名前任白宮聯絡官，曾被一份發行全美的美國報紙引用說「這些網站好駭到我們都不好意思拿給成年駭客去駭──我怕他們會笑到從舞台上摔下來」。[201] 但對於普通人來說，被說要「像駭客一樣思考」，就像被告知要「像個職業廚師一樣去思考」。[202] 要學會駭入電腦是做得到，但傳授這種技巧不可能靠一句口號。也的確，世界駭客大賽的那個工作坊被揭穿是一場騙局。那些網站根本不是百分百的複製品，參加的孩子在指導下去尋找弱點的地方，其實是專門為這場活動做出來的山寨網站。[203]

　　特技駭客行為所倡導的觀念是安全弱點代表對普通人一種可怕的危險，而透過特技駭客行為，那些懷著最黑暗恐懼的人，將可以變成最強大的一群人。惟這個故事大半都屬於幻想，駭客誇大並扭曲這個幻想，為的是圖利自己。這個幻想之所以能不受質疑地散播出去，正是因為它讓那麼多人得利。

---

* 　譯註：各州州務卿主要的工作內容，就是該州的總統大選選務。

第八章

資料外洩、民族國家的駭客行為，以及認識論的閉合

　　今日的資訊安全領域承擔著三道聖痕般的污名。這些污名是具體可見的歷史——過往各種決定的積累，創造出了資訊安全此刻的局面。

　　第一個聖痕，是影響了數億人口的資料外洩。[1]一旦成為資料外洩的受害者，財務紀錄或病歷等個人資料會被拿去黑市兜售。[2]罪犯會購買這些個資，然後將之用在身分盜竊與詐欺等犯罪行為上。[3]個人資訊遭到如此購買、交易與濫用的民眾，當初是把自身的資訊託付給他們與之有所互動的企業和組織，因為他們總不可能為了擔心個資外洩，而自外於現代生活的網路面。[4]

　　諷刺的是，社會大眾之所以不至於對自身資料外洩之事渾然不覺，還是因為有法律明文規定，強制性地把這類資訊攤開在陽光下。二〇〇三年七月一日，加州參議院法案第一三八六號成為了正式的法律。[5]代號 SB 1386 的這個法案要求在加州經商的所有公司都要發送通知給「其未加密之個人資訊已確定或是被合理認為已遭未授權之個人

取得的每一名加州居民」。這項法律使得資料外洩的通報數節節升高。[6] 跟隨加州的腳步，其他州也紛紛通過了自身的資料外洩通知法。到了二〇一六年，美國的四十七個州與哥倫比亞特區（華府）、關島、波多黎各，乃至於美屬維京群島，都頒布實施了資料外洩的相關立法。[7] 此外還爲了商討資料外洩法而舉辦過四場國會聽證會。[8]

　　資料外洩法所欲達成的目標有兩項：爲了讓資訊被外流的民眾可以得知事實的眞相，此乃其一；對歷經資料外洩的組織進行某種公開羞辱，此乃其二。[9] 其中後者的目的是要促使其他組織採取行動來避免受到相同的公開羞辱。[10] 這種想法其實並不新。一九一四年，美國大法官路易斯・D・布蘭德斯（Louis D. Brandeis）寫道「公開性被倡導爲對社會與產業弊病的一種解藥，是適切之舉。就像有人說陽光是最好的殺菌劑」。[11] 放大檢視安全性失靈所導致的資料外洩，其他組織便會產生動機去進行自我消毒，改善不良的安全性做法。[12] 資料外洩法以相當高的成效帶動了安全世界的資訊公開。惟相對之下，資料外洩法似乎並不太能夠減少資料外洩導致的身分盜竊。[13] 這可能是因爲比起資料外洩，有爲數更多的身分盜竊是肇因於皮夾或錢包被偷等日常犯罪。[14]

　　二〇〇五年，美國百貨業者 TJ Maxx 出現了一次很嚴重的安全性破口。[15] 駭客使用一處不安全的無線基地台，連上了 TJ Maxx 的內部網路，然後取得了超過一億名顧客的簽帳金融卡與信用卡資訊。[16] 考量到簽帳金融卡與信用卡資訊外洩的數量之大，TJ Maxx 資料外洩事件被稱爲「史上最大的卡片搶案」。[17] 在取得這些資訊之後，駭客便與世界各地的罪犯聯手自肥。[18] 其中有些人涉入黑市中的資訊交易，有些人從事後續的信用卡詐騙案，還有一些人協助不法獲利的洗錢流程，並讓資金回流美國。[19] 在調查完這場駭客攻擊後，美國聯邦政府起訴了十一個人：美國公民三人、愛沙尼亞一人、烏克蘭三人、中國兩人、白俄羅斯一人，還有一個人來歷不明。[20]

因為率先駭入 TJ Maxx 而遭到起訴的嫌犯，是一名來自邁阿密的美國公民，名叫亞伯特‧岡薩雷茲（Albert Gonzalez）。[21] 靠著犯罪所得，岡薩雷茲過著奢華的生活。他開的車是嶄新的 BMW，住的都是豪華飯店套房，並據報花七萬五千美元給自己辦了一場生日派對。[22] 駭客行為讓岡薩雷茲收入之豐碩，他曾經對朋友抱怨過自己數二十元鈔票數得手很痠，因為他的數鈔機壞了。[23] 二〇〇八年五月七日，也就是他遭到美國聯邦幹員逮捕的那天，岡薩雷茲身上被搜出兩萬兩千美元現金與兩台筆電。[24] 聯邦幹員之後在他的帶領下，來到他爸媽家後院，從土裡挖出一個大桶，裡面放了一百二十萬美元的現金。[25]

岡薩雷茲對資訊安全產生興趣，是因為十二歲那年，他的電腦感染了病毒。[26] 據說十四歲時，他就已經駭進了美國太空總署，搞得聯邦調查局幹員直接殺到學校找他。[27] 他後來組成了一個黑帽駭客團體，所作所為包括網頁置換，還有用駭入他人電腦後竊得的信用卡號去購買衣物與光碟。[28] 在坦承從 TJ Maxx 百貨等公司內網竊取信用卡資訊後，他被判處二十年有期徒刑。[29] 關於動機他毫無悔意，他說他的忠心「永遠只屬於黑帽社群」。[30]

TJ Maxx 百貨的個資外洩案牽涉到信用卡資訊的失竊，以及那些資訊被用來從事的詐騙，但信用卡有內建的到期日，而且可以報失。此外信用卡公司不斷在提升他們偵測出詐騙活動的能力，並已經實施了提取現款（預借現金）的金額上限。[31] 綜合這些因素，罪犯開始尋找其他類型的資料來駭入和竊取。

二〇一五年二月四日，美國大型健康保險公司安森（Anthem）對外表示，駭客已經取得了其電腦中的八千萬筆紀錄，當中含有安森客戶的詳細病歷。[32] 自安森案創下重大的首例後，後續又有許多資料外洩影響到醫療機構的案例。[33] 醫療資訊外洩的嚴重性在於，病歷和信用卡資料不同，既不能一筆勾銷，也不會過期。被竊的醫療資訊可以長年且反覆地遭到濫用。病歷同時也是高度私密的個資。二〇一七年的一次病歷資料外洩事件發生在立陶宛的一間整形外科診所中，結果導致來自六十國病患、逾兩萬五千張私人照片被外流到網路上，當中不乏裸照。[34]

二〇一五年七月八日，歐巴馬政府宣布人事管理局（OPM）發生了資料外洩。[35] 人事管理局是美國政府中管理聯邦政府公務員的單位，負責制定相關政策，並以主管機關之姿監管聯邦公僕的醫療與退休福利。[36] 此外人事管理局還有一項職責，是對申請安全許可的員工進行背景調查。欲取得安全許可，申請的公務員需要繳交的資訊包括社會安全碼、指紋、醫療紀錄，還有財務紀錄。[37] 事實上為了讓背景調查可以順利進行，安全許可的申請者還必須一併繳出配偶和「與你熟識者」的資訊。[38] 由此應運而生的便是厚達一百二十七頁的「標準表格第八十六號」（standard form 86），當中明定了「與你熟識者應涵蓋朋友、同僚、同事、大學室友、事業夥伴等」。[39] 該表格要求這些人的全名、電郵地址、電話號碼與住家地址都要一併提供。[40] 既然人事管理局負責蒐集這些資訊，那就代表這些資訊儲存在他們的電腦裡。也就是說，駭客接觸到的不只是人事管理局員工的個資，他們也接觸到了填表申請安全許可者之配偶與熟人的個資，雖然這些人其實和人事管理局本身並無直接關係。[41] 整體而言，人事管理局的資料外洩案造成了接受政府背景調查的兩千萬公務員個資不保，外加資料被填入表格的另外兩百萬人個資不保。[42] 儲存有自家員工指紋的組織並不多，但由於安全許可流程的嚴格本質，人事管理局成為了這樣的一個組織，這代表逾五百萬組指紋也在這次的安全性破口中外流。[43]

有些公司歷經了一連串重大的資料外洩。Yahoo! 這間以入口網站和電子郵件服務著稱的公司，在二○一三年慘遭駭客突破，結果造成其三十億使用者帳戶的相關資訊外流。[44]（當時地球人口在七十億上下。）隔年 Yahoo! 又出現一次資料外洩，這次至少有五億使用者帳戶的相關資訊外流。[45] 駭客取得的資訊包括密碼重設問題的答案。[46] 要是 Yahoo! 用戶在其他網站上也使用相同的密碼重設問題，那他們的其他帳戶也可能跟著遭殃。

TJ Maxx 百貨、安森，還有人事管理局的資料外洩事件之所以值得關注，是因為它們發生的時間點，也是因為它們外流出去的各種資訊類型，但其實還有更多的資料外洩事件在世界各地影響了規模大小不一的各個組織。事實上根據一項研究，大型資料外洩事件已經頻繁到，二○一六年粗估美國有逾四分之一的成年人 —— 相當於大約六千四百萬人 —— 收到過通知，說他們的個資已經在某場資料外洩中落入有心人之手。[47]

一個組織有許多辦法可以得知他們已經成為某次資料外洩的受害者。他們可以在事件的過程中或者事後偵測到駭客來襲的證據。組織的某名客戶有可能注意到其個資正在以某種方式遭到濫用，像是在帳單或財務明細表上看到異常的交易，然後便通知了組織。或者，某個執法機關可能因為主動查案或被動接獲報案而發現有資料外洩的情事，進而通知被駭的組織。[48] 資料外洩會因為兩種情況而變得眾所周知，一個是組織對外宣布，另一個是組織通知受影響的顧客，而顧顧又將事情公開。惟資料外洩如果是一座冰山，那上述這些事情進入公眾視野的情況都只是冰山一角。冰山的主要部分都藏於水面之下，就像大部分的資料外洩案都不為人所知，都是組織察覺了異狀但並未發出通知，或是組織根本就遭駭但渾然未覺。[49]

　　資料外洩所傷害的對象既是身為當事者的組織，也是那些資料被外洩的個人。社會大眾會因為資料外洩而蒙受有形和無形的成本付出。這說的不只是財務上的損失，也包括為了回應資料外洩通知所耗費的時間和機會成本，乃至於個資外流導致的心理層面成本。[50] 二〇一六年的一項研究發現在以資料外洩為題的調查中，有百分之六的受訪者聲稱他們每個人都花了超過一萬美元，才從資料外洩的打擊中恢復過來。[51] 造成最大損失的是牽涉到信用卡資訊或病歷外洩的事件。[52] 由這類資訊的外洩所衍生的身分盜竊，殺傷力尤其大。身分盜竊的受害者必須採取若干步驟避免受到進一步的傷害，這包括他們得凍結信用檔案，以及撤銷詐騙交易。[53] 在同一份研究中，百分之三十二的受訪者稱他們沒有受到財務上的損失，但對那些確實已受到一些損失的人來說，中位數的損失金額是五百美元。[54] 另外一項在一年後發表的研究發現，受到資料外洩攻擊的醫院在事件後，其病患死亡率發生了儘管細微但確實可見的上升，幅度是百分之零點三。自二〇一一年起，醫院的病患死亡率中位數也是以相同的幅度下降，所以說如果第二項研究是正確的，那就代表歷經了安全性破口的醫院在降低死亡率這方面，損失掉一年份的進度。[55]

　　有時候被駭客突破的組織會表示願意為顧客提供信用監控服務。這種信用監控的目的是要在資訊被犯罪者盜用時發揮提示作用，藉此防止被流出的資訊造成傷害。免費的信用監控服務是由組織向他們的顧客所遞出的橄欖枝，但這並無法消除資料外洩爲這些顧客造成的所有問題。[56] 這是因爲信用監控服務本身也可能製造出新的風險。在人事管理局的資料外洩事件後，免費信用監控被提供給了當時的受害者，但這之後發生了若干起詐騙案，是有人利用釣魚網站和社交工程電話來誘騙受害者提供個資，說這樣才能「啓動」人事管理局提供的免費信用監控服務。[57] 看著免費信用監控服務被賣給歷經了資訊外洩的組織，而不是直接被賣給這些外洩事件的受害者，我們似乎從中明白了什麼。我們明白了原來這項產品主要裨益的是花錢購買的組織，而不是其終端的使用者。[58]

在資訊外洩案中被流出的資訊，像是社會安全碼，或是現居地址，或許是難以改變的東西。但出生年月日和醫病史等醫療資訊，根本是無從改起。某個美國祕密幹員的指紋資料如果隨著人事管理局的資料外洩而一併曝光，那麼即使他或她後來重設了新的身分，別人還是可以用指紋將其辨識出來。[59] 組織常說他們「沒有理由認爲」於資料外洩案中外流的資訊被拿去進行了詐欺等犯罪行爲，但以出生年月日或出生地的資料而言，組織根本無從得知這些資訊有朝一日會不會被拿來濫用——即使外洩事件已經過去了幾十年。[60]

重大資料外洩事件在媒體上的報導數量之多，讓社會大眾對其個資受保護的程度，信心十分低下。一份二〇一五年的研究發現，僅百分之六的成年人對信用卡公司維護其資訊安全的能力「非常有信心」。[61] 或許有點讓人吃驚的是，組織在歷經過資料外洩事件後的平均客戶流失率僅百分之十一。[62] 這個數字必然部分反映了客戶從某個組織轉換到其競爭對手處的高昂成本，更何況如果個資被外洩的地方是政府機關或某個欠缺明顯對手的組織處,則你想要轉檯也沒地方轉。

普通人在遇到安全性破口時的慘況,讓人看了搖頭。而組織這方面的狀況也同樣嚴峻。遭逢安全性破口的組織會經歷兩種成本的付出:直接成本與間接成本。[63] 在資料外洩後進行清理,確保駭客已經完全被逐出電腦,就是直接成本的一個來源。[64] 至於間接成本的來源則包括在現有與潛在顧客心目中,那種信任感與商譽的流失。[65] 這兩種成本都具備顯著的貨幣價值。由於二○一二年一場由釣魚電郵所引起,發生在州稅局中的資料外洩,南卡羅萊納州必須拿出一千兩百萬美元來提供信用監控服務給受害者,其中七十萬美元用來通知在南卡羅萊納報稅的州外居民,五十萬美元用來請顧問公司調查外洩事件,五十萬美元用來購買安全監控服務,十六萬美元請公關公司,再十六萬美元安裝專門的安全軟體,十萬美元請一家律師事務所擔任法律顧問。[66]

資料外洩事件讓上市公司受到的傷害,則會表現在股價上。這種效應有多大難有定論,但二○一七年的一項研究發現這並不算是很大的利空──事發隔天的股價跌幅,平均也就百分之一不到。[67] 往回推,二○○六年的一項研究發現股價會在安全破口發生後的當下受到打擊,但時間不會維持太久。[68] 比起企業醜聞,資料外洩造成的短線股價衝擊顯然偏小。[69] 這可以部分歸因於組織會把資料外洩的壞消息和某些好消息捆在一起發表,以達到抵銷或掩蓋壞事的作用。[70] 組織為人所知的另外一招,是會把資料外洩一事放在公司本身壞消息比較少的時候發表。[71] 這種針對資料外洩通知規定所進行的操作之所以可行,是因為相關法律通常會提供一個外洩事件必須通報給受害者的時間框架,比方說兩個月內。[72] 這種彈性讓組織得以按自己的利益去安排宣布外洩事件的時機。

　　美國軍方歷經過若干次大型的資料外洩。其中最有名的都是肇因於內部的威脅，也就是有內部人士會向外洩漏資料。由內部人士惡意造成的資料外洩很難預防，因為內部員工為了執行職務，必須能夠存取資訊。[73] 如果惡意內部人士有發送郵件的權限，他就可以嘗試向外寄信來洩漏資訊。同樣地，如果某個惡意內部人士有列印出文件的權限，那他就可以嘗試印出想洩漏的資訊並夾帶出建築物。惡意內部人士可能用來洩漏資料的手法種類，起碼和日常資訊交流的方式一樣多。[74] 而在四通八達的現代世界裡，這類交流方式多到讓人眼花撩亂。即時通訊、社群媒體、網站，還有其它的電子通訊方式，樣樣都能提供管道給想洩漏資料的惡意內部人士。

　　由於軍事資訊性質敏感，美軍的資訊外洩事件遭到媒體大篇幅報導。二〇一〇年，一名叫做雀兒喜‧曼寧（Chelsea Manning）的美軍士兵洩漏了大約七十萬份美國政府文件到「維基解密」上。[75] 而在這些文件中，有涉及伊拉克與阿富汗戰爭的兩百五十份外交電報和資訊。[76] 曼寧為了方便洩漏祕密，複製了這些文件到可攜式記憶卡上，然後將檔案轉移到位在瑞典的「維基解密」主機上 [77] 她在二〇一〇年被捕，並在二〇一三年被判處三十五年的有期徒刑。[78] 她後來獲得歐巴馬總統的減刑，並於二〇一七年獲釋。[79] 二〇一三年，中央情報局一名叫愛德華‧斯諾登（Edward Snowden）的外包人員在前往香港之後，洩漏了國家安全局的資訊給若干名記者。[80] 這宗資料外洩案究竟涉及多少份紀錄，至今成謎，但一般估計超過二十萬份。[81] 斯諾登為了存取並洩漏資訊而破壞的安全控制系統是什麼，並沒有被公布，但他可能是取得了同事們的密碼，方得以接觸到他原本無權存取的資訊。[82] 極爲諷刺的是斯諾登曾在二〇一〇年獲頒「認證道德駭客」（Certified Ethical Hacker）的頭銜。[83]

我們很容易把安全性破口歸咎於遇襲的組織，像是 Yahoo!。畢竟 Yahoo! 等被入侵的組織難道沒有責任去實施資訊安全措施，以避免這類的憾事發生嗎？這類思想導致了諷刺網站「洋蔥」（The Onion）寫了一篇反串的 Yahoo! 公司史，當中提到了幾個里程碑：「一九九四年：楊致遠（Jerry Yang）與大衛・費羅（David Filo）決定放手追夢，那就是創造一個多功能的入口網站來提供方便駭入的帳號」和「二〇一七年：確認了二〇一三年的資料外洩事件影響到共三十億使用者帳號，乃至於未來所有的使用者帳號」。[84]

被駭的組織常常成爲眾矢之的，而且這些組織被指責的理由常常是他們沒有設置特定的技術控管來阻卻特定類型的攻擊。[85] 特定技術控管的付之闕如，常被認爲是資料外洩的決定性因素。[86]TJ Maxx 百貨被批評的是他們未使用無線加密技術，人事管理局被批評的是他們沒有實施兩階段身分驗證與加密技術。[87] 想相信安全性破口只有單一起因，確實是一種很誘人的念頭，因爲只要事情只有一個原因，那遇襲的組織就可以堵住那個洞，然後跟顧客說風險已經排除。[88] 在人事管理局被攻擊後，局長凱瑟琳・阿楚勒塔（Katherine Archuleta）遭到一名美國眾議員的質詢。她被要求給自己的工作表現打個分數，也被問到在資訊安全方面對人事管理局的領導，自認爲算是「成功或失敗」。她的回答是「網路安全問題是醞釀了數十年的沉痾。整體政府對其都有責任，我們需要集眾人之力去解決這個問題，而我們也會持續去處理這個問題」。[89] 她的這種答辯被解讀爲是想要推卸個人的責任，把問題推給整個政府，而我想實情應該也就是這樣。[90] 不過不以人廢言，她倒是說對了一點，那就是追根究柢，人事管理局等各次資料外洩的原因並不如表面上的分析那麼淺薄。[91]

駭客是鑽了無線網路的空子才突破了 TJ Maxx 百貨內網的事實，其實不是重點。就像駭客是利用兩階段身分驗證的弱點方得以駭入人事管理局這點，其實也無關緊要。駭客本來就可以利用各式各樣的弱點，也可以運用網路釣魚或零時差弱點攻擊等形形色色的駭客技巧，去存取他們不應存取的電腦。[92]事實上資料外洩的根本原因非常之多，而不論是組織或個人都面臨同一批結構性挑戰。組織或個人都必須使用含有弱點的軟體。組織和個人必須使用電子郵件與全球資訊網等未將安全性納入設計中的科技，也使用這些科技底層的網際網路協定。組織和個人都必須面對涉及安全性的決定，且往往得在不具備全盤相關資訊的狀況下做成這些決定。未來，安全性破口對組織與個人的影響也將持續，因爲其成因如今已經是千絲萬縷。

━━━━━

第二道聖痕，是由民族國家所操刀的駭客行爲所造成的傷害。二〇〇九年，大家發現有個組織完善的團體試圖駭入美國企業，而其目標似乎是竊取智慧產權，以及存取中國人權運動者在美國申請的電子郵件帳戶。[93]這些攻擊首先被谷歌公開於一篇部落格的貼文上，時間是二〇一〇年的一月十二日。[94]谷歌通報說遇襲的對象除了他們自己，還有廣布在各種產業的眾多企業，包括金融、媒體、國防、貨運、航太、製造、電子與軟體。[95]遭駭客取得的資訊包括醫學臨床測試的結果、產品的藍圖與製程，還有其他的機密資訊。[96]爲了遂行攻擊，這些駭客主要使用了網路釣魚結合網頁瀏覽器的零時差弱點。[97]

這場駭客攻勢被命名爲「極光攻擊」，是因爲在該駭客團體所使用的其中一款工具裡，發現了極光的英文 aurora。[98]

在接下來的幾個月裡，這群駭客的源頭追到了上海浦東一棟十二層樓的建築物裡。那處地址的周遭全是餐廳、按摩院、一家洋酒進口商等種種商家，但那棟建物內不折不扣地藏著中國人民解放軍的 61398 部隊。[99] 所謂 61398 部隊是至晚從二〇〇六年就開始運作的一群駭客。[100] 他們雇用了駭客與各種技術專家，人數估計在數百之譜，當中也包括通曉英文之人才。[101] 這個團體被認爲是中國電腦間諜活動中的關鍵角色，並已累計執行了數千次的攻擊。[102] 該部隊所從事的駭客攻擊規模之大，讓他們一路上累積了各種名號，略舉數例就有接骨木、拜占庭坦誠、評論組等。[103] 其中評論組也叫註解組，而這個名字是源自他們會用網頁中的評論（即網頁中給開發人員看的註解）來做爲其駭客攻勢的一部分。[104]

關於 61398 部隊的這些發現，是由美國一家叫麥迪安（Mandiant）的資訊安全業者所提出。[105] 麥迪安公司把極光攻擊歸咎到 61398 部隊頭上一事，得到了《紐約時報》的披露，對此中國政府提出了否認，並表示麥迪安的報告「有違專業」且「既令人困擾又可笑」。[106] 作爲回應，一名麥迪安的代表表示「要麼是（那些攻擊）來自 61398 部隊內部，要麼是全世界網路管制最嚴格、監視最徹底的政府，對好幾千人在其國內的一隅從事網路攻擊一事毫無所悉」。[107] 麥迪安發言人進一步聲稱，若發動攻擊的不是 61398 部隊，那就是「有個祕密且資源無虞、滿是說北京話人士的組織，能直接掌握位於上海的電信基礎建設，而這些基礎建設就在 61398 部隊的大門外，被用來從事多層次與具企業級規模的電腦間諜攻勢」。

　　極光攻擊被麥迪安描述爲一種「進階持續性威脅」：稱其進階，是因爲攻擊者利用了零時差弱點；稱其有持續性，是因爲攻擊者抱持充沛的資源與不達目的絕不罷休的決心，就是要駭入他們鎖定的企業，也是因爲他們一旦駭入目標後，就會持續在受害企業的電腦裡待上很長一段時間。[108] 平均而言，61398 部隊會在其駭入的組織電腦裡活動一整年。在某例當中，甚至有 61398 部隊的駭客在其駭入的組織內網中存在了將近五年。[109] 正因爲極光攻擊導致了進階持續性威脅一詞的誕生，而進階持續性威脅（advanced persistent threat）的英文縮寫又是 APT，所以 61398 部隊也被賦予了一個番號是 APT1，意思是「APT 一號」。[110] 二〇一四年五月，美國的一個聯邦大陪審團起訴了五個有名有姓的 61398 部隊成員，罪名與從美國組織中竊取智慧產權有關。[111] 這在主要算是美國政府方面作出的象徵性動作，因爲除非這些人離開中國大陸並進入美國執法機關的掌握範圍內，否則美國要逮捕他們的機率微乎其微。美國政府對 61398 成員發布的控訴是源自於他們對美國企業發起的攻擊，但據說中國也偷了美國軍方的資訊，且那些資訊中據報包含了一個設計來擊落彈道飛彈的系統的計畫書，乃至於以下幾種軍機的計畫書：V-22 魚鷹式傾斜旋翼機、F-35 聯合打擊戰鬥機，還有黑鷹直升機。[112] 二〇一八年，據信中國政府的駭客駭入了一家美國政府包商的電腦，並從中拷貝了超過六百 GB 大小的資訊，內容涉及一款超音速反艦飛彈的計畫書，代號是海龍（Sea Dragon）。[113] 二〇一六年發生在人事管理局的資料外洩案也於後來被證明是中國所爲。這代表作爲聯邦雇員背景調查過程一環而被呈交的敏感資訊，落到了中國駭客手裡，所以也就等於落到了中國政府手裡。[114] 中國從事的駭客行爲是如此地勢如破竹，以至於諷刺網站「洋蔥」重複了他們在 Yahoo! 資料外洩案中做過的事情。他們拿美國安全性失靈之事大酸特酸，並爲此下了一個標題是「中國聘請駭客的速度，跟不上美國安全系統冒出弱點的速度」。[115]

如同中國，俄羅斯也是個投資了大量資源來發展其駭客能力的民族國家。奇幻熊（Fancy Bear）就是他們授予一個重要駭客團體的名稱，而這個團體又據信與格魯烏（GRU）有關，也就是俄羅斯的軍事情報單位——俄羅斯總參謀部情報總局。[116] 奇幻熊會被認爲與俄羅斯關係匪淺，是因爲伴隨該團體出現的一些駭客工具用的是俄文，而且他們從事的駭客行爲被觀察到多發生在莫斯科的上班時間。奇幻熊的另一特色是其駭客行爲多以涉及俄羅斯政府利益的主題爲目標。[117] 比方說他們對俄羅斯在二〇〇八年入侵過的喬治亞共和國就很有興趣，也對整體東歐非常關注。[118] 此外奇幻熊還曾鎖定北大西洋公約組織的各成員國，以之爲目標來促進俄羅斯政府的政治利益。[119] 至於曾遭到奇幻熊鎖定爲目標的個人則包括北大西洋公約組織的高層，像是美國前國務卿柯林‧鮑爾（Colin Powell）與美國陸軍將領衛斯理‧克拉克（Wesley Clark，曾任北約歐洲盟軍最高司令兼美國駐歐洲部隊總司令），還有美國國防包商如波音、洛克希德馬丁，還有雷神公司。[120] 在分析過被發現成爲奇幻熊目標的近五千個電子郵件帳戶之後，產生了一個結論，那就是這個團體所駭的個人或組織遍及全球一百多個反對俄羅斯政府的國家，包括美國、烏克蘭、喬治亞與敍利亞。[121]

奇幻熊的駭客能力經過充分的培養，得以被歸類爲一種進階持續性威脅。就和 APT1 一樣，奇幻熊也使用了對應零時差弱點的漏洞利用程式，並主打網路釣魚做爲其首要的駭客技術。[122] 但是相對於 APT1 給人的印象是他們希望自己的駭客行爲可以保持祕密，奇幻熊對自身的駭客行為曝光就不太忌憚。

　　二〇一五年，奇幻熊假冒成一個他們杜撰出的駭客團體，名叫網路哈里發（CyberCaliphate）。[123] 打著網路哈里發的幌子，奇幻熊對五名美國軍方人員的妻子發出了死亡威脅。[124] 同年稍晚，奇幻熊駭入了一家法國電視台，阻斷了在該公司十一個頻道上節目的播放，[125] 一斷就是三個多小時，導致電視台導播表示該攻擊「嚴重破壞」了其內部的系統。[126] 法國政府稱這次事件是「對資訊與言論自由一場令人無法接受的攻擊」。[127] 在攻擊過程中，駭客置換掉原定的節目，播放起伊拉克與黎凡特伊斯蘭國（ISIL；簡稱伊斯蘭國）的標誌，並同時以英文、阿拉伯文與法文等三種語言放送伊斯蘭國的口號。[128] 在此同時，奇幻熊在電視台的臉書專頁上貼出訊息，內容為：「法國的士兵們，離我們伊斯蘭國遠點！你們有機會拯救自己的妻兒，不要錯過了」和「Je suis IS（法文：我們是伊斯蘭國）」。[129] 奇幻熊會找上一家法國的電視台開刀，感覺似乎有點怪，但該團體可能是挑選了該電視台做為實驗對象，看他們日後要擾亂大電視台的播出有幾分勝算。

　　自二〇一六年起，奇幻熊使用了網路釣魚技巧駭入世界反運動禁藥機構（World Anti-Doping Agency），複製了幾名奧運運動員的藥檢結果，並將之大剌剌發布在網站上，而且網址還是完全不怕人知道的 fancybear.net。[130] 該網站列出了被外流的檔案，並宣稱「數十名美國運動員被檢測出陽性」，表示他們服用了可提升比賽表現的禁藥，而且還是在國際奧委會針對這些藥物所給予的特別豁免下服用。[131]

　　奇幻熊的駭客行為紀錄既長且多，其中最惡名昭彰的就是他們干預了二〇一六年的美國總統大選。[132] 他們的目標是要打擊希拉蕊·柯林頓的競選活動，藉以提高唐諾·川普當選的機率。[133] 他們的行動開始於二〇一六年三月，而他們的第一步就是發出釣魚郵件給柯林頓的競選團隊成員和民主黨的黨員。[134] 此舉讓他們得以突破競選團隊與民主黨員的電腦，並從中複製數萬封電郵與其它檔案。[135] 在二〇一六年四月當月暨前後，他們分別駭入了民主黨全國委員會（DNC）與民主黨國會競選委員會（Democratic Congressional Campaign Committee）的電腦。[136] 多家處理電腦事件的業者所進行的調查，判定這些駭客行為不僅僅是奇幻熊所為，同時也有另一個俄羅斯駭客團體留下的痕跡，其代號為舒適熊（Cozy Bear）。[137] 在民主黨全國委員會遭駭的事件中，奇幻熊與舒適熊似乎沒怎麼意識到彼此的存在。換句話說，他們背後應該是由不同的俄羅斯情報機關在運作。[138] 希拉蕊·柯林頓的總統競選總幹事約翰·波德斯塔（John Podesta），也是當時被駭的其中一人，主要是他收到了一封宣稱要他留意某個安全問題的釣魚電郵。[139] 該電郵指示他去更改密碼，並提供了一個網頁連結。而一按下那個連結，他就被帶到了一個由俄羅斯控制的伺服器，由該伺服器控制了他的電郵帳戶。[140] 駭客接著便能夠存取波德斯塔大約六萬封的電郵。[141]

由各個俄羅斯駭客團體駭入取得的資料，被策略性地於總統大選前三個月內一一釋出。[142] 這些資訊的釋出管道包括「維基解密」、一個駭客所創的 DCLeaks 網站，還有一個他們所發明的虛構駭客人物，名叫古奇弗 2.0*。[143] 這些資料釋出的時機讓人對他們的動機一目了然。其中一次資訊傾倒的幾小時前，《華盛頓郵報》才剛第一次報導了所謂的《走進好萊塢》(Access Hollywood，NBC 的娛樂新聞節目）錄影帶，

* 譯註：真正的古奇弗（Guccifer）是一名入侵過美國電腦的羅馬尼亞駭客。

當中你可以聽到唐諾・川普對女性做出一些離經叛道的評論。[144] 另外一次資訊傾倒牽涉到超過兩萬封電郵等文件的釋出，時間就在民主黨全國代表大會召開的三天前。[145] 古奇弗 2.0 所釋出的資訊還被發現涉入美國眾議院一些最激烈的選戰，但不論是川普的競選活動還是共和黨人，都沒有遭到同等的鎖定。[146]

俄羅斯耍弄其駭客力量的風格，相當地大膽。美國相對之下則希望保持其駭客行為的祕密性，不過有時只是一廂情願。斯諾登所洩漏的資料中描述了由五眼聯盟國家（Five Eyes）所創造出的全球監控能力。所謂五眼聯盟是綜合了美國、英國、澳洲、加拿大與紐西蘭這五國所組成的聯合情報機構。斯諾登的外洩資料也透露了關於美國政府超凡駭客能力的細節──那些能力會把身經百戰的資安專業人員也「嚇得魂不附體」。[147]

這些外洩資料還透露了 TAO──國家安全局內部的特定入侵行動辦公室──已經開發出一種他們命名為「量子」（QUANTUM）的駭客工具。[148] 藉由監聽網際網路上的網路流量，量子可以偵測到目標的網頁瀏覽器打算載入某個網頁。[149] 接著量子就能很快速地創造出一份該網頁的副本，並在當中插入惡意程式碼，然後搶在正牌的網頁伺服器來得及反應之前，就將假網頁傳送到目標的網頁瀏覽器上。再來便是惡意程式碼會侵入網頁瀏覽器，把持住目標的電腦。[150] 量子可以在網際網路上跑贏真正的網頁伺服器，是因為國家安全局策略性地在世界各地安插了他們的伺服器，並藉此創造出一種影子網路。[151] 這種結構性的特點，讓單機作業的駭客或非民族國家的團體都難以建制屬於他們的量子。[152] 量子讓國安局用得得心應手，是因為量子的運作不需要目標誤判局勢，亦即就算目標沒有按下網路釣魚郵件的連結，也沒有關係。若按國安局的說法就是：「如果我們可以讓目標來到化身為某種網頁瀏覽器的我們面前，那我們多半就可以把他們變成我們的囊中物。」[153]（「囊中物」在駭客界的意思就是安全性被突破了的電腦。）

　　斯諾登外洩的資料顯示，國安局能使用量子突破造訪下列網站的電腦：Yahoo!、LinkedIn、臉書、推特（二〇二三年更名為 X）、YouTube 與其他熱門網站。[154] 國安局的文件還透露了量子被用來駭入比利時電信公司 Belgacom 與石油輸出國家組織（Organization of the Petroleum Exporting Countries，OPEC）。[155] 英國政府通訊總部（Government Communications Headquarters，GCHQ）類似英國版的國家安全局，它形容量子「很酷」，而國安局自己則形容量子是「炙手可熱的新漏洞利用程式」。[156]

　　量子是國安局創造泛用駭客技巧的一個例子。它可以被用來駭入任何一個使用網頁瀏覽器來連上各種熱門網站的個人。惟國安局也極其精準地將其駭客技術拿來攻擊範圍很窄的一群目標。在二〇〇〇年代，Slammer 與疾風等網路蠕蟲靠感染數十萬台電腦在肆虐網際網路。不分青紅皂白感染如此大量電腦的一隻蠕蟲，不會是想進行網路精準打擊時的好選擇，因為那麼大張旗鼓的，一下就被發現了。反之若某隻蠕蟲經過設計，只會感染特定的少數電腦，那它就可以「低飛」而不被雷達發現。國安局也真的與中情局和以色列聯手，創造了這樣一隻網際網路蠕蟲。[157]

　　它的名字叫 Stuxnet。這個專案的目標是破壞伊朗的核子發展計畫，所以該蠕蟲瞄準的是伊朗一處特定的核子機構。[158] Stuxnet 藉其經過精心撰寫的程式碼，會去專門感染特定的電腦，而且專門到其準度被比喻成「狙擊手在幹活」。[159] 為了達到這種準度，Stuxnet 會只感染其馬達以特定頻率在運轉的工業控制系統。這種做法確保了 Stuxnet 只會感染到伊朗核子設施中的電腦，而不會感染到，比方說，在某普通工廠中操作輸送帶的工業控制系統。[160] 惟相較於直接把受感染的系統摧毀掉，Stuxnet 的設計是會在系統中導入微妙的錯誤。[161] 在伊朗核子計畫中的機器操作者與科學家的眼裡，這些錯誤會讓他們覺得自己怎麼都搞不懂自家的科技。[162] 能如此混淆視聽，靠的是兩件事情。首先 Stuxnet 會針對製造核原料的離心機改變其速度，藉此導入有損於設備的震動。再者是 Stuxnet 會同步回傳錯誤的資訊，讓控制室看著讀數以為一切都很正常。[163] 透過這種方式，Stuxnet 便得以拖緩伊朗核子技術發展的進程，並打擊伊朗核子工作者的士氣。

　　Stuxnet 是在二〇一〇年六月發現的，但其主要的攻勢應該比這早一年開始。[164]Stuxnet 成效昭著，遭其損壞的伊朗核材料離心機據報達到五分之一。[165] 位於伊朗納坦茲（Natanz）的鈾濃縮設施在二〇〇九上半年，就歷經了一場「嚴重的核子意外」，並在二〇一〇年多次被迫停機，原因是一連串的重大技術問題。[166] 伊朗運作中的離心機數量在二〇〇九年五月達到近五千台的峰值，然後就在五月到八月間下跌了百分之二十三。[167]

　　想開發 Stuxnet 這種駭客工具，必然需要可觀的資源。[168] 為了感染用於伊朗設施中特定類型的工業設備，該蠕蟲會需要在其鎖定的設備上進行測試，而這一測試過程據報是發生在以色列的迪莫納（Dimona）核園區。169 完成這麼一隻蠕蟲的編碼，估計花費了好幾個人年（person year）的工作量，主要是該蠕蟲導入了好幾樣技術創新。170 在其設施中，伊朗人已經安裝了「空氣隔離」（air gap）來將控制工業設備的電腦阻絕在其他的電腦網路之外。171 這代表伊朗的工業設備處於完全獨立的內網中，任何檔案或資料若需要通過空氣隔離進行轉移，都必須透過 USB 隨身碟或其他可移除的儲存媒體。就理論上而言，這種做法可以阻斷駭客的攻擊，因為沒有駭客或蠕蟲可以跨越空氣隔離這種物理性的天險。但 Stuxnet 的程式碼有特殊的寫法，以致於它會先感染處於空氣隔離之網際網路端的電腦，然後但凡有任何 USB 隨身碟被插進這些電腦，Stuxnet 都會把自己拷貝到隨身碟上。再來就是等這些隨身碟被插回到空氣隔離的另一端，Stuxnet 又會把自己拷貝進內網的電腦裡，如此就完成了空氣隔離的跳躍。[172] 一旦進入了目標的內網，Stuxnet 會同時使出破天荒的四個零時差弱點，以便在控制工業設備的電腦上取得最高等級的特權。[173] Stuxnet 的作者群似乎並不知道這些電腦用的是哪個版本的微軟 Windows，所以他們才把 Stuxnet 設計成在回推十年的每一版 Windows 上都可以跑。[174] 在入侵完這些電腦後，Stuxnet 會用兩種密碼學憑證把自己隱藏起來。這些憑證是之前從兩家不同的台灣公司裡偷來的。[175] 這兩家台灣公司位在同一個企業園區裡，而那也就代表國安局的幹員可能親身闖入了這兩間設施來竊取資訊。[176]

　　將 Stuxnet 連結到國安局、中情局與以色列，被認為是件相對不難的事情，但要將某場特定的駭客攻擊認定是特定的民族國家所為，可就沒那麼容易了。[177] 駭客有一種老把戲，是會透過一連串被其突破的電腦在不同國家間切換，藉此來清洗自身的活動痕跡，而其目的就是要隱藏其真實所在地。就以 APT1 而言，他們就是因為累積了相對不大的作業錯誤，才導致了他們被認定是中國人民解放軍的 61398 部隊。民族國家面臨的另外一個難題是，由於他們的駭客行為是專注在特定的目標上，因此他們可能光因為自己追趕的目標就暴露出身分上的破綻。[178] 替中國工作的駭客幾乎不可能攻擊中國公司，但他們攻擊美國公司就合理多了。如果被駭的資訊是爲俄羅斯政府所用，那動手的就不太可能是來自中國的駭客。[179]

　　關於控制電網、水壩、交通運輸系統等重要基礎建設的電腦可能如何被駭，各種著述與假設已經所在多有，而那些文章往往是語不驚人死不休。有篇文章形容 Stuxnet 是「網路戰爭中的廣島（原子彈）」，而「網路九一一（恐攻）」一詞也被用上了令人搖頭的不知道多少次。[180] 遭遇到外界對其關鍵基礎建設的攻擊，一個國家很可能會束手無策，但實事求是地去看，那還是勝過成爲子彈與砲彈的靶子。[181] 在這層意義上，由民族國家使用的駭客行爲破壞力仍不及傳統戰爭。民族國家若利用駭客行爲去癱瘓某個目標，其造成的人命損失會少於投下高爆炸彈。與其讓人冒著被捕或被殺的危險去外國當間諜，民族國家可以利用駭客行爲取得原本要由人親自竊取的資訊。戰爭究其本質就是一種暴力，所以駭客行爲或許其實有助於減少暴力的使用。[182]

　　要達到像中國、俄羅斯與美國在駭客能力上的造詣，所需要的投資規模都要由民族國家出手才有實際的可行性。零時差弱點的開發，網路釣魚活動的大規模發展與運行，能把巨量資料從被害的組織中洩漏出來的工具與基礎建設製造，以及滲透出來的資料的後續處理，在在都需要可觀的資源投入。奇幻熊、特定入侵行動辦公室等民族國家的駭客團體，必然得雇用分析師與翻譯者大軍來輔助他們的駭客。[183] 一如所有持有特定目標的大型組織，他們也欣然接受分工的概念，雇用了各個領域的專才。[184] 據說特定入侵行動辦公室在二〇一三年有超過六百名駭客在輪班工作，一天二十四小時，一個禮拜七天。[185] 替民族國家的駭客團體工作的程式設計師與駭客，都稱得上要技術有技術，要方法有方法。他們的駭客工具會獲得很勤勞而且很周詳的更新。[186] 他們創造駭客工具的意圖是要避免遭到偵測，並在被偵測到時減緩被確認出身分的速度，或起碼提高身分確認的複雜性。[187]

民族國家在駭客行為的發展上可謂卓然有成，以至於整個資訊安全領域都被迫進行了重整。有句老話說資訊安全需要把精力平衡地用於三方面：保護、偵測與回應——具體說就是採取保護措施讓電腦不受駭客入侵；保護措施被突破時把駭客偵測出來；偵測出來後做出將駭客從系統中肅清的回應。但民族國家的駭客實力同樣輾壓了一般組織的自保能力，以至於資安的焦點被逼到了偵測與回應上。合理的假設是民族國家的駭客已經闖入，而當務之急是在組織內部找出他們，然後嘗試排除他們。[188] 在這個過程裡，當前整組安全科技的弱點一覽無遺。只要是被民族國家盯上，則修補程式的安裝，防毒軟體與入侵偵測系統的使用，甚至是空氣隔離的導入，都很難被期待能產生什麼成效。

有些組織為了回應民族國家的駭客入侵，也找來了曾經替國安局等民族國家組織工作過的駭客，來為自己的防務所用。這就是古埃及銜尾蛇圖案的概念——一條蛇追著自己的尾巴在啃食。不論有多少前駭客可以為某個組織效力，他們都沒辦法與民族國家所發展和制度化的力量匹敵。在資安界，民族國家的存在已然與神無異。

民族國家不會有停止駭入電腦來遂行其目的的一天。間諜活動並未違反國際法，可預見的未來也不太會有新的國際法或嚴格的國際慣例去天翻地覆地改變駭客行為在民族國家間的運用。[189] 在麥迪安公司的 APT1 報告問世後，中國駭客行動銷聲匿跡了一段時間，然後又死灰復燃而且活躍一如既往。麥迪安的主管們形容復出的中國駭客行為是一種「新常態」。[190] 民族國家有能力也有意願去持續使用他們發展出的駭客能力，來從事間諜活動、竊取智慧產權、干預他國選舉。

===

第三道聖痕是在資訊安全領域中由認識論的閉合所創造出的機會成本。「認識論的閉合」（epistemic closure）一詞的發明人，是一群政治分析師，他們把他們藉此所描述的東西認定爲一種在美國政治的保守運動中所創造出來的另類現實。[191] 造成這種結果的是一團互有關聯的電視節目、廣播節目、雜誌、部落格，以及其他形式的媒體。任何與在同溫層裡建立起的主流觀點相左的內容，都會本能地遭到排斥，因爲只要某個資料來源牴觸了主流觀點，那光憑這一點，這個資料來源就無法被信任。[192] 這是一種極爲危險的狀態，因爲在這樣一個小圈圈裡建立出的虛假現實，不太可能與眞實世界中的各種需求接軌。

特技駭客行爲就是認識論的閉合在資訊安全領域中一種令人怵目驚心的體現，因爲它忽視了安全性失靈的根源，反而是把焦點放在了這些根源呈現出的表面。特技駭客行爲捨棄了複雜的眞實世界，打造了一個簡單的虛假世界，並在這個過程裡創造了一個幽靈般的假想敵。任何擊敗這個幽靈所取得的，都是虛假的勝利，都是一個幻象，但靠著認識論的閉合，這些虛假的勝利仍獲得了獎賞。所以我們才會看到誰完成了最搶眼的特技駭客行爲，誰就會受邀到最具規模的安全會議上簡報，並獲得主流報章雜誌的諸多篇幅報導。[193]

這種有害趨勢的根源，可以追溯到當代的開端。一九七四年，Multics 作業系統接受的安全性評估，提到一種可以用來攻擊編譯器的新型駭客手法。[194] 所有程式都必須經過編譯的程序，從原始碼蛻變二進位指令——因為只有變成二進位指令，程式才能在電腦上運行。負責執行這種蛻變的，是一種特別的程式，也就是所謂的編譯器（compiler）。負責對 Multics 作業系統進行安全性評估的團隊做了一個假設。他們假設他們可以在編譯器中插入一小段程式碼來進行微調，以便讓編譯器在編譯某個程式的時候，可以在二進位指令裡安插一個後門（該團隊稱之為暗門〔trap door〕）。[195] 比方說，如果某個微調過的編譯器被用來為一個處理密碼的程式製造二進位指令，那就可以安插一個後門，好讓該密碼程式永遠都接受一個私家密碼。然而，此舉要被偵測出來相對不難，因為只要有人去看一眼編譯器本身的程式碼，後門的程式碼就一目了然了。屆時後門就會被發現、移除，而被動了手腳的編譯器也會被第二個編譯器進行重新編譯。想要對抗這一點，團隊建議可以多做一步，那就是把第二個編譯器也一起進行微調，好讓它被用來重新編譯第一個編譯器的時候，被喚醒去把創造出後門的程式碼加回去。這創造出的一個局面是想判斷某個編譯器有或沒有後門，只有一個辦法，那就是找出創造該編譯器的前一個編譯器的原始碼，以及該前一個編譯器的編譯器的原始碼，以此類推。這就像神話中說宇宙被馱在一隻烏龜背上，而馱著那隻烏龜的也是一隻烏龜，由此「一路往下是無盡的烏龜」——形成一個無窮迴歸的問題。當美國空軍買下 Multics 作業系統之際，他們要求開發者必須提供他們完整的原始碼，以便遇到程式錯誤或安全弱點需要修理的時候，他們可以重新編輯整個作業系統。[196] 惟在現實中，除非美國空軍能從無到有寫出他們的編譯器，否則他們永遠不可能確知他們是不是真的移除了特定的弱點。[197]

一九八三年，Unix 作業系統的共同作者肯·湯普森獲頒圖靈獎，相當於計算機界的諾貝爾獎。[198] 在他的受獎演講中，湯普森自創了一個叫做「對信任的信任」（trusting trust）的說法，去指稱在 Multics 作業系統安全評估中所發現的駭客技巧。[199] 他以他開發 Unix 作業系統的工作為脈絡，探討了這種技巧。[200] 在那場演講裡，湯普森也提出了警告。他形容大家該留意的是「一場醞釀中的大爆炸」，主要是「平面媒體、電視、電影都在把一堆搞破壞的人捧成英雄，說他們是神童」。[201] 他直言「闖入電腦系統必須和真正的闖空門承擔同等的社會污名。報章雜誌必須了解偏差的電腦使用行為就跟開車酒駕一樣，不應該享有任何光環」。[202]

　　Multics 的編譯器駭法，或許可以算是駭客手法界中，一種唯心主義的柏拉圖理想。它並沒有利用特定程式中的特定弱點，也不單單只是緩衝區溢位的某種翻版。它非常的陰險，而且有機會一發不可收拾。它讓電腦使用者對電腦上的一切都變得疑神疑鬼——就連他們親手寫出來的程式都不能倖免。在這場演講過後，湯普森不得不澄清他本人並不曾將後門技術導入他身為作者之一的 Unix 作業系統當中。[203]

　　資訊安全領域中有一種普遍的看法是，在為電腦系統設計安全措施時，攻擊者可能採取的行動應該被考慮進來。這種威脅模型的建立練習，其目的是要確認我們該在系統內導入哪些防衛措施來抵禦可能的攻擊。用這種角度去思考的人，會被說是採用了一種「安全心態」。[204] 二〇〇四年，一本聲譽卓著的資安期刊以一篇社論宣告「攻擊系統是一個好主意」。[205] 那名編輯如此語出驚人的用意是推廣一種觀念，那就是要把駭客技巧搬到檯面上討論，好讓大家更認識這些技巧。該社論意有所指地提到，其他領域的工程師都會從錯誤和失敗中學習，並建議安全領域的從業人員也應該投向同樣的做法。[206] 以此去平衡對攻防之間的認知，是一種很務實的做法。惟從 Multics 安全評估提及的駭客手法以來，資安領域就發展出一種文化：誰指認出最炫炮也最愚民的駭客技巧，誰就會名利雙收，而這股盲動也衍生出各種光怪陸離與開倒車的局面。

二〇一三年，一個知名的安全研究人員確信他的若干電腦都被感染了惡意軟體，也就是由駭客創造出來的惡意程式。[207] 他宣稱即便無線網路已經關閉了，而且他的電腦也並沒有任何實體的網路連線，但那些惡意軟體仍在與外界溝通。[208] 此外他還宣稱該惡意軟體不但可以感染三種不同類型的作業系統，而且還可以在電腦作業系統重新安裝後，藉由某種不知名的機制快速將其重新感染。[209] 他的理論是該惡意軟體可以感染電腦上的 BIOS（基本輸入輸出系統），那是電腦軟體中最最底層的部分。此外他假設的理論還包括該惡意軟體會先感染電腦，然後在電腦之間用超高頻的音波溝通。[210] 他相信自己有很深刻的發現——一個危險地潛伏在日常生活底下，鎖定他個人的隱形威脅。

在社群媒體上，資安社群許多成員的預設立場是支持他宣稱的內容。[211] 後來會先後成為 Yahoo! 與臉書安全長的亞力克斯‧史塔摩斯發了一則推特說：「安全界的每個人都需要去……看看他的分析。」[212] 黑帽簡報會議與世界駭客大賽的創辦人傑夫‧莫斯也發了一則推特說：「沒開玩笑，這真的是很認真的分析。」[213] 但該研究人員對惡意軟體那通天本領的描述——又是可以用高頻音波溝通，又是可以重新感染的——怎麼看怎麼像精神異常者的囈語，至於這種惡意軟體存在的證據更是從未經過第三方的客觀認定。[214] 為了回應沒有其他人可以找到惡意軟體證據的問題，該研究人員宣稱該惡意軟體可以察覺到自己在被複製給人看，並會因此自我刪除。[215]

　　在網路泡沫期間，商業安全產業被扮演馬克思所謂「勞動部隊興奮劑」的安全研究人員與駭客推著走。但馬克思這種把毀滅和犯罪視爲創造力量的觀點是錯的。法國經濟學家弗雷德里克·巴斯夏（Frédéric Bastiat）在其一八五〇年的論文〈看得見與看不見的經濟效應〉（Ce qu'on voit et ce qu'on ne voit pas）中提到，錢花在毀滅上，並不能眞正創造出對社會的淨利益。[216] 在這篇論文中，他用上了一個例子是商店老闆的兒子意外打破了窗戶，造成必須花六塊法郎的成本換窗戶。玻璃匠賺到了六塊法郎，所以他很感激那名粗心的孩子。但這件事的結論不該是破窗讓金錢得以流動，所以發揮了刺激經濟的作用。那只是表面我們看得到的部分，至於看不見的部分則沒有被考慮到。如果店老闆不需要換窗戶，他就可以把這六法郎花在別的地方。換句話講，錢被花在了 A 處，就代表它沒機會被花在 B 處——即使錢花在 B 處才是眞正花在刀口上。同理，在一個鼓勵人去從事特技駭客行爲與聳動駭客技巧的資訊安全領域中，認識論的閉合也導致了巨大機會成本的誕生。

　　今天，資訊安全領域中的新進者有一種傾向，那就是他們會受到最新的弱點和駭客用漏洞利用程式所吸引，畢竟不論是資訊安全領域本身或是大眾閱讀的報章，都樂於把焦點往這些事物上放。零時差弱點與駭客行爲都感覺很刺激，因爲它們代表了當下最多人關心的東西。但那些在資安領域服務了數十年的前輩，早已看遍了這些宛若花車遊行、永無止盡的新弱點。在他們眼中，這些跑馬燈似的新弱點不過是在創造一種令人難耐的單調無聊——就像誕生於網路泡沫期間的「痛苦的倉鼠滾輪」，永遠沒有停止轉動的一天。較晚近的一些發想，像是程式錯誤懸賞計畫，只不過是深化了這些有害的效應。程式錯誤懸賞計畫的設計，是要獎勵那些獨來獨往的安全工作者去研究極小範疇內的一些問題，特別是網站上與電腦軟體裡的安全弱點。但嘗試解決這些弱點的系統性底層成因，並不會領到賞金。還有些人潛心研究現知對改善資安非常要緊的領域，像是安全性的經濟學與心理學，他們也沒有賞金可領。

這些現象的部分原因，可能在於所謂的相關性悖論，亦即人只會去尋求那些他們主觀認為與自己切身相關的資訊。在一個讓特技駭客行為與弱點研究獲得獎勵的領域裡，人類很自然地會倒向駭客行為與弱點研究。比方說，這群人恐怕完全不知道，資訊安全的經濟學其實也與他們的目標息息相關，而這種無知也導致他們對資安經濟學興趣缺缺。惟相關性悖論並不能鋪天蓋地地解釋所有的情形，因為有些非常浪費的結果其實發生在經驗豐富的資安專家的手裡。

二〇一六年，一家叫 MedSec 的公司使用 eBay 去採購可植入式的醫療器材，賣方包含多家製造商。[217] 他們接著把器材拆開，對其進行了逆向工程，目的是要找出其安全弱點。一家聖猶達醫療公司（St. Jude Medical）生產的心律調節器中似乎含有若干弱點。在當時，聖猶達醫療是心律調節器等醫療器材在美國的一家大廠。[218] 但相對於把這些弱點揭露給聖猶達醫療知曉，MedSec 這家安全業者找上了華爾街的一間投資公司，對其拿出了一份有錢大家賺的提案。[219] 他們提議讓投資公司去放空聖猶達，也就是在金融市場中建立可以在聖猶達股價下跌時獲利的投資部位。[220] 他們會放出消息說該公司的醫療器材可以被駭，接著就是等聖猶達公司的股市市值滑落，MedSec 與投資公司就可以坐收做空之利。[221] 投資公司同意了提案，也在出具的投資報告中提到了 MedSec 認為他們找到了的器材弱點。[222] 報告曝光的同一天，

MedSec 公司的執行長上了彭博商業台受訪，並在電視上宣稱「聖猶達醫療公司的產品完全沒有任何安全防護」。[223] 這名執行長後來還上了另一家電視台，並在螢幕上說「我們可以以遠距的方式，讓被植入的醫療器材失效」，暗指你體內要是安裝了聖猶達的醫療器材，駭客就可以要你的命。[224]

　　他們的計畫奏效了。聖猶達的市值在當天下跌了近百分之五──創下七個月以來的單日最大跌幅。[225] 事實上那天的崩跌崩到聖猶達的股票暫停交易。[226] 惟僅僅數日後，密西根大學的一群學者就啟動了對 MedSec 之研究的分析。[227] 那群學者裡有醫療器材的學者和一名心臟科醫師，最終他們用分析結果質疑起 MedSec 說法的真實性。[228] MedSec 引用了一些錯誤訊息來當成證據，以此來證明當機攻擊可以被用來對付由聖猶達醫療所出品，居家偵測用的一款植入式心臟除顫器。[229] 然而，這些錯誤訊息之所以會出現，其實也可能只是單純機器的插頭沒插好。[230] 在一份新聞稿裡，密西根大學的學者們寫道「那些鍵盤工程師可能對這些錯誤訊息大驚小怪，但臨床醫師會知道那只是告訴你你插頭沒插好。用素人的話來說，這就像你宣稱有駭客接管了你的電腦，但後來你發現那只是鍵盤有點接觸不良」。學者們很客氣地指出 MedSec 的報告不見得有誤，惟證據似乎並不支持該報告的結論。[231] 聖猶達對 MedSec 和投資公司提出了誹謗訴訟，稱這兩家業者策畫了「惡意的方案去操弄證券市場，包括根據不實且有誤導性的說法，且透過失德且違法的計畫去牟取自身的金融暴利」。[232] 此外聖猶達還指控這兩家業者試圖「恐嚇病患與醫師，混淆醫病的視聽」。[233] 之後被收購的聖猶達醫療確實為此釋出了心律調節器軟體的修補程式，但這些程式修補的，和 MedSec 宣稱找到的是不是同一批弱點，外界就不清楚了。[234]

　　MedSec 與聖猶達醫療之間的糾紛，凸顯了巨大的機會成本，而造成這種機會成本的有毒組合裡，有資安界聚焦的三樣東西：至為冷門且危險的各類特技駭客行為、牟利用的弱點研究，還有宣傳用的揭露行為。

　　認識論的閉合的發生，是因為一個社群向內收斂，並開始無視於他們在自身保護泡泡內創造的世界和外在的現實世界之間，存在什麼差別。要是你以為相關的個人或團體沒有從這樣一個泡泡所提供的過度簡化和眾人皆醉我獨醒之感中受益，那你就太天真了。但教條主義創造了一個參與者終將落入而無法自拔的陷阱，讓他們失去朝更好的未來邁進的可能性。

第九章

資訊安全的頑劣本質

　　三道聖痕之所以能存在，是因為路徑依賴。而所謂路徑依賴，是指特定條件下人們某一時刻所有的某組選擇，會受制於其過去曾經做過的決策。蘭德公司等早期研究者啟動了當代的資訊安全研究，但他們無法透過技術本位實現他們想要保護資訊的目標。他們對於多層次安全與形式驗證等方法上的專注研究，帶著資訊安全領域走上一條偏離未來的道路。當新的商業市場冒出頭時，一種典範也被創造出來，使身在其中的資安領域被迫得不斷對新科技做出反應。說來奇怪，他們確實為資訊安全創造了一個未來，只不過那個未來迥異於他們初始的目標，而僅僅淪為與他們雄心壯志天差地遠的複製品。

　　身處於當今運算時代的起點，讓蘭德公司等早期研究者獲得一個獨特的機會。但不論是蘭德那群人，還是身處當時那個時空的任何一個人，都不可能以某種方式三兩下找到辦法，達成實現資訊安全的挑戰。資訊安全至今，仍舊是一個未解的問題，而且還是一個「頑劣的問題」。[1] 這個說法出身社會計畫領域，其中頑劣（wicked）一詞指的並不是道德上的邪惡，而是問題本身的困難性與有害性。[2] 頑劣的問題橫跨多重範疇，就像資訊安全的研究也可以被視爲跨足了經濟學、心理學等各種領域。[3] 頑劣問題會隨著時間徙變，而對於資訊安全而言，這種變化的成因是新科技的演變，也是使用者動機的變遷。[4] 頑劣問題在本質上涉及各種取捨，而這種特色也存在於資訊安全的諸多重要面向上，如安全性與易用性之間的拉扯就是一例。[5] 頑劣問題據稱若以按部就班的方式去切入，是無解的。[6] 但按部就班似乎就是資安領域當前所運作的方式：來一個新的安全弱點，他們就用一個新的科技、新的特徵值或某種當紅的新製品去對應。

讓資訊安全的頑劣本質雪上加霜的，是基本定義的付之闕如，這包括我們說一樣東西「安全」，到底是什麼意思。沒有達成共識的定義，一直都是眾人哀怨的事情，但這個任務確實甚具挑戰性，因爲所謂安全是要看處境的，也就是要因時因地制宜。[7] 某件事在 A 狀況下安全，在 B 狀況下就不一定了。安全因此不是一種形而上的內秉屬性，我們沒辦法說某樣事物可以或不可以歸入「安全」這個類別。一個更好的說法應該是某樣事物具有「高安全性」，惟即便是經過這樣的簡化，所謂安全還是難免各種併發的複雜性。現代運算環境的組成包含許多不同層的科技元素，而這些層面會創造出大量的抽象化。相較於單一電腦上只有單一程式在執行這種相對單純的情境，一個現代電腦系統的架構可能是多台實體電腦裡有虛擬機器在執行一組經過統整的微服務，而那些實體電腦又位於雲端的運算環境裡，最後這些雲端運算環境又散布在地球各洲的數據中心。一樣東西如果由各種元素建構而成，但那些元素本身又不一一具備高安全性，那這樣東西還能不能被認爲具有高安全性，我們並不清楚。[8] 同樣的組成問題也存在於組織的層次上。正確做出安全決策的能力，是存在著常態分配的，因此就統計學來看，整個組織中會作出危害組織安全決策的員工，占了相當大的比例。[9]

但就算我們假定「安全」或「高安全性」可以以一種有意義和有用的方式獲得定義，我們也仍得面對許多更加基本的問題。對於個人與組織應該做哪些事情去改善自身的安全性，資訊安全領域提出了許多主張。比方說組織必須豎起防火牆來避免被駭。但這類主張無法證偽。[10]「可證偽」（falsifiable）的意思是這種主張存在以某種方式被經驗性觀察所推翻的風險。[11] 比起對某種主張的正面確認，科學方法更強調的是對各種主張的反面駁斥，所以可證偽性這個觀念可說是現代科學的基石。

關於資訊安全的各種主張之所以無法證偽，是因為一個電腦系統若不含有已知的弱點，一種可能是該系統真的安全，但也有另一種可能是系統所含有的弱點還沒被發現。[12] 只要觀察到一次安全性失靈，我們就可以宣稱某個電腦系統不安全，但反過來說不論是多少次什麼樣的觀察，都不足以證明該系統是安全的。[13] 宣稱組織必須使用防火牆來避免被駭的說法，因此就無法被證偽。[14] 若有未設防火牆的組織被駭，這則證據可以支持但不能確切證明上述的說法為真。反之若有未設防火牆的組織經過一星期沒被駭，這項事實也不足以證明上述的說法為偽，因為該組織說不定會在一個月或一年後被駭。用擲硬幣來比喻就是「正面代表我是對的，反面你只是好運還沒破功」。[15] 既然安全性不存在適用的實證測試，那就代表任何「滿足某某條件就能獲得安全性」的說法，都無法證偽。[16] 換句話說，關於特定安全科技、產品或做法是資訊安全所不可或缺，而由安全產品業者或安全從業人員所給出的任何指點，都同樣無法證偽。[17]

這不啻是在資安領域中心潛伏著的生存危機。不論眾人有或沒有意識到這一點，我們都可以在幾十年間累積如山的眾多安全建議中，感受到其實務上的效應。[18] 由於我們無從判定哪些建議是有效的，也就無從剔除無效的建議，小山一樣的安全建議就是這麼累積起來的。[19] 有個安全標準廣泛地被政府機關和企業拿來使用，那就是出自美國國家標準暨技術研究院（NIST）之手的《資訊系統與組織的安全與隱私管控》（*Security and Privacy Controls for Information Systems and Organizations*）。這一份文件就厚達近五百頁，當中列出了數以百計的安全管控法。[20] 由資安領域提供給組織與個人的某些建議，無疑是有用的，問題是：有用的是哪些呢？約翰・沃納梅克（John Wanamaker）是一八八〇年代的沃納梅克連鎖百貨創辦人，據說曾經說過這麼一句話：「我花出去的廣告費，一半都是白費，問題是我不知道浪費了哪一半。」這話說得與資訊安全目前的處境，有異曲同工之妙。

由此導致的混亂與無效率，讓企業難以維繫其安全性，包括那些專門做資訊安全生意的公司也是。二〇一一年，駭客集團「匿名者」（Anonymous）駭入了資訊安全公司 HBGary。[21] 除了把公司內的私人電郵和備忘錄共六萬八千份資料公諸於世以外，匿名者還用一則訊息進行了網站置換，訊息上說的是：「你們的資安知識少得可憐⋯⋯可悲的你們只是一群給媒體當婊子，唯利是圖的哈巴狗，只是想為那些和你們同樣可悲的公司撈一點生意。」[22] 二〇一八年，資安業者 RSA 提供了一種手機應用程式給其 RSA 會議的與會者，那是一場有逾四萬兩千人參加的資訊安全大會。[23] 但對這些與會者有點倒楣的是，該手機應用程式含有一個會曝光他們所有人名字的安全漏洞。[24] 尷尬的是，這已經是 RSA 會議的專用手機應用程式第二次被發現含有安全漏洞。[25]

二〇一四年，一個不同的安全性程式錯誤就已經洩漏過該年與會者的名字、姓氏、職銜、服務企業，還有國籍。[26] 某些商業資安公司甚至在美國的國家資訊安全月（National Cyber Security Month）期間歷經了安全性破口。[27]

這些連自身和客戶的資訊安全都保障不了的業者，就是資安的底層存在巨大挑戰的最好證明。在此狀況下，我們可以很合理地提出的一個問題是：何以網際網路還沒有如眾人在 Slammer、疾風、Welchia、Sobig 與 Sasser 等網際網路蠕蟲肆虐期間所猜想的，遭到最壞狀況下蠕蟲的毀滅性打擊呢？一隻蠕蟲在使用零時差弱點去感染非常大量的電腦、極端快速地進行傳播，以及攜帶有毀滅性酬載的狀況下，可以具有高度的殺傷力，尤其若該蠕蟲可以感染網際網路基礎建設──像是負責為網路封包指向的路由器──的話，其破壞性又會更加不堪設想。

有人拿類似的問題去問過運算界的先驅暨蘋果公司執行長史蒂夫・賈伯斯。[28] 一九九四年，莫里斯蠕蟲出現的六年後，賈伯斯在他辦公室裡受訪時被問到網際網路是否可能遭遇具有高度毀滅性的蠕蟲。面對這個問題，賈伯斯默然把臉埋進了雙手裡。他保持著這個狀態，一動不動且一聲不吭。幾分鐘過去，在場的人開始竊竊私語，懷疑賈伯斯是不是突然身體不適，要不要叫醫生。有人碰了碰他的手臂，但他沒有回應。只不過突然間，就在旁人要離開辦公室去求助之際，賈伯斯回過神來，給出了一個字的答案：「不。」在被敦請闡述一下這個答案時，賈伯斯的回應是，「因為他們（駭客）需要網際網路去完成他們的工作。他們不會傻到要吃飯卻砸自己的鍋。」[29]

最壞狀況下的蠕蟲不至於發生，並非歸功於我們現有的那組安全措施。賈伯斯很可能說對了。這種大魔王蠕蟲之所以還沒有出現，只不過是因為那對誰都沒有好處。在此例中，就像在其它很多的案例中一樣，賈伯斯之所以能得出這樣的關鍵見解，都是因為由資訊安全的經濟學與心理學去對問題進行了思考。用宏觀角度來審視「問題空間」*，有助於洞察這類問題的答案，惟同時存在的還有一種相反的衝動──縮小問題的範圍。

在以遵循（compliance，又譯合規）去追求資安的過程中，某個外來的權威會創造出一個附帶檢查表的書面框架，檢查表上明訂了各式各樣的安全措施。為了達成對框架的遵循，組織必須導入檢查表上提及的項目。對於參與的組織而言，這張檢查表與外來的權威扮演著定義者的角色，它們定義了組織必須完成哪些事情，才能被認定為安全，才能被認為已經盡到了自己該盡的責任。[30] 此後若組織被某個客戶或主管機關問起他們在安全性上做了什麼努力，他們便可以提出證據，表示他們已經遵循了框架。遵循性的做法發揮了一個很實際的作用，即讓之前曾經忽視過資安的組織得以跨出第一步，開始導入安全管控，主要是遵循框架讓他們該做的事情有了一個結構。[31] 組織會想遵循特定的框架，還可能有另外一個理由，那就是為了獲得許可去從事特定活動。比方說，遵循了支付卡產業資料安全標準（PCI DSS），組織就可以獲准去處理、儲存、傳送支付卡的資料。[32]

走遵循路線有個問題：這會導致地圖與疆土混為一談。檢查表上規定的項目可能可以提供安全性，也可能提供不了──組織本身對此

---

* 譯註：在軟體開發的過程中，通常會有很多個問題等著解決，若將這些問題集中在一個地方，那我們就可以稱這個問題的集合為「問題空間」（problem space）。

根本無從得知。滿足遵循的條件並不能讓組織變安全，反之變安全也不能讓組織滿足遵循的條件。安全與遵循是兩碼子事。[33] 對某些組織來講，這或許不是什麼大問題。實際上，安全與遵循的分歧處或可被視爲一種特色，而不是一種程式錯誤。反之組織的安全性或許成效不彰，但他們依舊可以在遵循的文書資料上拿到高分。

走遵循路線去追求安全性的另外一個問題是，遵循框架是設計成適用於各個不同的組織。[34] 這是框架作者刻意的選擇，其目的是爲了將潛在的客層基礎盡可能擴大。然而對比框架作者對組織出於理想的一種想像，組織可能在很多條軸線上都與這個框架存在落差。一個組織既可以高度集權，也可以高度分權，可以規模很小，也可以是個龐然大物，可以營運在一個管制很嚴格或管制很鬆散的國家。而在這種狀況下，一個自認爲與主流嚴重脫節的組織就得格外注意安全遵循檢查表內所提供的方針。[35] 一個組織愈是脫離框架作者所假設的常態，他們靠遵循檢查表方針所獲得的數值就愈可能縮減到零，甚至會突破底線而變爲負值。[36] 在經濟學裡，這被描述爲遞減的邊際效益。舉例來說，檢查表的方針說組織內的員工應該要受訓去「主動接觸在辦公室裡你認不得的同事」，這在中小企業裡或許派得上用場，但如果時空改成是市中心的曼哈頓裡一家人流洶湧，一層層樓加起來有幾千名員工的大公司，那這話就過於不切實際了。[37]

這些疑慮多少有點不太具體，而遵循框架的使用則愈來愈普及。同時安全標準也愈來愈在組織中與產業內廣爲運用。一如遵循框架，特定安全標準的人氣會在時間的流轉中起起伏伏。高人氣的安全標準往往遵循的一種模式是一鳴驚人搶占高支持度，接著是外界的興趣達到一個峰值，最後則是漫長的滑落直至無人聞問。[38]

安全標準的一個共同目標是嘗試降低資訊安全在某方面的複雜性，並藉此讓資安工作變得更加可控。常見弱點枚舉（CWE）計畫提供了各種分類，讓安全弱點可以以各種方式獲得區分。[39] 通用弱點評分系統（CVSS）則會從一到十替安全弱點評分，好方便人判斷事情的輕重緩急。[40] 這些東西都有其用處，但這些簡化程序的執行過程，往往流於主觀，或至少不是全然客觀。所以這當中就會產生一種危險性，是這種主觀的成分會被忽視，導致安全標準的結論被解讀為事實的客觀呈現。針對 CWE 與 CVSS 這類安全標準有一種批評的聲音，說它們陷入了所謂「列舉壞事」的陷阱裡——列舉壞事指的是把弱點等壞事列成清單。[41] 問題是壞事是無窮無盡的，所以你去數算和分類壞事也永遠做不完。[42] 同時，弱點的計數和分類永遠只能有助於以一種間接且迂迴的方式去處理弱點底層的成因。

資安領域所嘗試過第二種讓提供安全性的任務變得可行的方式，是透過風險管理的應用。[43] 風險管理的核心是一款很吸引人的計算：存在於任何特定處境中的安全風險，等於威脅與弱點的乘積。[44] 進行這種運算，理應能促成在安全問題上一種客觀而由數字推動的決策方式。測量風險後根據結果來做成決策的觀念，還具有一種直覺性的吸引力，因為那會給人一種做法很理性的印象。在資安圈中，風險常被認為是一種好的計量單位，如 NIST 所推廣的「網路安全框架」（Cybersecurity Framework），就是其基於風險管理所開發出的東西。[45]

風險管理已經是在保險等領域行之有年且通過了考驗的做法。保險公司之所以可以提供保單給某人的房屋，是因為他們可以利用精算資料來計算該房屋被燒毀或被颶風摧毀的風險，並得出適當的保費是多少。惟這個例子也揭示了當風險管理應用於資訊安全領域的時候，現有的侷限在哪裡：房屋火災或颶風災害有高品質的精算資料可用，資訊安全事件卻沒有。[46] 在二〇〇〇年代曾出現一線希望，資料外洩的詳盡資料似乎可以走向公開，主要是類似加州參議院法案第一三八六號之類的資料外洩法開始在美國通過。[47] 需要資料作為運行基礎的「新派」資訊安全，原本可以在上述法律與其所能提供的資料配合下，順利獲得導入。[48] 只可惜，這些資料外洩法通過是通過了，但它們卻沒有強制組織在資料外洩的揭露中釋出足夠的細節，所以新派資安想做的分析也就難以為繼了。[49]

遵循框架、安全標準，還有風險管理，是三帖仙丹妙藥。它們嘗試提供給組織的，是一種能接觸資訊安全，但又無須體驗到生存恐懼的辦法，畢竟你只要一想到問題空間的頑劣本質，以及各種安全性主張無法證偽的本質，這種恐懼就會油然而生。相對於上述三帖藥方試圖創造平靜的感覺，另一種與之競爭的做法則有著相反的意圖。FUD——恐懼、困惑、懷疑——在網路泡沫年代崛起成為一股強大的力量。FUD 被商業資安業者恣意地揮舞著，為的是販賣安全產品與服務，但隨著愈來愈多組織歷經了安全破口，FUD 的力量也開始略顯式微。特技駭客行為所代表的，是當代最沒有底線的一種 FUD，因為該行為以一種歇斯底里的方式，給出了會誤導人的資訊。[50] FUD 的使用也讓資安領域中的江湖郎中得以朝最新科技中可預期的安全性失靈一撲而上，藉此把自己塑造成千里迢迢趕來救駕的騎士精神傳人。

FUD 刻意如此浮誇，是為了創造出一種情緒性的反應，但 FUD 中有一條更陰險的分支，利用的是不良統計。乍看之下，這種關乎資安的不良統計似乎經過了健全的研究，但其實這些統計要麼犯下了一些方法學上的錯誤，要麼單純與事實不符。二〇〇九年，AT&T 的安全長對美國國會作證說，網路罪犯的年獲利超過一兆美元。這個數字實在太誇張，須知一兆美元相當於當時美國國內生產毛額的百分之七以上，規模比整個資訊科技產業都大。[51]

資安領域統計數據所遭到的濫用，是一個經年累月的沉痾，主要是資安界有系統性的不當誘因，在獎勵讓事情顯得比實際上更糟糕的行為。[52] 組織內部很多關乎資安的現有統計，都來自於問卷調查，但研究顯示這些問卷調查可能存在幾個問題。二〇〇三年的一項研究發現，有十四份受到廣泛報導，以資安實務和體驗為題的問卷調查，都存在「普遍的根本性瑕疵」。[53] 二〇一一年的一份標題很聳動的〈性、謊言、網路犯罪調查〉（Sex, Lies, and Cyber-Crime Surveys）研究發現，以安全性丟失為題的大部分研究都受制於一種偏見，主要是問卷調查的結果會因為回覆中的一兩筆異數而遭到扭曲。[54] 這種推理上的錯誤，就等於你真的覺得亞馬遜的傑夫‧貝索斯走進了一間酒吧，該酒吧的顧客平均身價就會達到十億美元了。研究的作者群還發現明明可以用來避免這類錯誤的統計學措施「遭到了普遍的忽視」。[55] 他們在研究報告的結論處問了一個問題：「我們對手邊的問卷調查可以抱持任何信心嗎？」然後自問自答地說：「不，恐怕沒有辦法。」[56]

有些人可能採取的立場是誇大安全風險無可厚非，畢竟資安從業人員有內建的成見，會想要捍衛他們的專業。[57] 但話說回來，要說有哪個成熟的行業是靠劣質資訊的基礎而欣欣向榮，實在是讓人很難想像的事情。優質的統計數據和優質的問卷調查，可以提升人做出客觀決策的能力，但在這類資訊不存在的狀況下，想要做出價值判斷的人性，就會讓人難免對世界上的資安狀態做出流於主觀的評估。一九七二年，安德森報告哀嘆過電腦反滲透的能力太低。[58] 一九八四年，政府與企業界的資安狀態被形容爲「慘烈」。[59] 國安局的一名雇員寫到過「在各種困境的來源中，我們看到了責任的分散，看到了權力的嚴重受限，也看到了責任心有氣無力、觀點短視近利，支援的科技無處可尋」。[60] 一九九四年，出現了一種說法是「雖然我們一而再再而三地看到，幾乎所有電腦都無力對抗入侵與操弄，但認清其潛在破壞性的人卻很少，採取足夠行動去處理問題的人更是少之又少」。[61] 一九九六年，資安的狀態被說成「黯淡」，且「同類型的曝險反覆發生；我們在嚴峻的問題上沒有做出任何實際有用的進展……同時我們也愈來愈無法調整……模型去與時俱進地因應新興的科技」。[62] 二〇〇四年，電腦安全狀態得到的評價是「面對攻擊，今日幾乎所有現役的系統都極度弱勢」。[63] 二〇〇五年，貝爾—拉帕杜拉模型的共同作者大衛・貝爾，曾寫道：「整體的感覺……是電腦與網路安全都在每況愈下。」[64] 同年，馬庫斯・拉納姆寫道「停滯不前已經好一段時間」。[65] 到了二〇〇九年，電腦安全狀態被說成「殘破不堪」，且「民眾對此惶惶不安，並花了很多錢在其上，但大部分的系統仍舊並不安全」。[66] 二〇一七年，電腦安全被說「從頭爛到腳」，而二〇一八年，「趨勢走錯了方向」。[67]

　　以這些評論爲例，就可以完美印證作家蕭伯納曾用一句話描述過的現象。蕭伯納說的是：「誰最對一個行業充滿了懷疑，誰就是精通那一行的專家。」惟資訊安全的專業人士並不應該貶低或瞧不起他們共同累積出的成就。這個世界的資安之所以沒有更不健全、更不完備，都是因爲有他們的努力。還有一件事也值得我們記住，那就是資訊安全仍是一個非常年輕的領域。[68] 亞里斯多德開人類先河說出「物理」一詞，是在西元前四世紀。這之後要再經過兩千多年，艾薩克・

牛頓的古典物理學才會出現，然後又過了一百七十五年，馬克士威電磁方程組才會誕生。愛因斯坦的廣義相對論成形，自此還要再熬五十年──而從廣義相對論問世至今，則又已經過了一百多年。物理學、化學、天文學都有著幾百年的沿革。與此對比強烈的是現代資訊安全時代從第一批數位計算機製成作為起點，也不過才剛起步於七〇年代。從這個角度去看，資訊安全的敗多勝少，或許不過就是一個新生領域免不了要歷經的痛苦成長。確實在一九八五年就有人說過：「資訊安全做為一種挑戰，可能還要與我們長相左右好一段時光。」[69]

＝＝＝＝＝＝＝

　　綜觀歷史，許多觀念與提案的提出都是希望能用行動去改善資安。而那些建議都傾向於針對資安領域中的特定課題，譬如說軟體安全、網路安全、密碼學等等。這一點並不令人意外，畢竟資安領域是一個極具廣度兼深度的範疇。資安研究本來就可分為不同的區塊，而且每個區塊都有各自的複雜性。在一九七〇年代，或許也包括一九八〇年代，普通的資訊安全從業人員想讀遍每年出版的所有研究資料，可行性都是有的，但從那之後，就變成只有最為投入的人員可以完成這種壯舉。這其實是一種良性的發展，因為專門化有利於分工，而專業分工的效率絕對勝過每個安全從業人員都想變成萬事通。但也由於專門化，每個安全從業人員面對整體的問題空間，都會變得有那麼一點以管窺天。少了作大局觀的能力，資安從業者有時會發展出錯誤的觀念，他們會以為某種源自特定研究區塊的新興安全科技或手法，可以當作整體安全問題的萬靈丹。時間一久，這種觀念會無可避免地陷入幻滅的坑洞中。幾百年來，煉金術士都以為他們可以找到能點石成金的魔法石。但事實證明這種尋求是沒有意義的，因為化學的基本底層規則是不可撼動的。資訊安全的某塊特定領域能出現什麼可以解決整個資安領域問題的突破點，一直都是機率很低的事情。任何新的安全科技，都不太可能徹底排除由使用者所造成的安全風險，同樣地，任何新的流程或教育訓練套在使用者身上，也不太可能以單一因子之姿，就徹底抹消由新科技所造成的安全風險。

　　有個另闢蹊徑的辦法一直存在，那就是跳出資訊安全領域，從其他領域的角度去檢視資安問題。[70] 整體而言，這稱得上是一種結實纍纍的做法，從中誕生的有用概念不勝枚舉：從經濟學的領域中，我們學會了外部性的重要，學會了要去考慮不當誘因，也學會了要把安全概念視為一種公共財；從農業領域，我們習得了單一栽培的概念；從保險業，我們搞懂了風險管理的觀念和精算資料的價值。惟這個跨領域方法有用歸有用，迄今還沒有來自其它領域的見解能夠為資訊安全創造出里程碑式的進步。

　　說不定，推動資安進步最好的辦法既不是在資安領域內找，也不是在資安領域外找，而是退一步再重新出發。一個人如果已經站在小山山頂，他就再也到不了更高處了。為了登上最高的山，人首先必須從小山下來。只有下了小山，他們才能從高山的山腳往上爬。這對資安領域不會是一件容易的事情。荷蘭歷史學者楊·羅曼（Jan Romein）設想了他所稱的「先行者劣勢法則」（law of the handicap of a head start），意思是初期讓一個團體得以成功的文化，日後反而會成為該團體延續成功的阻礙，因為新的成功需要新的文化。[71] 這代表不想讓進度停滯不前，先決條件是文化必須改變——而改變文化的挑戰不可謂不艱鉅。這也代表為了讓事態變好，團體首先多半得忍受事態變差。在可用資源有限的前提下，我們必須多花時間去檢視問題的本源，而不能只是去處理問題的表徵。也就是說爲了用治本去取代治標，我們可能要在短期內忍受安全性的惡化。

每個電腦系統的安全性，都取決於眾多的因素，當中包括其使用的科技，使用者的行爲誘因，還有這些科技與使用者所身處的環境。這代表資安領域內的每一個子領域，不論是軟體安全、網路安全、使用者輔導、密碼，或是密碼學本身，在改善系統安全性方面，都存在一個上限。只有在某一領域的安全性很強，但其他所有領域的安全性都很弱的電腦系統，會被輕易擊敗，因爲一如史提夫‧貝洛文所言：「遇上強大的安全性時，你不用突破它，繞過去就行了。」[72]

資訊安全領域本身也可以被視爲一個系統。系統會有的屬性、優點和弱點，資安領域也都有。一個系統裡的某些部分會比較強大、比較發達，而其它部分則可能會比較弱小。有些部分會讓研究者感覺十分吸睛，而其它部分則會看起來要死不活而平平無奇。有些強烈的誘因會拉著研究者與從業者去專注在系統的個別部分上，但頑劣的問題不能靠單點突破去處理。就像電腦系統的安全性，資安問題也應該被當成一個完整的系統去考慮。[73]

蘭德公司在一九四〇年代發明系統分析，正是爲了這個目的。[74]蘭德公司的分析師形容系統分析是一種「對問題進行系統性檢查」的辦法，而這種檢查靠的是一種「提出問題並找到理性解答」的過程。[75] 系統分析的用處是確保科技的使用「符合一種受到約束而非無腦的方式」，而蘭德公司也善用這種系統分析技術，遂行了爲其衣食父母美軍提供建議的目的。[76] 以類似廣泛而全面的系統性方式去思考資訊安全領域的歷史，就能看見某些主題浮上了檯面。而這些主題也正是資安領域的基石，它們代表了我們可以改善資安的長線契機。

══════

　　第一個進入資安領域視野的主題是：在某種意義上，實現資訊安全的這項挑戰就是在對抗複雜性。電腦是複雜的，人也是複雜的，所以複雜性遍布在資訊安全的底層。最早在一九八五年，資訊安全就被說過「不過是與複雜性問題角力的一種方式」。[77] 在資安這門行業裡有一種廣為流傳的說法：電腦系統愈複雜，其想要保持安全的難度就愈高。[78]

　　蘭德公司等早期研究者必須回應因發明分時概念而變得複雜的運算。[79] 韋爾報告預測過，隨著電腦變得愈來愈複雜，電腦使用者的能力也會提升，由此想透過安全措施的應用去控管使用者的難度也會愈來愈高。[80] 安德森報告也做出過類似的預判，說是安全風險會隨著系統複雜性同步升高。[81] 接續韋爾報告與安德森報告而起的各種努力，像是貝爾—拉帕杜拉模型的發展與可證安全性的概念，都想讓電腦作業系統與日俱增的複雜性裡能有些秩序。[82] 在網路泡沫期間崛起的各種安全科技，也同樣可以被視為各種想要管理複雜性的嘗試。防火牆降低了管理大量個別電腦時所涉及的複雜性，以及這些電腦間潛在複雜互動所代表的複雜性。[83] 馬庫斯・拉納姆形容防火牆是「被刻意置於兩塊複雜到超乎想像的區域之間」。[84]

　　軟體愈是複雜，就愈可能含有程式錯誤，而有些程式錯誤會造成安全上的弱點。[85] 整體而言，複雜性被說成是「絕大多數」軟體問題的根源。[86] 而系統愈大並愈複雜，就會愈難理解。而愈難理解的系統，就會愈難被設計成即便失靈也不至於引發安全問題的樣態。[87] 軟體有一種愈變愈複雜的傾向，主要是在新增功能時也會有更多程式碼會連帶地添補進去。一個軟體裡也可能會納入另外好幾個稱爲模組或函式庫的軟體，而這些東西都有其本身的複雜性。

　　某些類型的軟體弱點會存在，是因爲每個程式在本質上都是由其接收到的輸入所編程。[88] 而輸入愈是複雜，我們就愈難知道那會對程式產生什麼影響。若該輸入就是個弱點的漏洞利用程式，那系統的安全性就可能在該輸入被處理的過程中遭到破壞。有人半開玩笑地說過，相對於嘗試創造安全的程式，「對所有其它類型的運算而言，能對正常的輸入給予正確的結果，其實就很夠了」。[89] 各種著眼軟體安全的嘗試，像是微軟的可信賴的運算與其所創造的安全性開發生命週期（Security Development Lifecycle），都因此可以被視爲是一種結構完整的方法，爲的就是要針對軟體中存在著安全弱點這件事，去打擊軟體複雜性的問題。[90]

　　複雜性之所以構成挑戰，也與組織的單位有關。[91] 組織的規模愈大，它在管理複雜性的時候所面臨的挑戰，也會隨之呈現指數性而非線性的增長。大組織裡的電腦運算環境有一個特點，就是會有新的人員、電腦、軟體、網路設備源源不斷湧入，也會有合作夥伴、顧客、子公司與主管機關之間源源不斷的連結。凡此種種都會創造出複雜性，而複雜性又會讓提供安全性的任務難度變高。[92]

　　複雜性若眞是安全問題底層的根本主因之一，那我們就應該多花點心思去了解它。只不過我們理解的目的不應該是要把複雜性統統掃除。《小王子》的作者安托萬・迪・聖—修伯里曾寫說「完美不是你沒辦法再往裡頭加東西，而是你沒辦法再拿掉任何東西」。這話是在警示我們不要把東西做得過於簡單，否則它會發揮不了它應有的功能。日常生活中各種重要的東西，包括人際關係、網際網路、金融市場，一樣樣都有其能創造出的價值，而且它們能創造出的價值，都有一部分源自其複雜性。[93] 所以說我們要怎麼做，才能一方面降低複雜性，藉此改善安全性，又能在另一方面不過度降低複雜性，不至於導致系統的價值不復存在呢？

電腦科學家弗列德・布魯克斯（Fred Brooks）曾經區分過兩種不同的複雜性：本質複雜性 vs. 意外複雜性。[94] 本質複雜性是無法逃脫、「真正的」複雜性——少了這種複雜性，系統就無法去解決它手邊等著要解決的問題。[95] 相對之下，意外複雜性是「人造的」複雜性，我們可以設法改進處理問題的方式，藉此來降低意外複雜性。[96] 綜合這兩點來看，我們該努力的目標就是盡可能降低意外複雜性。[97] 關於想在資安內部降低意外複雜性有什麼辦法，一個很好的例子是在使用程式語言時，選擇那些將安全弱點整批排除的語種。使用 C 語言的程式設計師必須小心不要引狼入室，把緩衝區溢位等安全弱點帶進程式碼中，但用 Rust 或微軟 C# 語言寫成的程式碼就不太可能含有緩衝區溢位的漏洞。[98]

回顧資訊安全領域的歷史，欲成功排除意外複雜性有過一個很強效的辦法，那就是靠移除決定。以〈強尼為什麼不會加密〉開始積極投入的易用性安全研究，是把重點放在協助使用者做出正確的安全決定。[99] 該篇論文傾向於推定我們有可能讓使用者獲致足夠的知識，讓他們可以做成好的和對的安全決定。[100] 但歲月已經告訴我們這是種很不安全的推定。[101] 讓人得以對自身的決策能力做出微幅改善，然後希望藉此來提升資安，本身就是一個很可能存在瑕疵的想法。這是因為只要時間拉得夠長，人都會被迫面臨許多安全上的抉擇，而你得極度不切實際，才會期待他們在遇到抉擇時每一次都選對。駭客就需要他們在抉擇時犯錯，而且只要錯一次就夠，這一點就是俗稱的「攻擊者的不對稱優勢」。讓問題更加嚴重的，是組織內有許多員工，而他們每個人一天到晚都需要做出正確的決定。[102] 組織員工並沒有格外強烈的動機要去進修安全性的知識，因爲在他們看來，資安是次要的工作，正職才是他們主要的責任。[103] 同時我們也很難期待在教導員工如何辨識安全威脅的同時，又不會增加他們誤把非威脅當成威脅的傾向。[104]

認爲使用者可以做出正確安全決定的想法，在某些案例中導致了惡劣到不能再惡劣的結果。有網頁瀏覽器嘗試利用安全警示去改善使用者的安全性，也就是用安全警示提醒使用者：他們正嘗試連結的網站，其安全認證有問題。惟這類認證錯誤幾乎百分百都是僞陽性，而這也就導致使用者不把警示當助手，而將之視爲擋路的石頭。[105] 同時這也把使用者訓練得反射性地按掉警示。[106] 怪的是若使用者連上了某個釣魚網站，他們反而不太會收到認證錯誤，因爲釣魚網站背後的駭客很可能會不遺餘力地取得正規的認證，或是索性不掛認證，因爲不掛反而不太會觸發任何警示。[107]

電腦安全的基本困境道出人是如何想要獲得安全，但又不怎麼具備能力去做出那些能讓他們評估或改善安全性的決定。[108] 想要透過訓練去解決這一基本困境的嘗試，大抵都以失敗收場。[109] 所以說與其嘗試幫助使用者做出更好的決定，比較好的做法是釜底抽薪，減少他們需要做決定的機會。搭電梯的人不會擔心按錯一個鍵，電梯就會像自由落體一樣把他們摔死。科技本來就應該只讓人接觸到他們操作科技需要用到的面向，而不應該強迫人做出那些會危及他們自身和他人的決定。微軟就是正確地採取這種哲學，才推出他們那套策略，即「基於設計的安全，基於預設的安全」。近年來微軟也持續開產業之先，讓作業系統產品的安全修補程式變成自動安裝。這代表不論是誰在使用這些跑微軟作業系統的電腦，都不會看到是否安裝安全修補程式的選項。

除了把各種決策和終端使用者拆散以外，我們還有許多機會可以收回科技從業者的決策權，包括資安專業人員。二〇〇四年的一篇論文調查了把公開金鑰基礎建設（PKI）布署出去的任務。資安專業人員會把什麼樣的工作當成職責的一部分去執行，這就是一個案例。該論文發現，即便研究受試者都受過資安方面的高等教育，也即便 PKI 被認為是一種成熟的技術，但布署 PKI 基礎建設的任務仍舊顯得窒礙難行。這是因為布署的過程牽涉到三十八個獨立的步驟，而且每個步驟對執行者來說都代表一個決定。[110] 另外一項研究發現，在布署超文本傳輸安全協定（HTTPS，用上了傳輸層安全性〔TLS〕的加密版HTTP）的時候，也會有類似的結果。[111]

很顯然我們不可能簡化或刪除每一個使用者的決定，而遇到這種情況，我們或許可以用其他技巧來盡可能降低使用者犯錯的機率。一個例子是所謂的「兩人規則」，意思是一件工作至少要讓兩個獨立的個人來合作進行，藉此降低單一個人誤判形勢而造成傷害的可能性。兩人規則實行的經典案例可見於「許可行動連結」（permissive action link）系統，常見於核彈發射井與核潛艇中。[112] 這類系統規定要兩個獨立的個人同步履行特定的行動，像是各自以其持有的密碼開啟不同的保險箱。[113] 在組織內，所有的安全決定都實施兩人規則，或許不切實際，但這確實很適合用在重要的安全決定上，像是政府裡可能有些資訊的敏感性非比尋常。[114]

接續複雜性，第二個冒出頭來的主題是集體努力的重要性。學術界、資安從業人員的社群，還有商業資安產業，三方都在資訊安全的改善上有關鍵角色要扮演。學術界負責爲嶄新的工作方式與科技提出構想，也負責評估現有概念，並爲進步提出強有力的智識框架。資安從業人員會在日常基礎上體驗資安實務的現實面，並且因此扮演著實務上有哪些安全需求與哪些做法有效或無效的資訊來源。產業界負責製造產品，並藉由這些產品把安全能力交付給花錢購買的個人與組織。由於每個群體都握有其他群體需要的知識，因此一個兼具效用與效率的資訊流通管道就非常有必要在這些群體中被建立起來。資訊分享廣泛被認爲是有用的，所以幾十年來，呼籲分享資訊的呼聲都沒有停過。[115]

時間一久，企業等各類組織都提升了他們互相分享資訊的能力，像是參與資訊分享論壇。在金融領域，金融服務資訊分享與分析中心（FS-ISAC）促進了金融機構之間的資訊分享。[116] 這些類型的論壇讓參與的組織可以分享特定種類的安全相關資訊，像是駭客所採取的戰術、技巧與程序。[117] 惟即便這類資訊的分享已經愈來愈蓬勃，關於安全性何以失靈的資訊尚未獲致廣泛的分享。金融以外的其他領域已經達成了這一點，其中商業飛航與核能發電等產業，時至今日，大體上都算是非常安全，因爲它們都分享且研究了數十年份和意外有關的資訊。[118] 安全性失靈的細部資訊分享在整體上會極具用處，就像關於「有驚無險」事件的資訊分享也會非常有用，其中有驚無險指的是某項安全措施失靈了，但安全性沒有被突破。[119] 這種資訊分享會促使某種資料集被創造出來，而這種資料集可以捕捉上述的細部資訊，這些資訊又可以供作分析之用。[120]

　　歷史告訴我們，在學術界與資安從業人員／產業之間，存在一個資訊分享特別弱的斷點。這個斷點造成了巨大的機會成本，因爲從業人員與產業界原本可以把學術界的研究工作導往最實際也最有用的方向。橘皮書就是一個不考慮商業市場上所發生的事情，安全研究計畫就會失敗的案例。[121] 反過來說，學術界產出的研究也可以協助確認，資安從業人員與資安產業正在發展的安全科技，有哪些基本問題。此外從業人員也可以參考研究的發現，調整他們對業界所生產之安全產品的使用方式。史蒂芬・艾克索森早在後續幾十億美元被花在入侵偵測產品上之前，就已經在入侵偵測系統中確認出了基本率謬誤與假警報等問題。[122] 要是艾克索森的發現早一點廣爲人知，資安從業人員就可以把他們對入侵偵測系統的使用範圍，局限到那些僞陽性率不至於引發運作問題的狀況上。是學術界發現若想更加了解資訊安全，經濟學與心理學有多麼重要，但資訊安全的經濟學與（資訊）安全的心理學還未曾有效地滲透進資安領域中由科技主導的主流意見。類似的狀況也存在於政府的政策制訂者之間，他們也曾在眾目睽睽下捨棄可供應用的學術研究，只靠坊間的報章雜誌取得他們決策所需要的資訊。[123]

　　學術界已經克服了許多資安界苦苦奮鬥過、也持續在苦苦奮鬥著的挑戰。弱點揭露的問題尚未解決到令人滿意的程度，但學術界已經學會如何安全地分享比零時差弱點實實在在更有爆炸性的研究，也就是開始於一九三〇年代的核裂變研究。這種脫節狀況的部分理由在於資安從業人員常會深陷於壕溝中忙著管理安全事件、研究弱點，以及安裝永遠安裝不完的修補程式。研讀學術論文是需要時間的。讀懂學術論文更需要一般資安人員不見得具備的數學或學術術語知識。一項可以提供顯著價值的有用服務，會是將資安主題學術研究出版品拿來，按照網路安全或軟體安全等類別區分，並且用素人能輕鬆讀懂的語言整理成重點概要。

為資安從業者所舉辦的大會鮮少安排來自學術界的講者，而學術會議一般也不會邀請現役的資安從業人員來說些什麼。[124] 這可以在某個程度上歸因於學術界想要把他們的研究成果發表在學術會議上，而學術會議的流程會被發表到學術期刊上，這樣他們的論文被其他學者引用的機率就會提高，畢竟身為學者，論文的發表數與被引用數都會決定他們能不能獲得更好的職位，能不能取得終身職。對從業人員而言，學術會議採用的同儕審查過程會讓人為之卻步，或是會讓非學術專業出身的人感覺仰之彌高。所以說學界與業界之間的「異花授粉」，原本就得面對一組內建負面誘因的妨礙。

要稍微舒緩這個問題，可以靠一定數量的學者跨界成為業者，或者業者變成學者。但學者變成從業人員的案例恐怕是不多，畢竟能產出資安博士的大學原本就不多。從業人員變成學者的數量應該也是鳳毛麟角，主要是一般的業界員工想轉進學界，都得被迫少賺很多錢，而這一點也必然會讓很多人打消他們的學者夢。擋在學者與資安從業人員／商業資安產業之間，讓兩邊不能進行有效資訊分享的隔閡，限制了資訊安全獲得提升的能力。除非這道隔閡可以縮小，否則我們面臨的危險將是有愈來愈多實用價值低落的學術研究，也會有愈來愈多的安全科技與產品存在根本性的瑕疵。

第三個重要的主題是攻守平衡。在今天，系統這種東西可以說是易攻而難守。想要突破某個電腦系統的安全性，往往一個零時差弱點也就夠了，只不過零時差弱點找起來難、買起來貴罷了。惟即便攻擊者不能成功打擊到他們鎖定的系統科技，其實也沒有關係，他們只要把目標改成使用該系統的人類，然後使出網路釣魚或社交工程等技巧就好。組織必須要二十四小時全年無休地進行滴水不露的防守，但它們依舊很難是民族國家手下駭客的對手，畢竟後者可取用的資源幾乎是無盡無窮。

真正能說相對於駭客，守方有著絕對優勢的區塊，數量只有一小撮。而那其中一個就是加密，也就是守方可以加密訊息，讓沒有加密金鑰的駭客無從解密的技術領域。但這種安全保證是源自於加密演算法底層的數學，所以那只是理論上安全。知道金鑰的人還是可以被人用橡膠管打到把金鑰說出來。存在於電腦系統裡另外一部分的弱點，仍可以讓加密與否變得無關緊要。

這種守勢上的弱點，產生了一種效果，那就是創造出一種因為了解狀況而萌生的無力感，而這種無力感又使得新的安全產品與服務傾向於放棄預防，改為把心思放在偵測與回應上。但想透過偵測與回應能力的提升去改善安全性，其實是一種漸進主義，而漸進主義永遠創造不出安全的系統。從網路泡沫的開端以來，資訊安全領域的〈賽倫女妖之歌〉*就是一直想要做出漸進式的進步，結果就是搞出安全修補

---

* 譯註：希臘神話中女妖用來吸引水手傾聽到失神而使船觸礁的曲子

程式、入侵偵測特徵、防毒軟體更新等一大堆急救絆。這些東西都是治標不治本，都沒辦法根除無法提供防護這項長年的缺陷。[125]

防守是資安領域在進入現代後的前幾十年間，努力的焦點。威利斯・韋爾、詹姆斯・P, 安德森、傑瑞、薩爾策與麥可・施洛德，還有大衛・貝爾與連・拉帕杜拉等人的研究，全都主要聚焦在守勢上，但在那之後，眾人心心念念想著的就變成了攻勢。會發生這種情形，主要是因為特技駭客行為受到的吹捧，還有駭客偕其或只是比喻或真正意義上的漏洞利用行為，獲得了被建構出來的偶像崇拜。但針對攻勢進行的研究能帶來多少助益，頗值得懷疑。一種已知弱點被發現了新例，並不能提供什麼新知讓防守者知道該如何調整做法。[126]Multics 的老虎隊安全評估在一九七四年就已經達成了這個結論，但這項發現就此基本無人聞問。[127] 在其他領域，光是一項觀察，像是發現特定的軟體內含有某種弱點，是不會被認為有趣到足以發表論文的。[128] 科學研究所受到的期待，應該是要能提出理論，或是要能從各種觀察中完成一些歸納，但如果我們去看弱點研究的狀況，就會發現鮮少有研究達到上述的科學研究標準。[129] 弱點研究還創造出了一種向下沉淪的逐底競爭，亦即新駭客技巧的誕生會需要新的防禦手段去對應，但新的防禦又會反過來激發新的駭客技巧。有人可能會將之描述成一種可以與時俱進在改善電腦安全性的良性循環，但其實假以時日，這也毫無疑問地完善了攻擊的手法，為想要知道從何攻擊系統的駭客指出了一條明路。[130] 眾多被創造來刺激並鼓勵發現新弱點的不當誘因，增加了整體的弱點供應，假設弱點的重新發現率不高的話。[131]

雖然很多人這麼說，但其實學會駭入電腦並不能讓人獲得能力去建立安全的系統。資安領域所信奉的觀念是資安從業人員應該要「像駭客一樣思考」，但這種觀念的假設前提是防守者應該要秉持和攻擊者類似的思路，而這種假設是否成立十分令人懷疑。[132] 一個只知道如何找出弱點的人，對資訊安全的認知只會非常狹隘。[133] 據說傑納・斯帕弗德曾描述這種處境就等同堅稱「稱職修車工的首要條件就是很擅長往油箱裡放糖」。*[134]

　　我們必須在攻守之間的資源配置上取得更對等的平衡，但所謂的平衡，並不是單純要人在各種防守手段上大撒幣。二〇一三年，資安領域的一群工作者發起了一個活動，其宗旨是要針對資安範疇的各個主題寫成各種教育性內容。而做為這個活動的一部分，他們很顯然不是反串地提議要把「瑞典莫札特」約瑟夫・馬丁・克勞斯（Joseph Martin Kraus）的歌劇搬上舞台，為的是替觀眾上一課「身分盜竊這種現代犯罪與其後果」。[135] 學術界的一些研究者也持續為一些明擺著不切實際的專案和科技，在嘔心瀝血。[136]

　　守勢重新獲得的器重，會讓我們重新有機會檢視資安領域在大眾心目中的基本初衷。這個由蘭德公司等早期研究者所擺在第一位的初衷，或云目標，是要確保機密性。他們想讓美國軍方有能力在多名使用者共用的分時電腦上儲存機密資訊。隨時間過去，額外的安全需求慢慢浮現出來。在他們堪稱經典的論文〈電腦系統中的資訊保護〉中，薩爾策與施洛德提出了他們對資訊安全目標的芻議，並藉此將機密性和完整性與可用性結合起來，中情局的資安鐵三角於焉誕生。[137] 以新進資安從業人員為目標讀者的資安專書，普遍把重點放在如何學習跟

---

* 譯註：車界有種說法是往油箱裡加糖可以搞壞引擎，所以有些心術不正的人會這樣惡作劇。

運用中情局的資安鐵三角，甚至這鐵三角也被資安從業人員的專業證書列入了提綱內。[138] 而這就使得中情局的資安鐵三角變成了某種公認的智慧，只要一被問到資安的目標是什麼，大家就會機械式地把這個答案背出來。但一段資訊即便能保持好機密性，維持住完整性，不失去可用性，也不代表它就不可能錯得離譜。[139] 中情局鐵三角並未提供一個良好的框架去處理資訊污染或錯誤資訊。[140] 這類有問題的資訊如果出自普遍被認為是可信的消息來源，那其帶來的威脅又會更加巨大。

我們很難用中情局鐵三角去描述那些固然對資安很重要，但無法輕易放進機密性、完整性或可用性框架中的活動。舉例來說，當組織有新員工加入時，他們會需要被授予各種電腦系統的存取權限，以便於執行工作任務。而隨著人員在組織內部調動職位，他們往往會累積起這些「權限」，因為他們即便到了新的位置上，舊有的權限也不會被剝奪。這代表他們可以一邊累積資歷，一邊累積權限，而疊加的權限就會創造出安全風險。甚至等這些員工都離開組織了，他們早已不需要的權限也會繼續被留著。這類權限問題是一大挑戰，而且你也很難說它們不屬於資安問題的範疇，但它們就是不太能用中情局鐵三角的邏輯去表達。

傑若米・薩爾策個人對中情局鐵三角的描述，是一種「安全相關問題的武斷定義」，也因此學界每隔一段時間就會重新把中情局鐵三角拿出來研究一番，然後提議要做出一些補強，比方說增加一些新的條件。[141] 惟廣大的資安領域針對這些理論上的基礎，尚未表現出同等的好奇心或進取心。

資安領域中一種常見的論述是「靠隱晦得不到安全」（no security through obscurity）。這話被普遍用來表達的觀點是：對於一個電腦系統的安全性，我們不該寄望於不能讓攻擊者知道的安全措施細節。換句話說，即便一個系統的安全性設計落入了攻擊者的手裡，系統安全性也不該就立刻遭到突破。但時間久了，「靠隱晦得不到安全」這話開始被專業資安人員拿來調侃成我們不該對攻擊者有任何祕密。[142] 惟這種看法忽視了這句話出現的歷史脈絡。荷蘭密碼學家暨語言學家奧古斯特‧柯克霍夫（Auguste Kerckhoffs）第一次做出這樣的發言，是在一八八三年，當時他在討論的主題是密碼學系統的設計。[143] 在這樣的系統中，加密演算法的設計應該要能公開出來，因為提供安全性的不光是演算法，而是演算法加上祕密金鑰——其概念可類比成密碼——的組合。脫離密碼學系統設計的脈絡，「靠隱晦得不到安全」的說法就不見得成立了。[144] 一個電腦系統自然應該要在設計時設想攻擊者已經知道系統的細節，但下點功夫讓這些細節保密也不是壞事。[145] 這點可以說是不證自明，畢竟不會有組織無聊到沒事把自身安全措施的細節發布到網站上，就為了給人看光。隱晦有其價值，至少那可以讓攻擊者花點力氣去確認他們尚未掌握的資訊。[146]

　　「縱深防禦」（defense in depth）的概念是認為創造多重障礙來讓駭客克服，會有利於系統安全。[147] 比方說一個組織如果在使用防火牆之餘，還設法去確保內網個別電腦的安全，那我們就可以說他們使用了「縱深防禦」的策略。推到極致，縱深防禦會創造出一種「多多益善」的心態，而這點其實並不利於資安。這是因為在一個環境裡不斷導入安全措施，會增加環境的複雜性。[148] 在某個點上，防禦措施過多將變得和防禦措施過少一樣危險，這反映的是額外的複雜性與前面提到過的風險平衡。[149] 三哩島的核能反應爐之所以會部分熔毀，多少就是因為安全性與保全性的措施造成的複雜性。[150]

　　資訊安全領域已然完成了中情局資安鐵三角、「靠隱晦得不到安全」與「縱深防禦」的體制化，因為這三樣東西都被編纂進了書本裡、訓練講義裡、專業認證裡，乃至於各種資料裡。這是一種極其惡劣的發展，因為新進者都很合理地會參考這些資源去習得資安領域被認定的知識體系。但如果新進者因此被訓練成跟前輩們抱持一樣的思路，那他們日後能跳出舊思考窠臼的可能性就會變低。中情局資安鐵三角、「靠隱晦得不到安全」與「縱深防禦」都不是什麼起源自第一因的科學或數學定律，更沒有聖經一般的無誤性。它們只不過是一些口號，沒有什麼改不得的。

＝＝＝＝＝＝

　　最後一個在資安歷史上低調扮演過要角的主題，是理性：包括理性一路以來受到過何種認知、何種理解，又曾獲得過何種展現。將理性的重要性反覆灌輸給蘭德公司的，首推柯蒂斯·李梅將軍。[151] 他屏除情緒而帶有分析性的風格，薰陶著蘭德公司，終於導致肯尼斯·艾羅研究起了理性。[152] 艾羅等蘭德公司之研究人員所抱持的觀念是，理性可以用數學手段進行評估──他們認為只要檢視與每種行動相關的機率，人的行為就可以獲得預測。[153] 但時間一久，他們發現有些被部分人視為理性的行為，在另外一些人的眼裡卻一點也不理性。某個個人或組織之所以做出某種決定，其理由往往要到事後才會見真章，主要是其周遭的事件也要經過一段時間才會為人所理解。做為一家企業，微軟拋棄安全性是理性的行為，但其後來擁護安全性也同樣是理性的行為。[154] 為了一條巧克力棒就透漏自己密碼或無視安全警示的使用者，看在資安專業人員的眼中是不理性的行為人。但柯馬克·埃利後來讓我們看到，那些對安全指南說不的使用者，其實是理性的，反倒是期待使用者漠視現實去遵循安全指南的資安界，才有違理性。[155]

　　理性作爲龐大研究工作的焦點所在，始終縈繞在經濟學家、心理學家、哲學家、人類學家等許多領域的專家心上。[156] 由此我們在了解理性的能力上也有了長足的進展，但即便如此，理性仍舊有許多人類難以參透之處。綜觀資訊安全史，許多資安工作者都再三高估了自己辨識和預測理性舉動的能力。而結果就是一連串連鎖的錯誤，而且這些錯誤造成的效應不會在當下讓人有所感受，而是先不斷膨脹宛若滾雪球，然後再在數年後或數十年後讓人有切膚之痛。

　　英國哲學家安東尼・肯尼（Anthony Kenny）曾形容，理性是位於過度輕信與過度懷疑之間的一種中庸之道。[157] 凡事都無條件相信的人會變得很好騙——他的思想裡會滿滿的都是虛假錯誤。但凡事都覺得可疑的人會讓自己錯過寶貴的資訊。只有以對歷史的了解爲前提，我們才能在輕信與多疑之間找到一個合理的平衡點，惟以長遠的角度去觀看資訊安全的歷史，我們會發現當代資安思想大多發生在一個不涉及歷史的深刻歷史真空中。對當今而言，歷史知識的付之闕如是一種巨大的損失，因爲歷史並非一種過了就過了的沉沒成本。打過南北戰爭的作家安布羅斯・比爾斯（Ambrose Bierce）形容歷史是「過去所犯之錯的紀錄，好讓我們知道自己重蹈覆轍了」。[158] 以過去爲師可以增進我們對當下的理解，也可以精進我們對未來的擘畫。

　　資訊安全的歷史蜿蜒在空間與時間中，創造出了一種隱形的地理。以一九七〇年代的聖塔莫尼卡爲起點，資安史旅行到了一九八八年的康乃爾大學，然後是網路泡沫年代的矽谷，以及二十一世紀初華盛頓州的雷蒙市，而這一切都是在鋪陳著某個位在遠方與我們遙望，但尚未進入我們視野的頂點。未來的到來是一個必然，而我們很習慣期待未來會帶給我們問題的答案。只不過為了創造出那個未來，我們首先得回首過往。過往是我們最好的老師，也是僅有的老師。[159]

結語

過去、現在與可能的未來

　　當下是過往的產物，所以想要跨越資訊安全在今日所面對的挑戰，好好了解過去就是我們繞不過去的一關。確實，那三道聖痕之所以會體現出來，就是因為我們太容易不把過去放在眼裡。

　　第一道聖痕，資料外洩，如今每年影響著幾十億人。[1]二○一九年才剛開始四天，萬豪酒店集團（Marriott）就宣布駭客已經得以存取他們高達三億八千三百萬名住客的紀錄。[2]同年二月份，十六個網站共計六億一千七百萬個遭竊的網站帳號被駭客拋售，開價兩萬美元。[3]三月，一個操俄語的駭客團體 Fxmsp 宣稱他們已經突破了三個商業防毒公司的內網。這些駭客丟出來兜售的東西包括這三家公司的內網電腦存取權，也包括三十 TB（兆位元組）大小的防毒軟體產品原始碼，兩者合計索價三十萬美元。[4]這個駭客團體 Fxmsp 此前就靠著駭入組織後出售其內網電腦存取權，賺進了超過百萬美元。[5]做為對這些報導的回應，三家當事人裡的其中一家防毒公司承認，有「未經授權的存取」侵入了公司的電腦。第二家公司則發表聲明，並未在聲明中否認內網遭突破一事。[6]二○一九年五月，臉書旗下的圖像與影片分享網站 IG，其四千九百萬名使用者的個資據報遭到了外洩。[7] 美國的一家銀行第一資本（Capital One）在同月發布一則聲明，稱他們遭受了資料外洩，美加共計逾一億人的機密資訊因此外流。[8]

在資料外洩事件中被駭客收購的紀錄數量，自此一路走高，並達到了荒誕的程度。二〇一九年九月，厄瓜多全國人口的資訊被洩漏到網上，包括每一名厄瓜多公民的全名、出生地、生日、住家地址、電郵地址、身分證號碼，外加其它個資。[9] 二〇二〇年一月，一份含有五千六百萬名美國居民個資的資料庫出現在公開的網路上，來源是中國杭州的一台電腦。[10]

是底層結構性問題的本質讓資料外洩如此難防。網際網路、全球資訊網、Unix 作業系統、TCP/IP 協定套組，都不曾在設計時納入安全考量。我們很難用 C 語言等程式語言，寫出不含有程式錯誤的電腦軟體，而有程式錯誤就會有安全弱點。谷歌砸下巨額資金去維護其產品的安全，但在二〇一九年三月，網頁瀏覽器 Google Chrome 還是中了招，沒能防到一個甚具知名度的零時差弱點攻擊。[11] Chrome 是用 C++ 程式語言寫成，而即便是有谷歌所坐擁的資源可以揮霍，使用 C++ 還是讓安全弱點有可乘之機。[12]

這些結構性的問題，衍生出有弱點的電腦，而想攻擊有弱點的電腦，除了用零時差弱點駭入，也可以單純把尚未修補好的已知弱點當成可利用的漏洞。駭客還可以把電腦的人類使用者當成目標，把人性的弱點與傾向當成漏洞去利用，如網路釣魚和社交工程走的就是這個路子。對資安領域而言，上述兩個面向 —— 電腦與人類使用者 —— 就如同雅努斯（Janus）這個羅馬神話裡的雙面神，是一體兩面的存在。

民族國家主使的電腦駭客行為 —— 第二道聖痕 —— 可以說是愈演

愈烈。民族國家使用電腦駭客行為的目的，是要竊取智慧產權、要從事諜報行為，以及要嘗試影響它國大選。

二〇一九年五月，兩名中國籍人士遭美國司法部起訴。他們涉及的案件是二〇一五年的安森健康保險公司遭駭案，當時有八千萬人的就醫個資外流。[13] 相隔一個月後，在一場被形容為「巨型諜報案」的事件中，一個據信根據地在中國的 APT（進階持續性威脅）團體被發現駭入了全球十個行動電話網路內。[14] 藉由執行這些攻擊，該團體得以取得通話紀錄，而有了通話紀錄，他們就可以精確地掌握通話者個人的所在位置。[15]

美國參議院針對俄羅斯嘗試干預二〇一六年美國總統大選之事進行了調查，而根據該調查報告，俄羅斯駭客使用了 SQL 注入攻擊去鎖定美國全五十州的選舉電腦系統。[16] 由此俄羅斯駭客得以存取至少佛羅里達州兩個郡的選民檔案。[17]

民族國家就此被鎖定在一場「自我持存」、停不下來的武裝競賽中。國安局創造了零時差弱點用的漏洞利用程式，好讓他們可以駭入其它國家的電腦。[18] 但這些漏洞利用程式在二〇一六年被「影子掮客」發現，結果導致網路蠕蟲 WannaCry 的誕生。[19] 後續的報導顯示國安局的某些漏洞利用程式，也曾經在它們被公諸於世前被中國駭客用過。[20] 看來應該是國安局曾先用這些漏洞利用程式對付過中國，所以中國駭客才有辦法用逆向工程將之做出來，然後收為己用。[21]

這些類型的互動就像這樣，會產生看不到邊的無數後遺症。光是眼看著俄羅斯、中國與美國發展出此等強大的駭客能力，就讓其它國家有動機要效法之，像伊朗與北韓都躍躍欲試。[22]

第三道聖痕——認識論在資訊安全領域內的閉合——是一種自廢

武功、使人衰弱的傷口。特技駭客行為、宣傳用揭露，還有 FUD，都被用來幫天方夜譚般的離譜駭客場景打廣告，好吸引民間報章雜誌的目光。而這就能為駭客、資安研究人員與商業安全公司，創造出一種方便他們把專業變現的環境。

二〇一九年五月，一家商業資安公司的執行長宣稱包括銀行資料在內的各種個資，都可以被駭客用連網的咖啡機偷走。[23] 二〇一九年十二月，另一家商業資安公司宣傳起他們對於兒童用智慧手表的研究，並宣稱駭客可以駭入這些智慧裝置並竊聽兒童與人的對話。[24] 其它類似危言聳聽的目標還有電梯裡的緊急電話、智慧燈泡、工地的吊臂起重機，還有甚至是遙控窗簾。[25]

惟歷史告訴我們的是，這些安全性失靈都令人痛心地是可預測的。某種未納入安全性考量的新科技裡會存在某個安全弱點，不應該是什麼令人吃驚的發現。而即便如此，坊間的報章雜誌仍不吝讓自身淪為宣傳用揭露的生態系一員。二〇一九年三月，一個資訊科技新聞網站發布了一則報導，內容講到由密西根大學辦理的學術研究。[26] 在該研究中，經過程式設計，機械式硬碟會去聽取鄰近的聲波，藉此化身為隱形的竊聽器。但只有到了文章的底部，距離一開始吸引人注意的引言已經很遠的地方，撰稿者才提到該機器欲順利聽取和記錄言論，以分貝數而言，說話者的音量必須要大到跟果汁機或割草機一樣吵才行。[27]

身為教師的作者克雷・薛基（Clay Shirky）曾認為「體制成員會嘗試把他們就是那個解決方案的問題給保存下來」。[28] 很顯然商業資安公司、資安研究人員與報章雜誌，拿資安風險聯手創造了一個迷思來圖利自己。

面臨這些挑戰，我們不得不問自己應該做些什麼。資訊安全的頑劣本質會模糊掉整批表徵的底層成因。人類會以自然反應去試圖緩解這些症狀，但最終這些底層成因還是必須處理。從大局去看，多創造出一種安全科技、入侵特徵，或是修補程式，對治本的目標都不會有多少助益。

我們必須要額外付出努力去深入了解複雜性，是如何在影響資訊安全，而這種複雜性又如何可以獲得管理。有些現代程式語言未曾成為特定安全弱點的受害者，由此這些語言等同示範了人造的意外複雜性可以如何獲得降低。[29] 另外一個例子是，從終端使用者和科技從業人員的手中移除非必要的決定。[30]

資訊安全需要集眾人之力。我們需要進一步分享安全失靈與有驚無險的案例資訊。航空與核電等複雜的產業已然把資訊分享，帶到了資訊安全領域必須覺得「有為者亦若是」的高度。學術界與資安從業人員／資訊安全產業之間的資訊分享，存在著特殊的疲弱，這點缺憾必須補起來，我們才能避免看到更多有缺陷的安全產品，或是更多不切實際的學術研究。

針對偵測與反應推動切豆腐一般的漸進式進步，永遠創造不出一個安全的系統。我們必須在保護、偵測與回應之間調校出一個平衡，且就像在一九七〇年代那樣，資訊安全領域必須重新嘗試披上保護的斗篷。而做為這項努力的一環，我們必須重新思考中情局資安鐵三角與「縱深防禦」等老生常談的口號，仔細判斷它們過時了沒有。

最後，很多人有種想當然爾的看法，認為使用電腦的個人與組織會採取「理性」的行為去確保自身的安全。但從蘭德公司等一九六〇年代的早期研究者開始，持續到此刻為止的幾十年間，我們都可以看到理性就是一個謎團。歷史提供的視角往往會讓我們發現，過往被認爲不理性的事情，現在卻被認爲是理性的。這種難以確定當下什麼叫做理性的問題，必須在我們設計安全措施的過程中納入考量。

在拿破崙戰爭後，普魯士將領卡爾・馮・克勞塞維茲（Carl von Clausewitz）寫了一本兵書叫《戰爭論》（*On War*）[31]。《戰爭論》描述了他對於戰略理論的看法，目的是爲了讓人看了能「深入領略到整群現象的眞諦，乃至於個別現象之間的關係，然後不受羈絆地拋下這些現象，提升到更高層次的行動領域」。[32]而資訊領域正應該要走過這樣一個程序。實質必須取代表象。本質必須蓋過無常。

致謝

　　首重於一切的是，我要感謝康乃爾大學出版社的邁克・J・麥可甘迪（Michael J. McGandy）。邁克是本書寫作計畫的基石。此外我還想要感謝的有理查・H・英默曼（Richard H. Immerman）、傑夫・柯塞夫（Jeff Kosseff）與班恩・羅斯科（Ben Rothke），謝謝他們擔綱我的讀者。這本書沒有邁克、理查、傑夫與班恩，就不可能誕生。

　　由電機電子工程師學會（Institute of Electrical and Electronics Engineers，IEEE）、計算機學會（Association for Computing Machinery，ACM）與高等計算系統協會（Advanced Computing Systems Association，USENIX）所出版和收藏的資料，是我初稿能夠誕生不可或缺的要素，一如由高登・里昂（Gordon Lyon）所維護的安全性郵件論壇資料庫（Security Mailing List Archive）與安全性文摘資料庫（Security Digest Archives）也是如此。由查爾斯・巴貝奇研究所（Charles Babbage Institute）做為其「為電腦安全史建立基礎建設」（Building an Infrastructure for Computer Security History）計畫一部分所生成的口述歷史，也是一項至為關鍵的資源，其中又以傑佛瑞・約斯特（Jeffery Yost）執行了若干振聾發聵的訪談。

　　克絲蒂・萊奇—帕瑪（Kirsty Leckie-Palmer）針對本書初稿提供了專家的回饋。校閱是喬伊絲・李（Joyce Li）。我也想感謝我在摩根士丹利公司（Morgan Stanley）的同事，尤其是傑瑞‧布萊迪（Jerry Brady）、葛蘭特‧瓊納斯（Grant Jonas）、馬克‧韓迪（Mark Handy）、葛雷格‧蓋斯金（Greg Gaskin）、奇普‧萊德福（Chip Ledford）。請注意我在此感謝以上諸位，不等於以上諸位為這本書的內容背書。

　　最後也很重要的，我要把一聲非常特別的謝謝，獻給我的妻子荷莉（Holly），與兒子崔斯頓（Tristan）。

附註

引言

1.　Jason Pontin, "Secrets and Transparency: What Is WikiLeaks, and What Is Its Future?" *MIT Technology Review*, January 26, 2011, https://www.technologyreview.com/s/422521/secrets-and-transparency/.

2.　Stuart Rintoul and Sean Parnell, "Julian Assange, Wild Child of Free Speech," *Australian*, December 10, 2010, https://www.theaustralian.com.au/in-depth/wikileaks/julian-assange-wild-child-of-free-speech/news-story/af356d93b25b28527eb106c255c942db; Suelette Dreyfus, *Underground: Tales of Hacking, Madness and Obsession on the Electronic Frontier* (Sydney: Random House Australia, 1997), http://undergroundbook.net/.

3.　Rintoul and Parnell, "Julian Assange, Wild Child."

4.　Fyodor [pseud.], "Info Security News Mailing List," SecLists.Org Security Mailing List Archive, last accessed July 24, 2019, https://seclists.org/isn/.

5.　Fyodor [pseud.], "Info Security News Mailing List."

6.　Julian Assange, "Re: The Paper That Launched Computer Security," SecLists.Org Security Mailing List Archive, last updated June 14, 2000, https://seclists.org/isn/2000/Jun/82.

7.　Julian Assange, "Re: The Paper That Launched Computer Security."

8.　Jennifer Lai, "Information Wants to Be Free, and Expensive," *Fortune*, July 20, 2009, https://fortune.com/2009/07/20/information-wants-to-be-free-and-expensive/.

9.　Stuart Corner, "Billions Spent on Cyber Security and Much of It 'Wasted,'" *Sydney Morning Herald*, April 2, 2014, https://www.smh.com.au/technology/billions-spent-on-cyber-security-and-much-of-it-wasted-20140402-zqprb.html.

10.　Ross Kerber, "Banks Claim Credit Card Breach Affected 94 Million Accounts," *New York Times*, October 24, 2007, https://www.nytimes.com/2007/10/24/technology/24iht-hack.1.8029174.html.

11.　Robert McMillan and Ryan Knutson, "Yahoo Triples Estimate of Breached Accounts to 3 Billion," *Wall Street Journal*, October 3, 2017, https://www.wsj.com/articles/

yahoo-triples-estimate-of-breached-accounts-to-3-billion-1507062804; Nicole Perlroth, "All 3 Billion Yahoo Accounts Were Affected by 2013 Attack," *New York Times*, October 3, 2017, https://www.nytimes.com/2017/10/03/technology/yahoo-hack-3-billion-users.html.

12.　Kim Zetter, "How Digital Detectives Deciphered Stuxnet, the Most Menacing Malware in History," *Ars Technica*, July 11, 2011, https://arstechnica.com/tech-policy/2011/07/how-digital-detectives-deciphered-stuxnet-the-most-menacing-malware-in-history/; Thomas Rid, *Cyber War Will Not Take Place* (Oxford: Oxford University Press, 2017), 44.

13.　David Drummond, "A New Approach to China," *Google* (blog), January 12, 2010, https://googleblog.blogspot.com/2010/01/new-approach-to-china.html.

14.　"NSA-Dokumente: So knackt der Geheimdienst Internetkonten," *Der Spiegel*, last updated December 30, 2013, https://www.spiegel.de/fotostrecke/nsa-dokumente-so-knackt-der-geheimdienst-internetkonten-fotostrecke-105326-12.html.

15.　James P. Anderson, *Computer Security Technology Planning Study* (Bedford, MA: Electronic Systems Division, Air Force Systems Command, United States Air Force, 1972), 64; Simson Garfinkel and Heather Richter Lipford, *Usable Security: History, Themes, and Challenges* (San Rafael, CA: Morgan & Claypool, 2014), 56; rain.forest. puppy [pseud.], "NT Web Technology Vulnerabilities," *Phrack* 8, no. 54 (1998), http://phrack.org/issues/54/8.html.

第一章：資訊安全的「新維度」

1.　H. H. Goldstine and A. Goldstine, "The Electronic Numerical Integrator and Computer (ENIAC)," *IEEE Annals of the History of Computing* 18, no. 1 (1996): 10–16, https://doi.org/10.1109/85.476557.

2.　Paul E. Ceruzzi, *A History of Modern Computing* (Cambridge, MA: MIT Press, 2003), 25.

3.　Scott McCartney, *ENIAC: The Triumphs and Tragedies of the World's First Computer* (New York: Walker, 1999), 5; H. Polachek, "Before the ENIAC," *IEEE Annals of the History of Computing* 19, no. 2 (1997): 25–30, https://doi.org/10.1109/85.586069.

4.　Ceruzzi, *History of Modern Computing*, 15.

5.　Michael Swaine and Paul Freiberger, *Fire in the Valley: The Birth and Death of the Personal Computer* (Dallas: Pragmatic Bookshelf, 2014), 10; Alexander Randall, "Q&A: A Lost Interview with ENIAC Co-Inventor J. Presper Eckert," *Computerworld*, February 14, 2006, https://www.computerworld.com/article/2561813/q-a—a-lost-interview-with-eniac-co-inventor-j—presper-eckert.html.

6. Randall, "A Lost Interview."

7. W. B. Fritz, "The Women of ENIAC," *IEEE Annals of the History of Computing* 18, no. 3 (1996): 13–28, https://doi.org/10.1109/85.511940.

8. Meeri Kim, "70 Years Ago, Six Philly Women Became the World's First Digital Computer Programmers," *PhillyVoice*, February 11, 2016, https://www.phillyvoice.com/70-years-ago-six-philly-women-eniac-digital-computer-programmers/.

9. Simson L. Garfinkel and Rachel H. Grunspan, *The Computer Book: From the Abacus to Artificial Intelligence, 250 Milestones in the History of Computer Science* (New York: Sterling, 2018), 88.

10. L. R. Johnson, "Installation of a Large Electronic Computer" (presentation, ACM National Meeting, Toronto, 1952), https://doi.org/10.1145/800259.808998; Ceruzzi, *History of Modern Computing*, 27.

11. Ceruzzi, *History of Modern Computing*, 15.

12. Ceruzzi, *History of Modern Computing*, 27–28.

13. Johnson, "Large Electronic Computer"; Ceruzzi, *History of Modern Computing*, 27–28.

14. Peter Horner, "Air Force Salutes Project SCOOP," *Operations Research Management Science Today*, December 2007, https://www.informs.org/ORMS-Today/Archived-Issues/2007/orms-12-07/Air-Force-Salutes-Project-SCOOP.

15. Ceruzzi, *History of Modern Computing*, 35.

16. Ceruzzi, *History of Modern Computing*, 35.

17. Ceruzzi, *History of Modern Computing*, 154–155.

18. Willis H. Ware, *Security Controls for Computer Systems: Report of Defense Science Board Task Force on Computer Security* (Santa Monica, CA: RAND, 1970), https://www.rand.org/pubs/reports/R609-1/index2.html.

19. Ware, *Security Controls for Computer Systems*, xv.

20. Alex Abella, *Soldiers of Reason: The RAND Corporation and the Rise of the American Empire* (Boston: Mariner Books, 2009), 13, 203.

21. Abella, *Soldiers of Reason*, 13.

22. Willis H. Ware, *RAND and the Information Evolution: A History in Essays and Vignettes* (Santa Monica, CA: RAND, 2008), 6; Abella, *Soldiers of Reason*, 13.

23. Abella, *Soldiers of Reason*, 33.

24. Ware, *RAND and the Information Evolution*, 7.

25. Ware, *RAND and the Information Evolution*, 7.

26. Ware, *RAND and the Information Evolution*, 69.

27. Oliver Wainwright, "All Hail the Mothership: Norman Foster's $5bn Apple

HQ Revealed," *Guardian*, November 15, 2013, https://www.theguardian.com/artanddesign/2013/nov/15/norman-foster-apple-hq-mothership-spaceship-architecture.

28. Ware, *RAND and the Information Evolution*, 34.

29. Ware, *RAND and the Information Evolution*, 7; Abella, *Soldiers of Reason*, 13–14.

30. Abella, *Soldiers of Reason*, 13.

31. Abella, *Soldiers of Reason*, 47.

32. Janet Abbate, *Inventing the Internet* (Cambridge, MA: MIT Press, 1999), 10; Abella, *Soldiers of Reason*, 13.

33. Abella, *Soldiers of Reason*, 18.

34. Thomas Schelling, *Arms and Influence* (New Haven, CT: Yale University Press, 1966); Fred Kaplan, "All Pain, No Gain: Nobel Laureate Thomas Schelling's Little-Known Role in the Vietnam War," *Slate*, October 11, 2005, https://slate.com/news-and-politics/2005/10/nobel-winner-tom-schelling-s-roll-in-the-vietnam-war.html.

35. Abella, *Soldiers of Reason*, 21.

36. Abella, *Soldiers of Reason*, 54.

37. Abella, *Soldiers of Reason*, 54–57.

38. Virginia Campbell, "How RAND Invented the Postwar World," *Invention & Technology*, Summer 2004, 53, https://www.rand.org/content/dam/rand/www/external/about/history/Rand.IT.Summer04.pdf; Abella, *Soldiers of Reason*, 57.

39. Abella, *Soldiers of Reason*, 57–63.

40. Ware, *RAND and the Information Evolution*, 53.

41. Ware, *RAND and the Information Evolution*, 53.

42. Ware, *RAND and the Information Evolution*, 56.

43. Abella, *Soldiers of Reason*, 147.

44. RAND Blog, "Willis Ware, Computer Pioneer, Helped Build Early Machines and Warned About Security Privacy," *RAND Blog*, November 27, 2013, https://www.rand.org/blog/2013/11/willis-ware-computer-pioneer-helped-build-early-machines.html.

45. McCartney, *ENIAC*, 94.

46. Abella, *Soldiers of Reason*, 147.

47. Abella, *Soldiers of Reason*, 49.

48. Kenneth J. Arrow, "Rational Choice Functions and Orderings," *Economica* 26, no. 102 (1959): 121–127. https://www.jstor.org/stable/i343698; Abella, *Soldiers of Reason*, 49.

49. Abella, *Soldiers of Reason*, 49–50.

50. Abella, *Soldiers of Reason*, 50.

51. Abella, *Soldiers of Reason*, 6.

52. Ware, *RAND and the Information Evolution*, 152.

第二章：早期研究者的許諾、成功與失敗

1. Willis H. Ware, interview by Nancy Stern, *Charles Babbage Institute*, January 19, 1981, 5, http://hdl.handle.net/11299/107699.

2. Willis H. Ware, interview by Jeffrey R. Yost, *Charles Babbage Institute*, August 11, 2003, 3, http://hdl.handle.net/11299/107703.

3. Ware, interview by Yost, 3.

4. Ware, interview by Yost, 3.

5. Ware, interview by Yost, 3.

6. Willis H. Ware, "Willis H. Ware," *IEEE Annals of the History of Computing* 33, no. 3 (2011): 67–73, https://doi.org/10.1109/MAHC.2011.60; Ware, interview by Yost, 4.

7. Ware, interview by Yost, 5.

8. Willis H. Ware, *RAND and the Information Evolution: A History in Essays and Vignettes* (Santa Monica, CA: RAND, 2008), 36; Ware, interview by Stern, 40; Ware, interview by Yost, 5.

9. Ware, "Willis H. Ware."

10. RAND, "Time Travelers," *RAND Review* 32, no. 2 (2008): 4; Willis H. Ware, "Future Computer Technology and Its Impact" (presentation, Board of Trustees, Air Force Advisory Group, November 1965), https://www.rand.org/pubs/papers/P3279.html.

11. Ware, interview by Yost, 9.

12. Ware, interview by Yost, 12.

13. Ware, interview by Yost, 13.

14. Ware, interview by Yost, 14.

15. Ware, interview by Yost, 14.

16. Defense Science Board Task Force on Computer Security, *Security Controls for Computer Systems: Report of Defense Science Board Task Force on Computer Security— RAND Report R-60901* (Santa Monica, CA: RAND, February 11, 1970), https://www.rand.org/pubs/reports/R609-1/index2.html.

17. Defense Science Board, *Security Controls for Computer Systems*, xi–xii.

18. Defense Science Board, *Security Controls for Computer Systems*, v.

19. Steven J. Murdoch, Mike Bond, and Ross Anderson, "How Certification Systems Fail: Lessons from the Ware Report," *IEEE Security & Privacy* 10, no. 6 (2012): 40–44, https://doi.org/10.1109/MSP.2012.89.

20. Defense Science Board, *Security Controls for Computer Systems*.

21. Defense Science Board, *Security Controls for Computer Systems*, 2.

22. Defense Science Board, *Security Controls for Computer Systems*, 8.

23. Defense Science Board, *Security Controls for Computer Systems*, 8.

24. Defense Science Board, *Security Controls for Computer Systems*, vii.

25. Defense Science Board, *Security Controls for Computer Systems*, 19.

26. Alex Abella, *Soldiers of Reason: The RAND Corporation and the Rise of the American Empire* (Boston: Mariner Books, 2009), 82.

27. Abella, *Soldiers of Reason*, 82.

28. Kevin R. Kosar, *Security Classification Policy and Procedure: E.O. 12958, as Amended* (Washington, DC: Congressional Research Service, 2009), 5.

29. Elizabeth Goitein and David M. Shapiro, *Reducing Overclassification through Accountability* (New York: Brennan Center for Justice, 2011), 1.

30. Goitein and Shapiro, *Overclassification through Accountability*, 7.

31. Information Security Oversight Office, *2017 Report to the President* (Washington, DC: Information Security Oversight Office, 2018), 2.

32. Mike Giglio, "The U.S. Government Keeps Too Many Secrets," *Atlantic*, October 2019, https://www.theatlantic.com/politics/archive/2019/10/us-government-has-secrecy-problem/599380/.

33. Goitein and Shapiro, *Overclassification through Accountability*, 3.

34. Thomas Blanton, *Statement of Thomas Blanton to the Committee on the Judiciary, U.S. House of Representatives, Hearing on the Espionage Act and the Legal and Constitutional Implications of WikiLeaks* (Washington, DC: US House of Representatives, 2010), 3.

35. Ross Anderson, *Security Engineering: A Guide to Building Dependable Distributed Systems*, 2nd ed. (New York: Wiley, 2008), 277–278, https://www.cl.cam.ac.uk/~rja14/Papers/SEv2-c09.pdf.

36. Anderson, *Security Engineering*, 278.

37. Scott McCartney, *ENIAC: The Triumphs and Tragedies of the World's First Computer* (New York: Walker, 1999), 159–160.

38. McCartney, *ENIAC*, 159–160.

39. McCartney, *ENIAC*, 159–160.

40. Defense Science Board, *Security Controls for Computer Systems*, vi.

41. James P. Anderson, *Computer Security Technology Planning Study* (Bedford, MA: Electronic Systems Division, Air Force Systems Command, United States Air Force, 1972).

42. Roger R. Schell, interview by Jeffrey R. Yost, *Charles Babbage Institute*, May 1, 2012, 56, http://hdl.handle.net/11299/133439.

43. Schell, interview by Yost, 56.

44. "Passing of a Pioneer," Center for Education and Research in Information Assurance (CERIAS), Purdue University, last updated January 2, 2008, https://www.cerias. purdue.edu/site/blog/post/passing-of-a-pioneer.

45. "Passing of a Pioneer."

46. Steven B. Lipner, "The Birth and Death of the Orange Book," *IEEE Annals of the History of Computing* 37, no. 2 (2015): 19–31, https://doi.org/10.1109/MAHC.2015.27.

47. Schell, interview by Yost, 73.

48. Schell, interview by Yost, 73.

49. Anderson, *Planning Study*, 3.

50. Anderson, *Planning Study*, 14, 34, 89, 92.

51. Anderson, *Planning Study*, 1, 15.

52. Donald MacKenzie and Garrell Pottinger, "Mathematics, Technology, and Trust: Formal Verification, Computer Security, and the U.S. Military," *IEEE Annals of the History of Computing* 19, no. 3 (1997): 41–59, https://doi.org/10.1109/85.601735.

53. Anderson, *Planning Study*, 25.

54. Anderson, *Planning Study*, 55.

55. Anderson, *Planning Study*, 17.

56. Dieter Gollmann, *Computer Security* (New York: Wiley, 2011), 88.

57. Gollmann, *Computer Security*, 88; Anderson, *Planning Study*, 17.

58. Jerome H. Saltzer, "Protection and the Control of Information Sharing in Multics," *Communications of the ACM* 17, no. 7 (1974): 388–402, https://doi.org/10.1145/361011.361067.

59. "How the Air Force Cracked Multics Security," Multicians, Tom Van Vleck, last updated October 14, 2002, https://www.multicians.org/security.html.

60. Saltzer, "Protection and the Control."

61. Richard E. Smith, "A Contemporary Look at Saltzer and Schroeder's 1975 Design Principles," *IEEE Security & Privacy* 10, no. 6 (2012): 20–25, http://doi.org/10.1109/MSP.2012.85.

62. Jerome H. Saltzer and M. D. Schroeder, "The Protection of Information in Computer Systems," *Proceedings of the IEEE* 63, no. 9 (1975): 1278–1308, http://doi.org/10.1109/PROC.1975.9939; Smith, "A Contemporary Look."

63. Saltzer and Schroeder, "Protection of Information."

64. Adam Shostack, "The Security Principles of Saltzer and Schroeder," *Emergent Chaos* (blog), last accessed April 30, 2019, http://emergentchaos.com/the-security-principles-of-saltzer-and-schroeder.

65. Paul Karger and Roger R. Schell, *Multics Security Evaluation: Vulnerability Analysis*

(Bedford, MA: Electronic Systems Division, Air Force Systems Command, United States Air Force, 1974).

66. David E. Bell, "Looking Back at the Bell-LaPadula Model" (presentation, 21st Annual Computer Security Applications Conference, Tucson, December 5–9, 2005), https://doi.org/10.1109/CSAC.2005.37.

67. MacKenzie and Pottinger, "Mathematics, Technology, and Trust," 45.

68. MacKenzie and Pottinger, "Mathematics, Technology, and Trust," 45; George F. Jelen, *Information Security: An Elusive Goal* (Cambridge, MA: Harvard University, 1995), II-70.

69. Bell, "Looking Back."

70. Paul Karger and Roger R. Schell, "Thirty Years Later: Lessons from the Multics Security Evaluation" (presentation, 18th Annual Computer Security Applications Conference, Las Vegas, December 9–13, 2002), https://doi.org/10.1109/CSAC.2002.1176285; Karger and Schell, *Multics Security Evaluation*.

71. Karger and Schell, *Multics Security Evaluation*.

72. Karger and Schell, *Multics Security Evaluation*.

73. Roger R. Schell, "Information Security: Science, Pseudoscience, and Flying Pigs" (presentation, 17th Annual Computer Security Applications Conference, New Orleans, December 10–14, 2001), https://doi.org/10.1109/ACSAC.2001.991537; Bell, "Looking Back"; Karger and Schell, *Multics Security Evaluation*.

74. Karger and Schell, *Multics Security Evaluation*.

75. Karger and Schell, *Multics Security Evaluation*.

76. MacKenzie and Pottinger, "Mathematics, Technology, and Trust," 46.

77. David Elliot Bell, interview by Jeffrey R. Yost, *Charles Babbage Institute*, September 24, 2012, 8–9, http://hdl.handle.net/11299/144024.

78. Bell, interview by Yost, 11.

79. Bell, interview by Yost, 11.

80. Abella, *Soldiers of Reason*, 34.

81. Bell, interview by Yost, 13.

82. Bell, interview by Yost, 37.

83. Bell, interview by Yost, 14.

84. Bell, interview by Yost, 15.

85. Bell, interview by Yost, 16.

86. Bell, interview by Yost, 19.

87. Bell, interview by Yost, 20.

88. David Elliot Bell and Leonard J. LaPadula, *Secure Computer Systems: Mathematical*

Foundations (Bedford, MA: Electronic Systems Division, Air Force Systems Command, United States Air Force, November 1973); David Elliot Bell and Leonard J. LaPadula, *Secure Computer System: Unified Exposition and Multics Interpretation* (Bedford, MA: Electronic Systems Division, Air Force Systems Command, United States Air Force, March 1976).

89. Bell and LaPadula, *Mathematical Foundations*, iv.

90. Bell and LaPadula, *Mathematical Foundations*, 22.

91. Bell, interview by Yost, 20.

92. Bell, interview by Yost, 20–21.

93. MacKenzie and Pottinger, "Mathematics, Technology, and Trust," 47.

94. Schell, interview by Yost, 128.

95. John D. McLean, interview by Jeffrey R. Yost, *Charles Babbage Institute*, April 22, 2014, 16–17, http://hdl.handle.net/11299/164989.

96. John McLean, "A Comment on the 'Basic Security Theorem' of Bell and LaPadula," *Information Processing Letters* 20, no. 2 (1985): 67–70, https://doi.org/10.1016/0020-0190(85)90065-1; McLean, interview by Yost, 18.

97. McLean, "A Comment."

98. John McLean, "The Specification and Modeling of Computer Security," *Computer* 23, no. 1 (1990): 9–16, https://doi.org/10.1109/2.48795.

99. McLean, "Specification and Modeling."

100. McLean, interview by Yost, 19–20.

101. McLean, interview by Yost, 20.

102. MacKenzie and Pottinger, "Mathematics, Technology, and Trust," 47.

103. MacKenzie and Pottinger, "Mathematics, Technology, and Trust," 47–48.

104. MacKenzie and Pottinger, "Mathematics, Technology, and Trust," 48.

105. MacKenzie and Pottinger, "Mathematics, Technology, and Trust," 48.

106. MacKenzie and Pottinger, "Mathematics, Technology, and Trust," 48.

107. MacKenzie and Pottinger, "Mathematics, Technology, and Trust," 48.

108. Butler W. Lampson, "A Note on the Confinement Problem," *Communications of the ACM* 16, no. 10 (1973): 613–615, https://doi.org/10.1145/362375.362389.

109. Lampson, "Confinement Problem."

110. Lampson, "Confinement Problem."

111. Jonathan Millen, "20 Years of Covert Channel Modeling and Analysis" (presentation, IEEE Symposium on Security and Privacy, Oakland, CA, May 14, 1999), https://doi.org/10.1109/SECPRI.1999.766906.

112. Alex Crowell, Beng Heng Ng, Earlence Fernandes, and Atul Prakash, "The

Confinement Problem: 40 Years Later," *Journal of Information Processing Systems* 9, no. 2 (2013): 189–204, https://doi.org/10.3745/JIPS.2013.9.2.189.

113. MacKenzie and Pottinger, "Mathematics, Technology, and Trust," 51–52; Lipner, "Orange Book."

114. Lipner, "Orange Book."

115. Lipner, "Orange Book."

116. Department of Defense, *Department of Defense Trusted Computer System Evaluation Criteria* (Fort Meade, MD: Department of Defense, December 26, 1985).

117. Marvin Schaefer, "If A1 Is the Answer, What Was the Question? An Edgy Naif's Retrospective on Promulgating the Trusted Computer Systems Evaluation Criteria" (presentation, 20th Annual Computer Security Applications Conference, Tucson, December 6–10, 2004), https://doi.org/10.1109/CSAC.2004.22.

118. Lipner, "Orange Book"; Schaefer, "If A1 Is the Answer."

119. "How the Air Force Cracked Multics Security."

120. Department of Defense, *Evaluation Criteria*.

121. Department of Defense, *Evaluation Criteria*.

122. Department of Defense, *Evaluation Criteria*.

123. Lipner, "Orange Book."

124. MacKenzie and Pottinger, "Mathematics, Technology, and Trust," 52–53.

125. Gollmann, *Computer Security*, 4.

126. MacKenzie and Pottinger, "Mathematics, Technology, and Trust," 54.

127. Russ Cooper, "Re: 'Windows NT Security,'" *RISKS Digest* 20, no. 1 (1998), https://catless.ncl.ac.uk/Risks/20/01; MacKenzie and Pottinger, "Mathematics, Technology, and Trust," 56.

128. Schell, interview by Yost, 130.

129. Jelen, *An Elusive Goal*, III-37.

130. MacKenzie and Pottinger, "Mathematics, Technology, and Trust," 54.

131. Lipner, "Orange Book."

132. Schaefer, "If A1 Is the Answer."

第三章：網際網路暨全球資訊網的創建，與一個黑暗的先兆

1. Yanek Mieczkowski, *Eisenhower's Sputnik Moment: The Race for Space and World Prestige* (Ithaca, NY: Cornell University Press, 2013), 13; NASA, "Sputnik and the Origins of the Space Age," NASA History, last accessed March 11, 2020, https://history.nasa.gov/sputnik/sputorig.html.

2. Katie Hafner and Matthew Lyon, *Where Wizards Stay Up Late: The Origins of the*

Internet (New York: Simon & Schuster, 1996), 20.

3. Richard J. Barber, *The Advanced Research Projects Agency, 1958–1974* (Fort Belvoir, VA: Defense Technical Information Center, 1975), I-7, https://apps.dtic.mil/docs/citations/ADA154363.

4. Sharon Weinberger, *Imagineers of War* (New York: Vintage Books, 2017), 44; Hafner and Lyon, *Where Wizards Stay Up Late*, 20.

5. Janet Abbate, *Inventing the Internet* (Cambridge, MA: MIT Press, 1999), 38.

6. Johnny Ryan, *A History of the Internet and the Digital Future* (London: Reaktion Books, 2010), 25; Abbate, *Inventing the Internet*, 38.

7. Abbate, *Inventing the Internet*, 38; Ryan, *History of the Internet*, 27; Hafner and Lyon, *Where Wizards Stay Up Late*, 44.

8. Hafner and Lyon, *Where Wizards Stay Up Late*, 53.

9. Weinberger, *Imagineers of War*, 115; Abbate, *Inventing the Internet*, 10.

10. Hafner and Lyon, *Where Wizards Stay Up Late*, 56.

11. Hafner and Lyon, *Where Wizards Stay Up Late*, 57.

12. Hafner and Lyon, *Where Wizards Stay Up Late*, 58.

13. Hafner and Lyon, *Where Wizards Stay Up Late*, 58.

14. Ryan, *History of the Internet*, 15; Hafner and Lyon, *Where Wizards Stay Up Late*, 59–60.

15. Hafner and Lyon, *Where Wizards Stay Up Late*, 59–60.

16. Hafner and Lyon, *Where Wizards Stay Up Late*, 67.

17. Hafner and Lyon, *Where Wizards Stay Up Late*, 63.

18. Ryan, *History of the Internet*, 16–17; Hafner and Lyon, *Where Wizards Stay Up Late*, 62–64.

19. Hafner and Lyon, *Where Wizards Stay Up Late*, 64.

20. Abbate, *Inventing the Internet*, 44.

21. Abbate, *Inventing the Internet*, 56.

22. Abbate, *Inventing the Internet*, 56.

23. Abbate, *Inventing the Internet*, 56.

24. Hafner and Lyon, *Where Wizards Stay Up Late*, 75; Weinberger, *Imagineers of War*, 220.

25. Ryan, *History of the Internet*, 29; Hafner and Lyon, *Where Wizards Stay Up Late*, 79.

26. Hafner and Lyon, *Where Wizards Stay Up Late*, 80.

27. Hafner and Lyon, *Where Wizards Stay Up Late*, 81.

28. Hafner and Lyon, *Where Wizards Stay Up Late*, 81.

29. Ryan, *History of the Internet*, 29; Hafner and Lyon, *Where Wizards Stay Up Late*, 100.

30. Hafner and Lyon, *Where Wizards Stay Up Late*, 103.

31. Simson L. Garfinkel and Rachel H. Grunspan, *The Computer Book: From the Abacus to Artificial Intelligence, 250 Milestones in the History of Computer Science* (New York: Sterling, 2018), 224; Abbate, *Inventing the Internet*, 64.

32. Hafner and Lyon, *Where Wizards Stay Up Late*, 166.

33. Hafner and Lyon, *Where Wizards Stay Up Late*, 152.

34. Abbate, *Inventing the Internet*, 64.

35. Abbate, *Inventing the Internet*, 101.

36. Garfinkel and Grunspan, *Computer Book*, 312; Hafner and Lyon, *Where Wizards Stay Up Late*, 189.

37. Ryan, *History of the Internet*, 78; Abbate, *Inventing the Internet*, 69; Hafner and Lyon, *Where Wizards Stay Up Late*, 194.

38. Garfinkel and Grunspan, *Computer Book*, 292.

39. Brad Templeton, "Reaction to the DEC Spam of 1978," Brad Templeton's Home Page, last accessed April 30, 2019, https://www.templetons.com/brad/spamreact.html.

40. Templeton, "Reaction to the DEC Spam."

41. Garfinkel and Grunspan, *Computer Book*, 292; Templeton, "Reaction to the DEC Spam."

42. Templeton, "Reaction to the DEC Spam."

43. Hafner and Lyon, *Where Wizards Stay Up Late*, 144–145.

44. Hafner and Lyon, *Where Wizards Stay Up Late*, 144–145.

45. Hafner and Lyon, *Where Wizards Stay Up Late*, 144–145.

46. Internet Engineering Task Force, "RFC 1149 Standard for the Transmission of IP Datagrams on Avian Carriers," IETF Tools, last updated April 1, 1990, https://tools.ietf.org/html/rfc1149.

47. Abbate, *Inventing the Internet*, 130.

48. Hafner and Lyon, *Where Wizards Stay Up Late*, 226; Abbate, *Inventing the Internet*, 128.

49. Hafner and Lyon, *Where Wizards Stay Up Late*, 174.

50. Hafner and Lyon, *Where Wizards Stay Up Late*, 174.

51. Internet Engineering Task Force, "RFC 854 Telnet Protocol Specification," IETF Tools, last updated May 1983, https://tools.ietf.org/html/rfc854; Internet Engineering Task Force, "RFC 2577 FTP Security Considerations," IETF Tools, last updated May 1999, https://tools.ietf.org/html/rfc2577.

52. Internet Engineering Task Force, "RFC 1543 Instructions to RFC Authors," IETF Tools, last updated October 1993, https://tools.ietf.org/html/rfc1543.

53. Defense Advanced Research Projects Agency, *Memorandum for the Director* (Arlington, VA: DARPA, November 8, 1988).

54. Eugene H. Spafford, "A Failure to Learn from the Past" (presentation, 19th Annual Computer Security Applications Conference, Las Vegas, December 8–12, 2003), https://doi.org/10.1109/CSAC.2003.1254327; Geoff Goodfellow, "Re: 6,000 Sites," "Security Digest" Archives, last updated October 11, 1988, http://securitydigest.org/phage/archive/223.

55. Abbate, *Inventing the Internet*, 186.

56. Robert Morris (presentation, National Research Council Computer Science and Technology Board, September 19, 1988).

57. National Computer Security Center, *Proceedings of the Virus Post-Mortem Meeting* (Fort Meade, MD: NCSC, November 8, 1988).

58. Spafford, "A Failure."

59. Spafford, "A Failure."

60. Spafford, "A Failure."

61. Spafford, "A Failure."

62. Spafford, "A Failure."

63. Eugene H. Spafford, "The Internet Worm Program: An Analysis, Purdue University Report Number 88-823," *ACM SIGCOMM Computer Communication Review* 19, no. 1 (1989): 17–57, https://doi.org/10.1145/66093.66095.

64. National Computer Security Center, *Post-Mortem Meeting.*

65. National Computer Security Center, *Post-Mortem Meeting.*

66. National Computer Security Center, *Post-Mortem Meeting.*

67. M. W. Eichin and J. A. Rochlis, "With Microscope and Tweezers: An Analysis of the Internet Virus of November 1988" (presentation, IEEE Symposium on Security and Privacy, Oakland, CA, May 1–3, 1989), https://doi.org/10.1109/SECPRI.1989.36307.

68. Spafford, "A Failure."

69. Defense Advanced Research Projects Agency, "Memorandum for the Director."

70. Defense Advanced Research Projects Agency, "Memorandum for the Director."

71. National Computer Security *Center, Post-Mortem Meeting.*

72. Gene Spafford, "Phage List," "Security Digest" Archives, last accessed May 2, 2019, http://securitydigest.org/phage/.

73. Spafford, "A Failure."

74. National Computer Security Center, *Post-Mortem Meeting.*

75. National Computer Security Center, *Post-Mortem Meeting.*

76. United States General Accounting Office, *Virus Highlights Need for Improved*

Management (Washington, DC: United States General Accounting Office, June 12, 1989).

77. Anon., "Phage #410," "Security Digest" Archives, last accessed May 2, 2019, http://securitydigest.org/phage/archive/410.

78. Eichin and Rochlis, "With Microscope and Tweezers."

79. Erik E. Fair, "Phage #047," "Security Digest" Archives, last accessed May 2, 2019, http://securitydigest.org/phage/archive/047.

80. Timothy B. Lee, "How a Grad Student Trying to Build the First Botnet Brought the Internet to Its Knees," *Washington Post*, November 1, 2013.

81. Lee, "How a Grad Student."

82. Ronald B. Standler, "Judgment in *U.S. v. Robert Tappan Morris*," rbs2.com, last updated August 14, 2002, http://rbs2.com/morris.htm.

83. John Markoff, "Computer Intruder Is Found Guilty," *New York Times*, January 23, 1990, https://www.nytimes.com/1990/01/23/us/computer-intruder-is-found-guilty.html; Standler, "Judgment in *U.S. v. Robert Tappan Morris*."

84. Josephine Wolff, *You'll See This Message When It Is Too Late: The Legal and Economic Aftermath of Cybersecurity Breaches* (Cambridge, MA: MIT Press, 2018), 212–213.

85. John Markoff, "Computer Intruder Is Put on Probation and Fined $10,000," *New York Times*, May 5, 1990, https://www.nytimes.com/1990/05/05/us/computer-intruder-is-put-on-probation-and-fined-10000.html.

86. "Computer Chaos Called Mistake, Not Felony," *New York Times*, January 10, 1990, https://www.nytimes.com/1990/01/10/us/computer-chaos-called-mistake-not-felony.html.

87. Mark W. Eichin, *The Internet Virus of November 3, 1988* (Cambridge, MA: MIT Project Athena, November 8, 1988), 5.

88. Lee, "How a Grad Student."

89. Eichin and Rochlis, "Microscope and Tweezers," 5.

90. Eichin and Rochlis, "Microscope and Tweezers," 3.

91. Spafford, "The Internet Worm Program," 21, 26.

92. Spafford, "The Internet Worm Program," 21.

93. Spafford, "The Internet Worm Program," 22.

94. James P. Anderson, *Computer Security Technology Planning Study* (Bedford, MA: Electronic Systems Division, Air Force Systems Command, United States Air Force, 1972), 64.

95. Spafford, "The Internet Worm Program," 23.

96. John Markoff, "Author of Computer 'Virus' Is Son of N.S.A. Expert on Data Security," *New York Times*, November 5, 1988, https://www.nytimes.com/1988/11/05/us/author-of-computer-virus-is-son-of-nsa-expert-on-data-security.html.

97. Robert Morris and Ken Thompson, "Password Security: A Case History," *Communications of the ACM* 22, no. 11 (1979): 594–597, https://doi.org/10.1145/359168.359172; Markoff, "Author of Computer 'Virus.'"

98. John Markoff, "Robert Morris, Pioneer in Computer Security, Dies at 78," *New York Times*, June 29, 2011, https://www.nytimes.com/2011/06/30/technology/30morris.html.

99. Hilarie Orman, "The Morris Worm: A Fifteen-Year Perspective," *IEEE Security & Privacy* 1, no. 5 (2003): 35–43, https://doi.org/10.1109/MSECP.2003.1236233.

100. Markoff, "Son of N.S.A. Expert."

101. Spafford, "The Internet Worm Program," 1.

102. Martin Campbell-Kelly, *From Airline Reservations to Sonic the Hedgehog* (Cambridge, MA: MIT Press, 2003), 144.

103. Eugene H. Spafford, *Unix and Security: The Influences of History* (West Lafayette, IN: Department of Computer Science, Purdue University, 1992), 2.

104. Ken Thompson and Dennis M. Ritchie, *The Unix Programmer's Manual*, 2nd ed. (Murray Hill, NJ: Bell Labs, June 12, 1972).

105. Spafford, "Unix and Security," 3; Paul E. Ceruzzi, *A History of Modern Computing* (Cambridge, MA: MIT Press, 2003), 247.

106. Campbell-Kelly, *From Airline Reservations*, 144.

107. Ceruzzi, *Modern Computing*, 283.

108. Defense Advanced Research Projects Agency, "ARPA Becomes DARPA," last accessed March 8, 2020, https://www.darpa.mil/about-us/timeline/arpa-name-change; Ceruzzi, *Modern Computing*, 284.

109. Campbell-Kelly, *From Airline Reservations*, 144.

110. Martin Minow, "Is Unix the Ultimate Computer Virus?" *Risks Digest* 11, no. 15 (1991), https://catless.ncl.ac.uk/Risks/11/15.

111. Dennis M. Ritchie, "The Development of the C Language" (presentation, 2nd ACM SIGPLAN on History of Programming Languages, Cambridge, MA, April 20–23, 1993), https://doi.org/10.1145/154766.155580; Ceruzzi, *Modern Computing*, 106.

112. Ceruzzi, *Modern Computing*, 106; Ritchie, "The C Language."

113. John Markoff, "Flaw in E-Mail Programs Points to an Industrywide Problem," *New York Times*, July 30, 1998, https://www.nytimes.com/1998/07/30/business/flaw-in-e-mail-programs-points-to-an-industrywide-problem.html.

114. Rob Diamond, "Re: Tony Hoar: 'Null References,'" *Risks Digest* 25, no. 55 (2009), https://catless.ncl.ac.uk/Risks/25/55.

115. Dennis M. Ritchie, *On the Security of Unix* (Murray Hill, NJ: Bell Labs, n.d.).

116. Spafford, "Unix and Security," 5.

117. Matt Bishop, "Reflections on Unix Vulnerabilities" (presentation, 2009 Annual Computer Security Applications Conference, Honolulu, December 7–11, 2009), https://doi.org/10.1109/ACSAC.2009.25.

118. Bishop, "Reflections."

119. Simson Garfinkel and Gene Spafford, *Practical Unix Security* (Sebastopol, CA: O'Reilly Media, 1991).

120. Shooting Shark [pseud.], "Unix Nasties," *Phrack* 1, no. 6 (1986), http://phrack.org/issues/6/5.html; Red Knight [pseud.], "An In-Depth Guide in Hacking Unix," *Phrack* 2, no. 22 (1988), http://phrack.org/issues/22/5.html; The Shining [pseud.], "Unix Hacking Tools of the Trade," *Phrack* 5, no. 46 (1994), http://phrack.org/issues/46/11.html.

121. Fyodor [pseud.], "Bugtraq Mailing List," SecLists.Org Security Mailing List Archive, last accessed May 2, 2019, https://seclists.org/bugtraq/.

122. Shooting Shark [pseud.], "Unix Trojan Horses," *Phrack* 1, no. 7 (1986), http://phrack.org/issues/7/7.html; Spafford, "Unix and Security," 1.

123. Steven M. Bellovin and William R. Cheswick, "Network Firewalls," *IEEE Communications Magazine* 32, no. 9 (1994): 50–57, https://doi.org/10.1109/35.312843.

124. William R. Cheswick and Steven M. Bellovin, *Firewalls and Internet Security: Repelling the Wily Hacker*, 2nd ed. (Boston: Addison-Wesley, 2003).

125. Cheswick and Bellovin, *Firewalls and Internet Security*.

126. Anderson, *Planning Study*, 89.

127. John Ioannidis, "Re: Ping Works, but ftp/telnet Get 'No Route to Host,'" comp.protocols.tcp-ip, July 22, 1992, http://securitydigest.org/tcp-ip/archive/1992/07.

128. Casey Leedom, "Is the Balkanization of the Internet Inevitable?" comp.protocols.tcp-ip, November 17, 1992, http://securitydigest.org/tcp-ip/archive/1992/11.

129. Steven Bellovin, "Re: Firewall Usage (Was: Re: Ping Works, but ftp/telnet Get 'No Route," comp.protocols.tcp-ip, July 24, 1992, http://securitydigest.org/tcp-ip/archive/1992/07.

130. Bill Cheswick, "The Design of a Secure Internet Gateway" (presentation, USENIX Summer Conference, 1990).

131. Cheswick, "Secure Internet Gateway."

132. Cheswick, "Secure Internet Gateway."

133. Cheswick, "Secure Internet Gateway."

134. Cheswick, "Secure Internet Gateway."

135. Steven M. Bellovin, "There Be Dragons" (presentation, 3rd USENIX Security Symposium, Berkeley, CA, September 14–16, 1992), https://doi.org/10.7916/D8V12BJ6.

136. Cheswick and Bellovin, *Firewalls and Internet Security*.

137. Rik Farrow, "Bill Cheswick on Firewalls: An Interview," *Login* 38, no. 4 (2013), https://www.usenix.org/publications/login/august-2013-volume-38-number-4/bill-cheswick-firewalls-interview.

138. Farrow, "Bill Cheswick on Firewalls."

139. Cheswick, "Secure Internet Gateway."

140. Avishai Wool, "The Use and Usability of Direction-Based Filtering in Firewalls," *Computers and Security* 23, no. 6 (2004), http://dX.doi.org/10.1016/j.cose.2004.02.003; Avishai Wool, "Architecting the Lumeta Firewall Analyzer" (presentation, 10th USENIX Security Symposium, Washington, DC, August 13–17, 2001).

141. Avishai Wool, "A Quantitative Study of Firewall Configuration Errors," *Computer* 37, no. 6 (2004): 62–67, https://doi.org/10.1109/MC.2004.2.

142. Avishai Wool, "Trends in Firewall Configuration Errors—Measuring the Holes in Swiss Cheese," *IEEE Internet Computing* 14, no. 4 (2010): 58, https://doi.org/10.1109/MIC.2010.29.

143. Garfinkel and Grunspan, *Computer Book*, 398.

144. Abbate, *Inventing the Internet*, 214; Garfinkel and Grunspan, *Computer Book*, 398.

145. Abbate, *Inventing the Internet*, 214.

146. Abbate, *Inventing the Internet*, 215.

147. Abbate, *Inventing the Internet*, 215.

148. Ryan, *History of the Internet*, 106–107.

149. Abbate, *Inventing the Internet*, 214.

150. Abbate, *Inventing the Internet*, 215.

151. Abbate, *Inventing the Internet*, 215; Abbate, *Inventing the Internet*, 216.

152. Abbate, *Inventing the Internet*, 216.

153. Abbate, *Inventing the Internet*, 216.

154. Ceruzzi, *Modern Computing*, 303; Garfinkel and Grunspan, *Computer Book*, 418.

155. Abbate, *Inventing the Internet*, 217.

156. John Cassidy, *Dot.con: The Greatest Story Ever Sold* (New York: Perennial, 2003), 51.

157. Abbate, *Inventing the Internet*, 217.

158. Abbate, *Inventing the Internet*, 217.

159. Ceruzzi, *Modern Computing*, 303.

160. Cheswick and Bellovin, *Firewalls and Internet Security*.

161. Rod Kurtz, "Has Dan Farmer Sold His Soul?" *Businessweek*, April 5, 2005.

162. "Elemental CTO Dan Farmer Recognized as a Technology Visionary by InfoWorld Magazine, Named an 'Innovator to Watch in 2006,'" *Help Net Security*, last accessed May 2, 2019, https://www.helpnetsecurity.com/2005/08/04/elemental-cto-dan-farmer-recognized-as-a-technology-visionary-by-infoworld-magazine-named-an-innovator-to-watch-in-2006/.

163. "Dan Farmer, Co-Founder and CTO, Elemental Security," *InformationWeek*, last accessed May 2, 2019, https://www.informationweek.com/dan-farmer-co-founder-and-cto-elemental-security/d/d-id/1041253.

164. Rik Farrow, "Interview with Dan Farmer," *Login* 39, no. 6 (2014): 33, https://www.usenix.org/publications/login/dec14/farmer.

165. Farrow, "Interview with Dan Farmer," 32.

166. Farrow, "Interview with Dan Farmer," 32.

167. Farrow, "Interview with Dan Farmer," 33.

168. "CERT Advisories 1988–2004," Software Engineering Institute, Carnegie Mellon University, last accessed May 2, 2019, https://resources.sei.cmu.edu/library/asset-view.cfm?assetID=509746.

169. Farrow, "Interview with Dan Farmer," 32–33.

170. Dan Farmer and Wietse Venema, "Improving the Security of Your Site by Breaking into It," comp.security.unix, December 2, 1993, http://www.fish2.com/security/admin-guide-to-cracking.html.

171. Farmer and Venema, "Improving the Security."

172. Wietse Venema, "SATAN (Security Administrator Tool for Analyzing Networks)," www.porcupine.org, last accessed May 2, 2019, http://www.porcupine.org/satan/.

173. "Company Timeline," ISS Timeline, IBM Internet Security Systems, last updated April 20, 2007, http://www.iss.net/about/timeline/index.html.

174. Farrow, "Interview with Dan Farmer," 33.

175. Farrow, "Interview with Dan Farmer," 33.

176. Farrow, "Interview with Dan Farmer," 33.

177. John Markoff, "Dismissal of Security Expert Adds Fuel to Internet Debate," *New York Times*, March 22, 1995, https://www.nytimes.com/1995/03/22/business/dismissal-of-security-expert-adds-fuel-to-internet-debate.html; Farrow, "Interview with Dan Farmer," 34.

178. Farrow, "Interview with Dan Farmer," 34.

179. Wietse Venema, "Quotes about SATAN," www.porcupine.org, last accessed May 2, 2019, http://www.porcupine.org/satan/demo/docs/quotes.html.

180. Anon., "A Possible 'Solution' to Internet SATAN: Handcuffs," *Risks Digest* 17, no. 4 (1995), https://catless.ncl.ac.uk/Risks/17/04.

181. "Info about SATAN," CERIAS—Center for Education and Research in Information Assurance and Security, Purdue University, last accessed May 2, 2019, http://www.cerias.purdue.edu/site/about/history/coast/satan.php.

182. Dan Farmer, "Shall We Dust Moscow? (Security Survey of Key Internet Hosts and Various Semi-Relevant Reflections)," December 18, 1996, http://www.fish2.com/survey/.

183. Farmer, "Dust Moscow."

184. Farmer, "Dust Moscow."

185. Farmer, "Dust Moscow."

186. Farmer, "Dust Moscow."

187. P. W. Singer and Allan Friedman, *Cybersecurity and Cyberwar: What Everyone Needs to Know* (Oxford: Oxford University Press, 2014), 20.

188. Cassidy, *Dot.con*, 110.

189. Farmer, "Dust Moscow."

190. Dan Farmer, "Your Most Important Systems Are Your Least Secure," *trouble.org* (blog), January 30, 2012, http://trouble.org/?p=262.

第四章：網路泡沫，與有利可圖之回饋迴圈的起源

1. John Cassidy, *Dot.con: The Greatest Story Ever Sold* (New York: Perennial, 2003), 4.

2. Cassidy, *Dot.con*, 25.

3. Cassidy, *Dot.con*, 85.

4. John Markoff, "Software Flaw Lets Computer Viruses Arrive via E-Mail," *New York Times*, July 29, 1998, www.nytimes.com/1998/07/29/business/software-flaw-lets-computer-viruses-arrive-via-e-mail.html; John Markoff, "Flaw in E-Mail Programs Points to an Industrywide Problem," *New York Times*, July 30, 1998, https://www.nytimes.com/1998/07/30/business/flaw-in-e-mail-programs-points-to-an-industrywide-problem.html.

5. Markoff, "Flaw in E-Mail Programs."

6. Markoff, "Flaw in E-Mail Programs."

7. Perry E. Metzger, "Ray Cromwell: Another Netscape Bug (and Possible Security Hole)," SecLists.Org Security Mailing List Archive, September 22, 1995, https://seclists.org/bugtraq/1995/Sep/77; Martin Hargreaves, "Is Your Netscape under Remote

Control?" SecLists.Org Security Mailing List Archive, May 24, 1996, https://seclists.org/bugtraq/1996/May/82; Stevan Milunovic, "Internet Explorer 4 Buffer Overflow Security Bug Fixed," *Risks Digest* 19, no. 47 (1997), https://catless.ncl.ac.uk/Risks/19/46.

8. Georgi Guninski, "Netscape Communicator 4.5 Can Read Local Files," SecLists.Org Security Mailing List Archive, November 23, 1998, https://seclists.org/bugtraq/1998/Nov/258.

9. IEEE Computer Society, "Attacks, Flaws, and Penetrations," *Electronic Cipher* 25 (1997), https://www.ieee-security.org/Cipher/PastIssues/1997/issue9711/issue9711.txt.

10. David Kennedy, "YAAXF: Yet Another ActiveX Flaw," *Risks Digest* 19, no. 6 (1997), https://catless.ncl.ac.uk/Risks/19/06.

11. Dieter Gollmann, *Computer Security* (New York: Wiley, 2011), 395–400.

12. Ed Felten, "Java/Netscape Security Flaw," *Risks Digest* 17, no. 93 (1996), https://catless.ncl.ac.uk/Risks/17/93; Ed Felten, "Java Security Update," *Risks Digest* 18, no. 32 (1996), https://catless.ncl.ac.uk/Risks/18/32.

13. Dirk Balfanz and Edward W. Felten, *A Java Filter—Technical Report 567–97* (Princeton, NJ: Department of Computer Science, Princeton University, 1997), 1, https://www.cs.princeton.edu/research/techreps/TR-567–97.

14. Balfanz and Felten, *A Java Filter*, 1.

15. Balfanz and Felten, *A Java Filter*, 1.

16. John Markoff, "Potentially Big Security Flaw Found in Netscape Software," *New York Times*, September 28, 1998, https://www.nytimes.com/1998/09/28/business/potentially-big-security-flaw-found-in-netscape-software.html.

17. DilDog [pseud.], "L0pht Advisory MSIE4.0(1)," SecLists.Org Security Mailing List Archive, January 14, 1998, https://seclists.org/bugtraq/1998/Jan/57; Georgi Guninski, "IE Can Read Local Files," SecLists.Org Security Mailing List Archive, September 5, 1998, https://seclists.org/bugtraq/1998/Sep/47; Georgi Guninski, "Netscape Communicator 4.5 Can Read Local Files," SecLists.Org Security Mailing List Archive, November 23, 1998, https://seclists.org/bugtraq/1998/Nov/258.

18. John Viega and Gary McGraw, *Building Secure Software: How to Avoid Security Problems the Right Way* (Boston: Addison-Wesley, 2001), 322–334.

19. Rain Forest Puppy [pseud.], "NT Web Technology Vulnerabilities," *Phrack* 8, no. 54 (1998), http://phrack.org/issues/54/8.html; OWASP Foundation, "Top 10 2007," OWASP.org, last accessed May 3, 2019, https://www.owasp.org/index.php/Top_10_2007.

20. MITRE, "CWE-27: Path Traversal," MITRE Common Weakness Enumeration, last

accessed May 3, 2019, https://cwe.mitre.org/data/definitions/27.html.

21. Eugene H. Spafford, "Quotable Spaf," Spaf's Home Page, last updated July 7, 2018, https://spaf.cerias.purdue.edu/quotes.html.

22. Tina Kelly, "A Consultant Reports a Flaw in eBay's Web Site Security," *New York Times*, May 20, 1999, https://www.nytimes.com/1999/05/20/technology/news-watch-a-consultant-reports-a-flaw-in-ebay-s-web-site-security.html; Aleph One [pseud.], "Re: Yahoo Hacked," SecLists.Org Security Mailing List Archive, December 10, 1997, https://seclists.org/bugtraq/1997/Dec/57; Tom Cervenka, "Serious Security Hole in Hotmail," SecLists.Org Security Mailing List Archive, August 24, 1998, https://seclists.org/bugtraq/1998/Aug/208.

23. Michael Janofsky, "New Security Fears as Hackers Disrupt 2 Federal Web Sites," *New York Times*, May 29, 1999, https://www.nytimes.com/1999/05/29/us/new-security-fears-as-hackers-disrupt-2-federal-web-sites.html.

24. "Defaced Commentary—Verisign Japan Defaced," attrition.org, last updated 2001, http://attrition.org/security/commentary/verisign.html; "Defaced Commentary— The SANS Institute Defaced," attrition.org, last updated 2001, http://attrition.org/security/commentary/sans.html.

25. CNN, "Hackers Put Racist, Anti-Government Slogans on Embassy Site," last updated September 7, 1999, http://www.cnn.com/TECH/computing/9909/07/embassy.hack/index.html.

26. Peter G. Neumann, "CIA Disconnects Home Page after Being Hacked," *Risks Digest* 18, no. 49 (1996), https://catless.ncl.ac.uk/Risks/18/49.

27. "Defaced Commentary—UNICEF Defaced for the Third Time," attrition.org, last updated 2001, http://attrition.org/security/commentary/unicef.html.

28. "TASC Defaced," attrition.org, last updated 2001, http://attrition.org/security/commentary/tasc1.html.

29. Declan McCullagh, "George W. Bush the Red?" *Wired*, October 19, 1999, https://www.wired.com/1999/10/george-w-bush-the-red/.

30. McCullagh, "George W. Bush the Red?"

31. Phrack Staff [pseud.], "Phrack Pro-Philes on the New Editors," *Phrack* 7, no. 48 (1996), http://phrack.org/issues/48/5.html.

32. Phrack Staff, "Phrack Pro-Philes."

33. Phrack Staff [pseud.], "Introduction," *Phrack* 14, no. 67 (2010), http://www.phrack.org/issues/67/1.html.

34. Phrack Staff, "Phrack Pro-Philes."

35. Phrack Staff, "Phrack Pro-Philes."

36. Phrack Staff, "Phrack Pro-Philes."

37. Phrack Staff, "Phrack Pro-Philes."

38. Phrack Staff, "Phrack Pro-Philes."

39. Taran King [pseud.], "Introduction," *Phrack* 1, no. 1 (1985), http://www.phrack.org/issues/1/1.html.

40. Route [pseud.], "Project Neptune," *Phrack* 7, no. 48 (1996), http://phrack.org/issues/48/13.html.

41. Route, "Project Neptune."

42. Software Engineering Institute, *1996 CERT Advisories* (Pittsburgh, PA: Software Engineering Institute, Carnegie Mellon University, 1996), 21; Route, "Project Neptune."

43. Route, "Project Neptune."

44. Steven M. Bellovin, "Security Problems in the TCP/IP Protocol Suite," *ACM SIGCOMM Computer Communication Review* 19, no. 2 (April 1, 1989): 32–48, https://doi.org/10.1145/378444.378449; Robert T. Morris, *A Weakness in the 4.2BSD Unix TCP/IP Software* (Murray Hill, NJ: Bell Labs, February 25, 1985).

45. Steven M. Bellovin, "A Look Back at 'Security Problems in the TCP/IP Protocol Suite'" (presentation, 20th Annual Computer Security Applications Conference, Tucson, December 6–10, 2004), https://doi.org/10.1109/CSAC.2004.3.

46. William R. Cheswick and Steven M. Bellovin, *Firewalls and Internet Security: Repelling the Wily Hacker*, 2nd ed. (Boston: Addison-Wesley, 2003).

47. Cheswick and Bellovin, *Firewalls and Internet Security*, xiii.

48. Route, "Project Neptune."

49. Robert E. Calem, "New York's Panix Service Is Crippled by Hacker Attack," *New York Times*, September 14, 1996, https://archive.nytimes.com/www.nytimes.com/library/cyber/week/0914panix.html; John Markoff, "A New Method of Internet Sabotage Is Spreading," *New York Times*, September 19, 1996, https://www.nytimes.com/1996/09/19/business/a-new-method-of-internet-sabotage-is-spreading.html.

50. Peter G. Neumann, "Major Denial-of-Service Attack on WebCom in San Francisco Bay Area," *Risks Digest* 18, no. 69 (1996), https://catless.ncl.ac.uk/Risks/18/69.

51. Daemon9 [pseud.], "Project Hades," *Phrack* 7, no. 49 (1996), http://phrack.org/issues/49/7.html.

52. Route, "Project Hades."

53. Daemon9 [pseud.], "Project Loki," *Phrack* 7, no. 49 (1996), http://phrack.org/issues/49/6.html.

54. Route, "Project Loki."

55. IETF, "RFC 770 Internet Control Message Protocol," IETF Tools, last updated April,

1981, https://tools.ietf.org/html/rfc792.

56. IETF, "RFC 770 Internet Control Message Protocol."

57. IETF, "RFC 770 Internet Control Message Protocol."

58. Route, "Project Loki."

59. IETF, "RFC 770 Internet Control Message Protocol."

60. IETF, "RFC 770 Internet Control Message Protocol."

61. Route, "Project Loki."

62. Daemon9 [pseud.], "Loki2 (The Implementation)," *Phrack* 7, no. 51 (1997), http://phrack.org/issues/51/6.html.

63. Route [pseud.], "Juggernaut," *Phrack* 7, no. 50 (1997), http://phrack.org/issues/50/6.html.

64. Software Engineering Institute, *1997 CERT Advisories* (Pittsburgh, PA: Software Engineering Institute, Carnegie Mellon University, 1997), 176.

65. Software Engineering Institute, *1997 CERT Advisories*, 176.

66. Software Engineering Institute, *1997 CERT Advisories*, 176–177; Microsoft, "Microsoft Security Bulletin MS13-065—Important," Microsoft Security Bulletins, last updated August 13, 2013, https://docs.microsoft.com/en-us/security-updates/securitybulletins/2013/ms13-065.

67. Richard Bejtlich, "Deflect Silver Bullets," *TaoSecurity* (blog), November 7, 2007, https://taosecurity.blogspot.com/2007/11/deflect-silver-bullets.html.

68. IBM Internet Security Systems, "Company Timeline," ISS Timeline, last updated April 20, 2007, http://www.iss.net/about/timeline/index.html; Cisco, "Cisco Scanner—Cisco," Products & Services, last accessed June 22, 2019, https://www.cisco.com/c/en/us/products/security/scanner/index.html.

69. Roger R. Schell, "Information Security: Science, Pseudoscience, and Flying Pigs" (presentation, 17th Annual Computer Security Applications Conference, New Orleans, December 10–14, 2001, https://doi.org/10.1109/ACSAC.2001.991537).

70. Defense Science Board Task Force on Computer Security, *Security Controls for Computer Systems: Report of Defense Science Board Task Force on Computer Security* (Santa Monica, CA: RAND, 1970), 41, https://www.rand.org/pubs/reports/R609-1/index2.html.

71. James P. Anderson, *Computer Security Technology Planning Study* (Bedford, MA: Electronic Systems Division, Air Force Systems Command, United States Air Force, 1972).

72. James P. Anderson, *Computer Security Threat Monitoring and Surveillance* (Fort Washington, PA: James P. Anderson Co., 1980).

73. Dorothy E. Denning and Peter G. Neumann, *Requirements and Model for IDES—A Real-Time Intrusion-Detection Expert System* (Menlo Park, CA: SRI International,

1985); Dorothy Denning, "An Intrusion-Detection Model," *IEEE Transactions on Software Engineering* 13, no. 2 (1987): 222–232, https://doi.org/10.1109/TSE.1987.232894.

74. Matt Bishop, *Computer Security: Art and Science* (Boston: Addison-Wesley, 2003), 733.

75. Bishop, *Computer Security*, 727.

76. Bishop, *Computer Security*, 765.

77. The President's National Security Telecommunications Advisory Committee, *Network Group Intrusion Detection Subgroup Report—Report on the NS/EDP Implications of Intrusion Detection Technology Research and Development* (Washington, DC: NSTAC Publications, 1997), 32–33, https://www.dhs.gov/publication/1997-nstac-publications.

78. Ellen Messmer, "Getting the Drop on Network Intruders," *CNN*, October 11, 1999, http://www.cnn.com/TECH/computing/9910/11/intrusion.detection.idg/index.html.

79. Ian Grigg, "The Market for Silver Bullets," March 2, 2008, http://iang.org/papers/market_for_silver_bullets.html.

80. Gollmann, *Computer Security*, 40.

81. Grigg, "The Market for Silver Bullets."

82. Spafford, "Quotable Spaf."

83. Frederick P. Brooks Jr., "No Silver Bullet: Essence and Accidents of Software Engineering," *Computer* 20, no. 4 (1987): 10–19, https://doi.org/10.1109/MC.1987.1663532.

84. Ross Anderson, "Why Information Security Is Hard: An Economic Perspective" (presentation, 17th Annual Computer Security Applications Conference, New Orleans, December 10–14, 2001), https://doi.org/10.1109/ACSAC.2001.991552.

85. Frank Willoughby, "Re: Firewalls/Internet Security—TNG," SecLists.Org Security Mailing List Archive, December 2, 1997, https://seclists.org/firewall-wizards/1997/Dec/20.

86. Thomas H. Ptacek and Timothy N. Newsham, *Insertion, Evasion, and Denial of Service: Eluding Network Intrusion Detection* (n.p.: Secure Networks, 1998); Secure Networks, "SNI-24: IDS Vulnerabilities," SecLists.Org Security Mailing List Archive, February 9, 1998, https://seclists.org/bugtraq/1998/Feb/41.

87. Ptacek and Newsham, "Insertion, Evasion."

88. Ptacek and Newsham, "Insertion, Evasion."

89. Mark Handley, Vern Paxson, and Christian Kreibich, "Network Intrusion Detection: Evasion, Traffic Normalization, and End-to-End Protocol Semantics" (presentation, 10th USENIX Security Symposium, Washington, DC, August 13–17, 2001), https://www.usenix.org/conference/10th-usenix-security-symposium/network-intrusion-

detection-evasion-traffic-normalization; Ptacek and Newsham, "Insertion, Evasion."

90. Ptacek and Newsham, "Insertion, Evasion."

91. Ptacek and Newsham, "Insertion, Evasion."

92. Thomas H. Ptacek, "Important Comments re: Intrusion Detection," SecLists.Org Security Mailing List Archive, February 13, 1998, https://seclists.org/bugtraq/1998/ Feb/61; Ptacek and Newsham, "Insertion, Evasion."

93. Mikko Sarela, Tomi Kyostila, Timo Kiravuo, and Jukka Manner, "Evaluating Intrusion Prevention Systems with Evasions," *International Journal of Communication Systems* 30, no. 16 (June 2017), https://onlinelibrary.wiley.com/doi/abs/10.1002/dac.3339.

94. Ptacek and Newsham, "Insertion, Evasion."

95. Dennis Fisher, "How I Got Here: Marcus Ranum," *Threatpost*, May 20, 2015, https:// threatpost.com/how-i-got-here-marcus-ranum/112924/.

96. Fisher, "Marcus Ranum."

97. RAID—International Symposium on Research in Attacks, Intrusions and Defenses, "The Nature and Utility of Standards Organizations for the Intrusion Detection Community," RAID.org, last accessed May 6, 2019, http://www.raid-symposium. org/raid98/Prog_RAID98/Panels.html; IETF, "The Common Intrusion Detection Framework—Data Formats," IETF Tools, last updated September 18, 1998, https:// tools.ietf.org/html/draft-staniford-cidf-data-formats-00.

98. Stefan Axelsson, "The Base-Rate Fallacy and Its Implications for the Difficulty of Intrusion Detection" (presentation, 2nd RAID Symposium, Purdue, IN, September 7–9, 1999).

99. Axelsson, "The Base-Rate Fallacy."

100. Axelsson, "The Base-Rate Fallacy."

101. Axelsson, "The Base-Rate Fallacy."

102. Axelsson, "The Base-Rate Fallacy."

103. Stephanie Mlot, "Neiman Marcus Hackers Set Off Nearly 60K Alarms," *PC Magazine*, February 23, 2014, https://www.pcmag.com/news/320948/neiman-marcus-hackers-set-off-nearly-60k-alarms.

104. Bill Home, "Umbrellas and Octopuses," *IEEE Security & Privacy* 13, no. 1 (2015): 3–5, https://doi.org/10.1109/MSP.2015.18.

105. Metzger, "Ray Cromwell: Another Netscape Bug (and Possible Security Hole)."

106. "Cisco to Acquire WheelGroup for about $124 Million in Stock," *Wall Street Journal*, February 18, 1998, https://www.wsj.com/articles/SB887844566548828000.

107. Ben Yagoda, "A Short History of 'Hack,'" *New Yorker*, March 6, 2014, https://www. newyorker.com/tech/annals-of-technology/a-short-history-of-hack.

108. Yagoda, "History of 'Hack.'"

109. Katie Hafner and Matthew Lyon, *Where Wizards Stay Up Late: The Origins of the Internet* (New York: Simon & Schuster, 1996), 189–190.

110. Yagoda, "History of 'Hack.'"

111. Erving Goffman, *The Presentation of Self in Everyday Life* (New York: Anchor, 1959).

112. Computer Fraud and Abuse Act of 1984, 18 U.S.C. § 1030 (2019).

113. "Computer Misuse Act 1990," legislation.gov.uk, National Archives (UK), last updated June 29, 1990, http://www.legislation.gov.uk/ukpga/1990/18/enacted.

114. Y Combinator, "*Phrack* Magazine (1985–2016)," Hacker News, last accessed May 6, 2019, https://news.ycombinator.com/item?id=18288767.

115. ISGroup, "The Greyhat Is Whitehat List," ush.it, last accessed May 6, 2019, http://www.ush.it/team/ush/mirror-phc_old/greyhat-IS-whitehat.txt; Charles Stevenson, "Greyhat Is Whitehat," SecLists.Org Security Mailing List Archive, September 19, 2002, https://seclists.org/fulldisclosure/2002/Sep/507.

116. Gabriella Coleman, "The Anthropology of Hackers," *Atlantic*, September 21, 2010, https://www.theatlantic.com/technology/archive/2010/09/the-anthropology-of-hackers/63308/.

117. Robert Lemos, "Script Kiddies: The Net's Cybergangs," *ZDNet*, July 13, 2000, https://www.zdnet.com/article/script-kiddies-the-nets-cybergangs/.

118. Lemos, "Script Kiddies."

119. Elias Levy, "Full Disclosure Is a Necessary Evil," *SecurityFocus*, August 16, 2001, https://www.securityfocus.com/news/238.

120. Andrew Zipern, "Technology Briefing: Privacy; Security Group to Sell Services," *New York Times*, April 20, 2001, https://www.nytimes.com/2001/04/20/business/technology-briefing-privacy-security-group-to-sell-services.html.

121. Daniel De Leon, "The Productivity of the Criminal," *Daily People*, April 14, 1905, http://www.slp.org/pdf/de_leon/eds1905/apr14_1905.pdf.

122. De Leon, "Productivity of the Criminal."

123. Andy Greenberg, "Symantec Scareware Tells Customers to Renew or 'Beg for Mercy,'" *Forbes*, October 4, 2010, https://www.forbes.com/sites/andygreenberg/2010/10/04/symantec-scareware-tells-customers-to-renew-or-beg-for-mercy/.

124. CMP Media, "Black Hat USA 2019 Registration," Black Hat Briefings, last accessed May 6, 2019, https://www.blackhat.com/us-19/registration.html.

125. Jeff Moss, "The Black Hat Briefings, July 9–10, 1997," Black Hat Briefings, last accessed May 6, 2019, https://www.blackhat.com/html/bh-usa-97/info.html.

126. CMP Media, "Jeff Moss," Black Hat Briefings, last accessed May 6, 2019, https://www.blackhat.com/us-18/speakers/Jeff-Moss.html.

127. Fisher, "Marcus Ranum."

128. Kelly Jackson Higgins, "Who Invented the Firewall?" *Dark Reading*, January 15, 2008, https://www.darkreading.com/who-invented-the-firewall/d/d-id/1129238; Marcus Ranum, "Who Is Marcus J. Ranum?" ranum.com, last accessed September 3, 2018, http://www.ranum.com/stock_content/about.html.

129. Marcus Ranum, "White House Tales一1," *Freethought Blogs*, September 16, 2018, https://freethoughtblogs.com/stderr/2018/09/16/the-white-house/.

130. Ranum, "White House Tales."

131. Ranum, "White House Tales."

132. Ranum, "White House Tales."

133. Ranum, "White House Tales."

134. Ranum, "White House Tales."

135. Marcus Ranum, "The Herd," ranum.com, last accessed September 3, 2018, http://ranum.com/fun/the_herd/index.html.

136. Marcus Ranum, "Soaps for Sale," ranum.com, last accessed September 3, 2018, http://ranum.com/fun/projects/soap/soap-sale.html; Marcus Ranum, "Ambrotypes and the Unique Process," ranum.com, last accessed September 3, 2018, http://ranum.com/fun/lens_work/ambrotypes/why.html.

137. Kelly Jackson Higgins, "Ranum's Wild Security Ride," *Dark Reading*, December 5, 2007, https://www.darkreading.com/vulnerabilities一threats/ranums-wild-security-ride/d/d-id/1129165; Marcus Ranum, "Do It Yourself Dealy," ranum.com, last accessed September 3, 2018, http://ranum.com/fun/bsu/diy-dealy/index.html; Marcus Ranum, "Safecracking 101," ranum.com, last updated July 7, 2005, http://ranum.com/fun/bsu/safecracking/index.html.

138. Marcus Ranum, "Script Kiddiez Suck" (presentation, Black Hat Briefings, Las Vegas, 2000, https://www.blackhat.com/html/bh-media-archives/bh-archives-2000.html.

139. Marcus Ranum, "The Six Dumbest Ideas in Computer Security," ranum.com, last updated September 1, 2005, http://ranum.com/security/computer_security/editorials/dumb/index.html.

140. Ranum, "Script Kiddiez Suck."

141. Ranum, "Script Kiddiez Suck."

142. Ranum, "Script Kiddiez Suck."

143. Ranum, "Script Kiddiez Suck."

144. Ranum, "Script Kiddiez Suck."

145. Marcus Ranum, "Dusty Old Stuff from the Distant Past," ranum.com, last accessed September 3, 2018, http://ranum.com/security/computer_security/archives/index.html.

146. Cassidy, *Dot.con*, 294.

147. Cassidy, *Dot.con*, 294.

第五章：軟體安全與「痛苦的倉鼠滾輪」

1. Andrew Jaquith, "Escaping the Hamster Wheel of Pain," *Markerbench* (blog), May 4, 2005, http://www.markerbench.com/blog/2005/05/04/Escaping-the-Hamster-Wheel-of-Pain/.

2. Peter A. Loscocco, Stephen D. Smalley, Patrick A. Muckelbauer, Ruth C. Taylor, S. Jeff Turner, and John F. Farrell, "The Inevitability of Failure: The Flawed Assumption of Security in Modern Computing Environments" (presentation, 21st National Information Systems Security Conference, Arlington, VA, October 8, 1998).

3. Loscocco et al., "The Inevitability of Failure."

4. Loscocco et al., "The Inevitability of Failure."

5. Software Engineering Institute, *2000 CERT Advisories* (Pittsburgh, PA: Software Engineering Institute, Carnegie Mellon University, 2000), https://resources.sei.cmu.edu/library/asset-view.cfm?assetID=496186; Software Engineering Institute, *2001 CERT Advisories* (Pittsburgh, PA: Software Engineering Institute, Carnegie Mellon University, 2001), https://resources.sei.cmu.edu/library/asset-view.cfm?assetID=496190; Software Engineering Institute, *2002 CERT Advisories* (Pittsburgh, PA: Software Engineering Institute, Carnegie Mellon University, 2002), https://resources.sei.cmu.edu/library/asset-view.cfm?assetID=496194.

6. Software Engineering Institute, *2000 CERT Advisories*; Software Engineering Institute, *2001 CERT Advisories*; Software Engineering Institute, *2002 CERT Advisories*.

7. David Litchfield, "Database Security: The Pot and the Kettle" (presentation, Black Hat Briefings Asia, Singapore, October 3–4, 2002), https://www.blackhat.com/html/bh-asia-02/bh-asia-02-speakers.html.

8. "Internet Exploder," *The Hacker's Dictionary*, Smart Digital Networks, last accessed May 11, 2019, http://www.hackersdictionary.com/html/entry/Internet-Exploder.html.

9. Steve Christey and Brian Martin, "Buying into the Bias: Why Vulnerability Statistics Suck" (presentation, Black Hat Briefings, Las Vegas, July 27–August 1, 2013), https://www.blackhat.com/us-13/briefings.html.

10. Christey and Martin, "Buying into the Bias."

11. Christey and Martin, "Buying into the Bias."

12. Brian Martin, "Our Straw House: Vulnerabilities" (presentation, RVASec, June 1,

2013), https://2013.rvasec.com/.

13. David Moore and Coleen Shannon, "The Spread of the Code-Red Worm (CRv2)," Center for Applied Internet Data Analysis, last updated March 27, 2019, https://www.caida.org/research/security/code-red/coderedv2_analysis.xml.

14. Moore and Shannon, "The Spread of the Code-Red Worm."

15. Moore and Shannon, "The Spread of the Code-Red Worm."

16. David Moore, Colleen Shannon, and Jeffery Brown, "Code-Red: A Case Study on the Spread and Victims of an Internet Worm" (presentation, 2nd ACM SIGCOMM Workshop on Internet Measurement, Marseille, France, November 6–8, 2002), https://doi.org/10.1145/637201.637244.

17. Moore and Shannon, "The Spread of the Code-Red Worm."

18. Moore and Shannon, "The Spread of the Code-Red Worm."

19. Moore et al., "Code-Red"; Moore and Shannon, "The Spread of the Code-Red Worm."

20. "Dynamic Graphs of Nimda," Center for Applied Internet Data Analysis, The Cooperative Association for Internet Data Analysis, last accessed May 11, 2019, http://www.caida.org/dynamic/analysis/security/nimda/.

21. Software Engineering Institute, *2001 CERT Advisories*.

22. "Nimda Virus 'on the Wane,'" *BBC News*, last updated September 20, 2001, http://news.bbc.co.uk/2/hi/science/nature/1554514.stm.

23. Software Engineering Institute, *2001 CERT Advisories*.

24. Software Engineering Institute, *2001 CERT Advisories*.

25. Software Engineering Institute, *2001 CERT Advisories*.

26. Software Engineering Institute, *2001 CERT Advisories*.

27. Mark Challender, "RE: Concept Virus (CV) V.5—Advisory and Quick Analysis," SecLists.Org Security Mailing List Archive, last updated September 18, 2001, https://seclists.org/incidents/2001/Sep/177.

28. "Nimda Virus 'on the Wane.'"

29. John Leyden, "Ten Years on from Nimda: Worm Author Still at Large," Register, September 17, 2011, https://www.theregister.co.uk/2011/09/17/nimda_anniversary/; "Nimda Virus 'on the Wane.'"

30. Microsoft Corporation, *Life in the Digital Crosshairs: The Dawn of the Microsoft Security Development Lifecycle* (Redmond, WA: Microsoft Press, 2014).

31. John Pescatore, *Nimda Worm Shows You Can't Always Patch Fast Enough* (Stamford, CT: Gartner, 2001).

32. Pescatore, *Nimda Worm*.

33. Diane Frank, "Security Shifting to Enterprise," SecLists.Org Security Mailing List

Archive, last updated February 21, 2002, https://seclists.org/isn/2002/Feb/102.

34.   Byron Acohido, "Air Force Seeks Better Security from Microsoft," *USA Today*, March 10, 2002, https://usatoday30.usatoday.com/life/cyber/tech/2002/03/11/gilligan.htm.

35.   Acohido, "Air Force Seeks Better Security from Microsoft."

36.   Jeremy Epstein, "UCSD Bans WinNT/2K—Will It Do Any Good?" *Risks Digest* 22, no. 31 (2002), https://catless.ncl.ac.uk/Risks/22/31; Tom Perrine, "Re: UCSD Bans WinNT/2K—No, It Is UCSB," *Risks Digest* 22, no. 32 (2002), https://catless.ncl.ac.uk/Risks/22/32.

37.   Steve Ranger, "MS Outlook Booted Off Campus," SecLists.Org Security Mailing List Archive, last updated May 23, 2002, https://seclists.org/isn/2002/May/146.

38.   "Defaced Commentary—List of Defaced Microsoft Web Sites," attrition.org, last accessed May 11, 2019, http://attrition.org/security/commentary/microsoft-list.html.

39.   Susan Stellin, "Reports of Hackers Are on the Rise," *New York Times*, January 21, 2002, https://www.nytimes.com/2002/01/21/business/most-wanted-drilling-down-internet-security-reports-of-hackers-are-on-the-rise.html.

40.   Todd Bishop, "Should Microsoft Be Liable for Bugs?" *Seattle Post-Intelligencer*, September 12, 2003.

41.   Bishop, "Should Microsoft Be Liable?"

42.   Rob Pegoraro, "Microsoft Windows: Insecure by Design," *Washington Post*, August 24, 2003.

43.   Pegoraro, "Insecure by Design."

44.   Ross Anderson, "Why Information Security Is Hard: An Economic Perspective" (presentation, 17th Annual Computer Security Applications Conference, New Orleans, December 10–14, 2001), https://doi.org/10.1109/ACSAC.2001.991552.

45.   Michael Swaine and Paul Freiberger, *Fire in the Valley: The Birth and Death of the Personal Computer* (Dallas: Pragmatic Bookshelf, 2014), 30–31.

46.   Swaine and Freiberger, *Fire in the Valley*, 30–31.

47.   Swaine and Freiberger, *Fire in the Valley*, 30–31.

48.   John Markoff, "Stung by Security Flaws, Microsoft Makes Software Safety a Top Goal," *New York Times*, January 17, 2002, https://www.nytimes.com/2002/01/17/business/stung-by-security-flaws-microsoft-makes-software-safety-a-top-goal.html.

49.   Bill Gates, "Trustworthy Computing," *Wired*, January 17, 2002, https://www.wired.com/2002/01/bill-gates-trustworthy-computing/.

50.   Gates, "Trustworthy Computing."

51.   Gates, "Trustworthy Computing."

52.   Gates, "Trustworthy Computing."

53. Gates, "Trustworthy Computing."

54. Gates, "Trustworthy Computing."

55. Peter G. Neumann, "Another NT Security Flaw," *Risks Digest* 19, no. 2 (1997), https://catless.ncl.ac.uk/Risks/19/02.

56. Michael Howard and David LeBlanc, *Writing Secure Code* (Redmond, WA: Microsoft Press, 2002).

57. Gates, "Trustworthy Computing."

58. Microsoft Corporation, *Digital Crosshairs*.

59. Microsoft Corporation, *Digital Crosshairs*.

60. John Markoff, "Microsoft Programmers Hit the Books in a New Focus on Secure Software," *New York Times*, April 8, 2002, https://www.nytimes.com/2002/04/08/business/microsoft-programmers-hit-the-books-in-a-new-focus-on-secure-software.html.

61. Microsoft Corporation, *Digital Crosshairs*.

62. Robert Lemos, "Microsoft Developers Feel Windows Pain," *CNET News*, February 7, 2002.

63. Steve Lipner, "The Trustworthy Computing Security Development Lifecycle" (presentation, 20th Annual Computer Security Applications Conference, Tucson, December 6–10, 2004), https://doi.org/10.1109/CSAC.2004.41.

64. Lemos, "Microsoft Developers Feel Windows Pain."

65. Dennis Fisher, "Microsoft Puts Meat Behind Security Push," *eWeek*, September 30, 2002.

66. D. Ian Hopper and Ted Bridis, "Microsoft Announces Corporate Strategy Shift toward Security and Privacy," *Associated Press*, January 16, 2002.

67. Richard Grimes, "Preventing Buffer Overruns in C++," *Dr. Dobb's*, January 1, 2004, http://www.drdobbs.com/cpp/preventing-buffer-overruns-in-c/184405528.

68. Grimes, "Preventing Buffer Overruns in C++."

69. Crispin Cowan, Calton Pu, Dave Maier, Jonathan Walpole, Peat Bakke, Steve Beattie, Aaron Grier et al., "StackGuard: Automatic Adaptive Detection and Prevention of Buffer-Overflow Attacks" (presentation, 7th USENIX Security Symposium, San Antonio, TX, January 26–29, 1998).

70. Michael Howard and Steve Lipner, *The Security Development Lifecycle* (Redmond, WA: Microsoft Corporation, 2006), 31.

71. Microsoft Corporation, *Digital Crosshairs*.

72. David Moore, Vern Paxson, Stefan Savage, Colleen Shannon, Stuart Staniford, and Nicholas Weaver, "Inside the Slammer Worm," *IEEE Security & Privacy* 1, no. 4 (2003): 33–39, https://doi.org/10.1109/MSECP.2003.1219056.

73. Moore et al., "Inside the Slammer Worm."

74. Moore et al., "Inside the Slammer Worm."

75. Moore et al., "Inside the Slammer Worm."

76. Moore et al., "Inside the Slammer Worm."

77. Moore et al., "Inside the Slammer Worm."

78. Moore et al., "Inside the Slammer Worm."

79. Ted Bridis, "Internet Attack's Disruptions More Serious than Many Thought Possible," *Associated Press*, January 27, 2003; Katie Hafner with John Biggs, "In Net Attacks, Defining the Right to Know," *New York Times*, January 30, 2003, https://www.nytimes.com/2003/01/30/technology/in-net-attacks-defining-the-right-to-know.html.

80. Bridis, "Disruptions More Serious"; Hafner and Biggs, "In Net Attacks"; Moore et al., "Inside the Slammer Worm."

81. Bridis, "Disruptions More Serious."

82. Moore et al., "Inside the Slammer Worm."

83. John Leyden, "Slammer: Why Security Benefits from Proof of Concept Code," *Register*, February 6, 2003, https://www.theregister.co.uk/2003/02/06/slammer_why_security_benefits/.

84. Kirk Semple, "Computer 'Worm' Widely Attacks Windows Versions," *New York Times*, August 13, 2003, https://www.nytimes.com/2003/08/13/business/technology-computer-worm-widely-attacks-windows-versions.html.

85. Semple, "Computer 'Worm.'"

86. John Markoff, "Virus Aside, Gates Says Reliability Is Greater," *New York Times*, August 31, 2003, https://www.nytimes.com/2003/08/31/business/virus-aside-gates-says-reliability-is-greater.html.

87. John Leyden, "Blaster Variant Offers 'Fix' for Pox-Ridden PCs," *Register*, August 19, 2003, https://www.theregister.co.uk/2003/08/19/blaster_variant_offers_fix/.

88. "W32.Welchia.Worm," Symantec Security Center, Symantec, last updated August 11, 2017, https://www.symantec.com/security-center/writeup/2003-081815-2308-99; Leyden, "Blaster Variant."

89. John Schwartz, "A Viral Epidemic," *New York Times*, August 24, 2003, https://www.nytimes.com/2003/08/24/weekinreview/august-17-23-technology-a-viral-epidemic.html.

90. Elise Labott, "'Welchia Worm' Hits U.S. State Dept. Network," *CNN*, September 24, 2003, http://www.cnn.com/2003/TECH/internet/09/24/state.dept.virus/index.html.

91. "W32.Sobig.F@mm," Symantec Security Center, Symantec, last updated February 13, 2007, https://www.symantec.com/security-center/writeup/2003-081909-2118-99.

92. John Schwartz, "Microsoft Sets $5 Million Virus Bounty," *New York Times*, November

6, 2003, https://www.nytimes.com/2003/11/06/business/technology-microsoft-sets-5-million-virus-bounty.html.

93. Luke Harding, "Court Hears How Teenage Introvert Created Devastating Computer Virus in His Bedroom," *Guardian*, July 6, 2005, https://www.theguardian.com/technology/2005/jul/06/germany.internationalnews.

94. Harding, "Teenage Introvert."

95. NewsScan, "Sasser Creator Turned in for the Reward," *Risks Digest* 23, no. 37 (2004), https://catless.ncl.ac.uk/Risks/23/37.

96. "The Worm That Turned," *Sydney Morning Herald*, September 12, 2004, https://www.smh.com.au/world/the-worm-that-turned-20040912-gdjq5w.html.

97. Harding, "Teenage Introvert."

98. Harding, "Teenage Introvert."

99. Victor Homola, "'Sasser' Hacker Is Sentenced," *New York Times*, July 9, 2005, https://www.nytimes.com/2005/07/09/world/world-briefing-europe-germany-sasser-hacker-is-sentenced.html.

100. Nicholas Weaver and Vern Paxson, "A Worst-Case Worm" (presentation, 3rd Workshop on the Economics of Information Security, Minneapolis, May 2004), http://www.icir.org/vern/papers/worst-case-worm.WEIS04.pdf.

101. Stuart Staniford, Vern Paxson, and Nicholas Weaver, "How to Own the Internet in Your Spare Time" (presentation, 11th USENIX Security Symposium, San Francisco, August 5–9, 2002).

102. Staniford et al., "How to Own the Internet."

103. "Experts: Microsoft Security Gets an 'F,'" *CNN*, February 1, 2003, http://www.cnn.com/2003/TECH/biztech/02/01/microsoft.security.reut/.

104. "Microsoft and Dell Win $90M Homeland Security Contract," *Information Week*, last updated July 16, 2003, https://www.informationweek.com/microsoft-and-dell-win-$90m-homeland-security-contract/d/d-id/1019955; Greg Goth, "Addressing the Monoculture," *IEEE Security & Privacy* 1, no. 6 (2003): 8–10, https://doi.org/10.1109/MSECP.2003.1253561.

105. Jonathan Krim, "Microsoft Placates Two Foes," *Washington Post*, November 9, 2004.

106. Dan Geer, Rebecca Bace, Peter Gutmann, Perry Metzger, Charles P. Pfleeger, John S. Quarterman, and Bruce Schneier, *CyberInsecurity: The Cost of Monopoly* (Washington, DC: Computer & Communications Industry Association, 2003); Goth, "Addressing the Monoculture."

107. Geer et al., *The Cost of Monopoly*.

108. Geer et al., *The Cost of Monopoly*, 20.

109. Geer et al., *The Cost of Monopoly*, 12.

110. Geer et al., *The Cost of Monopoly*, 13.

111. Geer et al., *The Cost of Monopoly*, 17.

112. Geer et al., *The Cost of Monopoly*, 18.

113. Geer et al., *The Cost of Monopoly*, 5.

114. Geer et al., *The Cost of Monopoly*, 19.

115. Robert Lemos, "Academics Get NSF Grant for Net Security Centers," *ZDNet*, September 21, 2004, https://www.zdnet.com/article/academics-get-nsf-grant-for-net-security-centers/.

116. Dan Geer, "Monopoly Considered Harmful," *IEEE Security & Privacy* 1, no. 6 (2003): 14–17, https://doi.org/10.1109/MSECP.2003.1253563.

117. Geer et al., *The Cost of Monopoly*, 5; Goth, "Addressing the Monoculture."

118. John Schwartz, "Worm Hits Microsoft, Which Ignored Own Advice," *New York Times*, January 28, 2003, https://www.nytimes.com/2003/01/28/business/technology-worm-hits-microsoft-which-ignored-own-advice.html.

119. William A. Arbaugh, William L. Fithen, and John McHugh, "Windows of Vulnerability: A Case Study Analysis," *IEEE Computer* 33, no. 12 (2000), https://doi.org/10.1109/2.889093.

120. Arbaugh et al., "Windows of Vulnerability."

121. Eric Rescorla, "Security Holes...Who Cares?" (presentation, 12th USENIX Security Symposium, Washington, DC, August 4–8, 2003).

122. United States General Accounting Office, *Effective Patch Management Is Critical to Mitigating Software Vulnerabilities* (Washington, DC: United States Accounting Office, September 10, 2003).

123. Helen J. Wang, *Some Anti-Worm Efforts at Microsoft* (Redmond, WA: Microsoft Corporation, 2004), http://www.icir.org/vern/worm04/hwang.pdf; Steve Beattie, Seth Arnold, Crispin Cowan, Perry Wagle, Chris Wright, and Adam Shostack, "Timing the Application of Security Patches for Optimal Uptime" (presentation, 16th Large Installation System Administration Conference, Philadelphia, November 3–8, 2003), https://adam.shostack.org/time-to-patch-usenix-lisa02.pdf.

124. Ted Bridis, "Microsoft Pulls XP Update over Glitch," *Associated Press*, May 27, 2003; Brian Krebs, "New Patches Cause BSoD for Some Windows XP Users," *Krebs on Security* (blog), February 11, 2010, https://krebsonsecurity.com/2010/02/new-patches-cause-bsod-for-some-windows-xp-users/.

125. Beattie et al., "Security Patches."

126. Bishop, "Should Microsoft Be Liable?"

127. Martin LaMonica, "Microsoft Renews Security Vows," *CNET News*, June 3, 2003.

128. LaMonica, "Microsoft Renews Security Vows."

129. "Software: Microsoft Releases First Security Update," *New York Times*, October 16, 2003, https://www.nytimes.com/2003/10/16/business/technology-briefing-software-microsoft-releases-first-security-update.html; MSRC Team, "Inside the MSRC—The Monthly Security Update Releases," *MSRC* (blog), February 14, 2018, https://blogs.technet.microsoft.com/msrc/2018/02/14/inside-the-msrc-the-monthly-security-update-releases/.

130. "Microsoft Releases First Security Update."

131. MSRC Team, "Monthly Security Update Releases"; Christopher Budd, "Ten Years of Patch Tuesdays: Why It's Time to Move On," *GeekWire*, October 31, 2013, https://www.geekwire.com/2013/ten-years-patch-tuesdays-time-move/.

132. Ryan Naraine, "Exploit Wednesday Follows MS Patch Tuesday," *ZDNet*, June 13, 2007, https://www.zdnet.com/article/exploit-wednesday-follows-ms-patch-tues day/.

133. Microsoft Corporation, *Digital Crosshairs*.

134. Microsoft Corporation, *Digital Crosshairs*.

135. Microsoft Corporation, *Digital Crosshairs*.

136. Microsoft Corporation, *Digital Crosshairs*.

137. Microsoft Corporation, *Digital Crosshairs*.

138. Microsoft Corporation, *Digital Crosshairs*.

139. Microsoft Corporation, *Digital Crosshairs*.

140. Microsoft Corporation, *Digital Crosshairs*.

141. Robert Lemos, "Microsoft Failing Security Test?" *ZDNet*, January 11, 2002, https://www.zdnet.com/article/microsoft-failing-security-test/.

142. Andy Oram and Greg Wilson, eds., *Making Software: What Really Works, and Why We Believe It* (Sebastopol, CA: O'Reilly Media, 2010).

143. Carol Sliwa, "Microsoft's Report Card," *Computerworld*, January 13, 2003.

144. Nick Wingfield, "Microsoft Sheds Reputation as an Easy Mark for Hackers," *New York Times*, November 17, 2015, https://www.nytimes.com/2015/11/18/technology/microsoft-once-infested-with-security-flaws-does-an-about-face.html; John Viega, "Ten Years of Trustworthy Computing: Lessons Learned," *IEEE Security & Privacy* 9, no. 5 (2011): 3–4, https://doi.ieeecomputersociety.org/10.1109/MSP.2011.143.

145. John Leyden, "10 Years Ago Today: Bill Gates Kicks Arse over Security," *Register*, January 15, 2012, https://www.theregister.co.uk/2012/01/15/trustworthy_computing_memo/; Jim Kerstetter, "Daily Report: Microsoft Finds Its Security Groove," *New York Times*, November 17, 2015, https://bits.blogs.nytimes.com/2015/11/17/daily-report-

microsoft-finds-its-security-groove/.

146. Tom Bradley, "The Business World Owes a Lot to Microsoft Trustworthy Computing," *Forbes*, March 5, 2014.

147. Microsoft Corporation, *Digital Crosshairs*.

148. Stephen Foley, "Larry Ellison Owns a Fighter Jet, Yacht Racing Team and Supercars Galore, So What Did the Billionaire Buy Next? The Hawaiian Island of Lanai," *Independent* (UK), June 22, 2012, https://www.independent.co.uk/news/world/ americas/larry-ellison-owns-a-fighter-jet-yacht-racing-team-and-supercars-galore- so-what-did-the-billionaire-7873541.html; Mark David, "Larry Ellison's Japanese Freak Out," *Variety*, January 3, 2007, https://variety.com/2007/dirt/real-estalker/larry- ellisons-japanese-freak-out-1201225604/; Emmie Martin, "Here's What It's Like to Stay on the Lush Hawaiian Island Larry Ellison Bought for $300 Million," *CNBC*, November 15, 2017, https://www.cnbc.com/2017/11/14/see-lanai-the-hawaiian-island- larry-ellison-bought-for-300-million.html.

149. "A Decade of Oracle Security," attrition.org, last updated July 28, 2008, http://attrition. org/security/rant/oracle01/; Andy Greenberg, "Oracle Hacker Gets the Last Word," *Forbes*, February 2, 2010, https://www.forbes.com/2010/02/02/hacker-litchfield- ellison-technology-security-oracle.html.

150. "Decade of Oracle Security."

151. "Decade of Oracle Security."

152. "Decade of Oracle Security."

153. Oracle Corporation, *Unbreakable: Oracle's Commitment to Security* (Redwood Shores, CA: Oracle Corporation, 2002).

154. Oracle Corporation, *Unbreakable*, 2.

155. Oracle Corporation, *Unbreakable*, 2.

156. Oracle Corporation, *Unbreakable*, 12.

157. Oracle Corporation, *Unbreakable*, 3.

158. Oracle Corporation, *Unbreakable*, 4.

159. David Litchfield, *Hackproofing Oracle Application Server* (Manchester, UK: NCC Group, 2013), https://www.nccgroup.trust/au/our-research/hackproofing-oracle- application-server/; Robert Lemos, "Guru Says Oracle's 9i Is Indeed Breakable," *CNET News*, March 2, 2002, https://www.cnet.com/news/guru-says-oracles-9i-is- indeed-breakable/.

160. Thomas C. Greene, "How to Hack Unbreakable Oracle Servers," *Register*, February 2, 2002, https://www.theregister.co.uk/2002/02/07/how_to_hack_unbreakable_oracle/.

161. Greene, "Unbreakable Oracle Servers."

162. "Decade of Oracle Security."

163. "Decade of Oracle Security."

164. "Decade of Oracle Security."

165. "Decade of Oracle Security."

166. David Litchfield, "Opinion: Complete Failure of Oracle Security Response and Utter Neglect of Their Responsibility to Their Customers," SecLists.Org Security Mailing List Archive, last updated January 6, 2005, https://seclists.org/bugtraq/2005/Oct/56.

167. Litchfield, "Opinion: Complete Failure of Oracle Security."

168. Munir Kotadia, "Oracle No Longer a 'Bastion of Security': Gartner," *ZDNet Australia*, January 24, 2006; "Decade of Oracle Security."

169. "Decade of Oracle Security."

170. Oracle Corporation, *Unbreakable*, 3.

171. Sean Michael Kerner, "Oracle Patches 301 Vulnerabilities in October Update," *eWeek*, October 18, 2018, https://www.eweek.com/security/oracle-patches-301-vulnerabilities-in-october-update.

172. "Oracle Agrees to Settle FTC Charges It Deceived Consumers about Java Software Updates," Federal Trade Commission, last updated December 21, 2015, https://www.ftc.gov/news-events/press-releases/2015/12/oracle-agrees-settle-ftc-charges-it-deceived-consumers-about-java; Sean Gallagher, "Oracle Settles with FTC over Java's 'Deceptive' Security Patching," *Ars Technica*, December 21, 2015, https://arstechnica.com/information-technology/2015/12/oracle-settles-with-ftc-over-javas-deceptive-security-patching/.

173. Gallagher, "Oracle Agrees to Settle."

174. Gallagher, "Oracle Agrees to Settle."

175. "Microsoft Security Intelligence Report," Microsoft Security, Microsoft Corporation, last accessed May 12, 2019, https://www.microsoft.com/securityinsights/; "Microsoft Security Guidance Blog," Microsoft TechNet, Microsoft Corporation, last accessed May 12, 2019, https://blogs.technet.microsoft.com/secguide/; "Microsoft Security Response Center," Microsoft Security Response Center, Microsoft Corporation, last accessed May 12, 2019, https://www.microsoft.com/en-us/msrc.

176. Howard and Lipner, *The Security Development Lifecycle*.

177. John Viega, J. T. Bloch, Tadayoshi Kohno, and Gary McGraw, "ITS4: A Static Vulnerability Scanner for C and C++ Code" (presentation, 16th Annual Computer Security Applications Conference, New Orleans, December 11–15, 2000), https://doi.org/10.1109/ACSAC.2000.898880.

178. "On the Record: The Year in Security Quotes," SearchEnterpriseDesktop, TechTarget,

last updated December 29, 2004, https://searchenterprisedesktop.techtarget.com/news/1036885/On-the-record-The-year-in-security-quotes.

179. Ryan Singel, "Apple Goes on Safari with Hostile Security Researchers," *Wired*, June 14, 2007, https://www.wired.com/2007/06/researchersmeetsafari/.

180. Andy Greenberg, "Apples for the Army," *Forbes*, December 21, 2007, https://www.forbes.com/2007/12/20/apple-army-hackers-tech-security-cx_ag_1221army.html.

181. Gregg Keizer, "Apple Issues Massive Security Update for Mac OS X," *Computerworld*, February 12, 2009, https://seclists.org/isn/2009/Feb/48; Dan Goodin, "Apple Unloads 47 Fixes for iPhones, Macs and QuickTime," *Register*, September 11, 2009, https://www.theregister.co.uk/2009/09/11/apple_security_updates/.

182. Paul McDougall, "Apple iPhone Out, BlackBerry 8800 in at NASA," *InformationWeek*, July 31, 2007, https://seclists.org/isn/2007/Aug/1.

183. Charlie Miller, Jake Honoroff, and Joshua Mason, *Security Evaluation of Apple's iPhone* (Baltimore: Independent Security Evaluators, 2007), https://www.ise.io/wp-content/uploads/2017/07/exploitingiphone.pdf.

184. "Secure Enclave Overview," Apple Platform Security, Apple, last accessed March 10, 2020, https://support.apple.com/guide/security/secure-enclave-overview-sec59b0b31ff/web.

185. "Secure Enclave Overview."

186. Manu Gulati, Michael J. Smith, and Shu-Yi Yu, "Security Enclave Processor for a System on a Chip," US Patent US8832465B2, filed September 25, 2012, issued September 9, 2014, https://patents.google.com/patent/US8832465.

187. Simson Garfinkel, "The iPhone Has Passed a Key Security Threshold," *MIT Technology Review*, August 13, 2012, https://www.technologyreview.com/s/428477/the-iphone-has-passed-a-key-security-threshold/.

188. Apple, *Apple Platform Security* (Cupertino, CA: Apple, 2019), 53–54, https://manuals.info.apple.com/MANUALS/1000/MA1902/en_US/apple-platform-security-guide.pdf.

189. Devlin Barrett and Danny Yadron, "New Level of Smartphone Encryption Alarms Law Enforcement," *Wall Street Journal*, September 22, 2014, https://www.wsj.com/articles/new-level-of-smartphone-encryption-alarms-lawenforcement-1411420341.

190. Cyrus Farivar, "Judge: Apple Must Help FBI Unlock San Bernardino Shooter's iPhone," *Ars Technica*, February 16, 2016, https://arstechnica.com/tech-policy/2016/02/judge-apple-must-help-fbi-unlock-san-bernardino-shooters-iphone/.

191. Apple, "A Message to Our Customers," last updated February 16, 2016, https://www.apple.com/customer-letter/.

192. Cyrus Farivar and David Kravets, "How Apple Will Fight the DOJ in iPhone

Backdoor Crypto Case," *Ars Technica*, February 18, 2016, https://arstechnica.com/tech-policy/2016/02/how-apple-will-fight-the-doj-in-iphone-backdoor-crypto-case/.

193. Gary McGraw, "From the Ground Up: The DIMACS Software Security Workshop," *IEEE Security & Privacy* 1, no. 2 (2003): 59–66, https://doi.org/10.1109/MSECP.2003.1193213.

194. Robert Lemos, "Re: The Strategic Difference of 0day," SecLists.Org Security Mailing List Archive, last updated June 15, 2011, https://seclists.org/dailydave/2011/q2/105; Dave Aitel, "Exploits Matter," SecLists.Org Security Mailing List Archive, last updated October 6, 2009, https://seclists.org/dailydave/2009/q4/2.

195. Jerry Pournelle, "Of Worms and Things," *Dr. Dobb's Journal*, December 2003.

第六章：易用的安全性、經濟學與心理學

1. Zinaida Benenson, Gabriele Lenzini, Daniela Oliveira, Simon Edward Parkin, and Sven Ubelacker, "Maybe Poor Johnny Really Cannot Encrypt: The Case for a Complexity Theory for Usable Security" (presentation, 15th New Security Paradigms Workshop, Twente, the Netherlands, September 8–11, 2015), https://doi.org/10.1145/2841113.2841120.

2. Tom Regan, "Putting the Dancing Pigs in Their Cyber-Pen," *Christian Science Monitor*, October 7, 1999, https://www.csmonitor.com/1999/1007/p18s2.html.

3. Bruce Sterling, *The Hacker Crackdown* (New York: Bantam, 1992), http://www.gutenberg.org/ebooks/101.

4. Sterling, *The Hacker Crackdown*.

5. Sterling, *The Hacker Crackdown*.

6. Steven M. Bellovin, Terry V. Benzel, Bob Blakley, Dorothy E. Denning, Whitfield Diffie, Jeremy Epstein, and Paulo Verissimo, "Information Assurance Technology Forecast 2008," *IEEE Security & Privacy* 6, no. 1 (2008): 16–23, https://doi.org/10.1109/MSP.2008.13.

7. Gary Rivlin, "Ideas & Trends: Your Password, Please; Pssst, Computer Users...Want Some Candy?" *New York Times*, April 25, 2004, https://www.nytimes.com/2004/04/25/weekinreview/ideas-trends-your-password-please-pssst-computer-users-want-some-candy.html.

8. Rivlin, "Your Password, Please."

9. Simson Garfinkel and Heather Richter Lipford, *Usable Security: History, Themes, and Challenges* (San Rafael, CA: Morgan & Claypool, 2014), 18.

10. Alma Whitten and J. D. Tygar, "Why Johnny Can't Encrypt: A Usability Evaluation of PGP 5.0" (presentation, 8th USENIX Security Symposium, Washington, DC, August

23–26, 1999).

11. Mary Ellen Zurko and Richard T. Simon, "User-Centered Security" (presentation, New Security Paradigms Workshop, Lake Arrowhead, CA, 1996).

12. Zurko and Simon, "User-Centered Security."

13. Jerome H. Saltzer and M. D. Schroeder, "The Protection of Information in Computer Systems," *Proceedings of the IEEE* 63, no. 9 (1975): 1278–1308, http://doi.org/10.1109/PROC.1975.9939.

14. Saltzer and Schroeder, "Protection of Information."

15. Saltzer and Schroeder, "Protection of Information."

16. James Reason, *Human Error* (Cambridge: Cambridge University Press, 1990).

17. Zurko and Simon, "User-Centered Security."

18. Whitten and Tygar, "Why Johnny Can't Encrypt."

19. Whitten and Tygar, "Why Johnny Can't Encrypt."

20. "Encryption, Powered by PGP," Encryption Family, Symantec Corporation, last accessed May 14, 2019, https://www.symantec.com/products/encryption.

21. "Encryption, Powered by PGP."

22. Dieter Gollmann, *Computer Security* (New York: Wiley, 2011), 264.

23. Whitten and Tygar, "Why Johnny Can't Encrypt"; Garfinkel and Lipford, *Usable Security*, 15.

24. Whitten and Tygar, "Why Johnny Can't Encrypt."

25. Whitten and Tygar, "Why Johnny Can't Encrypt."

26. Whitten and Tygar, "Why Johnny Can't Encrypt."

27. Whitten and Tygar, "Why Johnny Can't Encrypt."

28. Whitten and Tygar, "Why Johnny Can't Encrypt."

29. Computing Research Association, *Four Grand Challenges in Trustworthy Computing* (Washington, DC: Computing Research Association, 2003).

30. Computing Research Association, *Four Grand Challenges*, 4.

31. "Symposium on Usable Privacy and Security," CyLab Usable Privacy and Security Laboratory, Carnegie Mellon University, last accessed May 14, 2019, http://cups.cs.cmu.edu/soups/.

32. Garfinkel and Lipford, *Usable Security*, 3.

33. Ka-Ping Yee, *User Interaction Design for Secure Systems* (Berkeley: University of California, 2002); Jakob Nielsen, "Security & Human Factors," Nielsen Normal Group, last updated November 26, 2000, https://www.nngroup.com/articles/security-and-human-factors/.

34. Whitten and Tygar, "Why Johnny Can't Encrypt."

35. Rogerio de Paula, Xianghua Ding, Paul Dourish, Kari Nies, Ben Pillet, David Redmiles, Jie Ren et al., "Two Experiences Designing for Effective Security" (presentation, Symposium on Usable Privacy and Security, Pittsburgh, PA, July 6–8, 2005), https://doi.org/10.1145/1073001.1073004.

36. Lorrie Faith Cranor, "A Framework for Reasoning about the Human in the Loop' (presentation, 1st Conference on Usability, Psychology, and Security, San Francisco, April 14, 2008).

37. Cranor, "Human in the Loop."

38. Garfinkel and Lipford, *Usable Security*, 55.

39. Garfinkel and Lipford, *Usable Security*, 55.

40. David F. Gallagher, "Users Find Too Many Phish in the Internet Sea," *New York Times*, September 20, 2004, https://www.nytimes.com/2004/09/20/technology/users-find-too-many-phish-in-the-internet-sea.html; Garfinkel and Lipford, *Usable Security*, 55.

41. L. McLaughlin, "Online Fraud Gets Sophisticated," *IEEE Internet Computing* 7, no. 5 (2003): 6–8, http://dx.doi.org/10.1109/MIC.2003.1232512; Ronald J. Mann, *Regulating Internet Payment Intermediaries* (Austin: University of Texas, 2003), 699; Dinei Florencio, Cormac Herley, and Paul C. van Oorschot, "An Administrator's Guide to Internet Password Research" (presentation, 28th Large Installation System Administration Conference, Seattle, November 9–14, 2014).

42. Julie S. Downs, Mandy B. Holbrook, and Lorrie Faith Cranor, "Decision Strategies and Susceptibility to Phishing" (presentation, Symposium on Usable Privacy and Security, Pittsburgh, PA, July 12–14, 2006), https://doi.org/10.1145/1143120.1143131.

43. Garfinkel and Lipford, *Usable Security*, 56.

44. Garfinkel and Lipford, *Usable Security*, 56.

45. Ponnurangam Kumaraguru, Steve Sheng, Alessandro Acquisti, Lorrie Faith Cranor, and Jason Hong, "Teaching Johnny Not to Fall for Phish," *ACM Transactions on Internet Technology* 10, no. 2 (2010), https://doi.org/10.1145/1754393.1754396; Kyung Wha Hong, Christopher M. Kelley, Rucha Tembe, Emerson Murphy-Hill, and Christopher B. Mayhorn, "Keeping Up with the Joneses: Assessing Phishing Susceptibility in an Email Task," *Proceedings of the Human Factors and Ergonomics Society Annual Meeting* 57, no. 1 (2013): 1012–1016, https://doi.org/10.1177%2F1541931213571226; Ponnurangam Kumaraguru, Justin Cranshaw, Alessandro Acquisti, Lorrie Cranor, Jason Hong, Mary Ann Blair, and Theodore Pham, "School of Phish: A Real-World Evaluation of Anti-Phishing Training" (presentation, Symposium on Usable Privacy and Security, Mountain View, CA, July 15–17, 2009), https://doi.org/10.1145/1572532.1572536.

46. Andrew Stewart, "A Utilitarian Re-Examination of Enterprise-Scale Information Security Management," *Information and Computer Security* 26, no. 1 (2018): 39–57, https://doi.org/10.1108/ICS-03-2017-0012.

47. Stewart, "A Utilitarian Re-Examination."

48. Garfinkel and Lipford, *Usable Security*, 58–61.

49. Rachna Dhamija and J. D. Tygar, "The Battle against Phishing: Dynamic Security Skins" (presentation, Symposium on Usable Privacy and Security, Pittsburgh, PA, July 6–8, 2005), https://doi.org/10.1145/1073001.1073009.

50. Douglas Stebila, "Reinforcing Bad Behavior: The Misuse of Security Indicators on Popular Websites" (presentation, 22nd Conference of the Computer-Human Interaction Special Interest Group of Australia on Computer-Human Interaction, Brisbane, November 22–26, 2010), https://doi.org/10.1145/1952222.1952275.

51. Garfinkel and Lipford, *Usable Security*, 58.

52. Garfinkel and Lipford, *Usable Security*, 58.

53. Min Wu, Robert C. Miller, and Simson L. Garfinkel, "Do Security Toolbars Actually Prevent Phishing Attacks?" (presentation, SIGHCI Conference on Human Factors in Computing Systems, Montreal, April 22–27, 2006); Rachna Dhamija, J. D. Tygar, and Marti Hearst, "Why Phishing Works" (presentation, SIGHCI Conference on Human Factors in Computing Systems, Montreal, April 22–27, 2006), https://doi.org/10.1145/1124772.1124861.

54. Wu et al., "Security Toolbars."

55. Kumaraguru et al., "School of Phish."

56. Ben Rothke, *Computer Security: 20 Things Every Employee Should Know* (New York: McGraw-Hill, 2003); Kumaraguru et al., "Teaching Johnny."

57. Garfinkel and Lipford, *Usable Security*, 55.

58. Cormac Herley, "Why Do Nigerian Scammers Say They Are from Nigeria?" (presentation, 11th Workshop on the Economics of Information Security, Berlin, June 25–26, 2012), https://www.microsoft.com/en-us/research/publication/why-do-nigerian-scammers-say-they-are-from-nigeria/.

59. Herley, "Nigerian Scammers."

60. Herley, "Nigerian Scammers."

61. Herley, "Nigerian Scammers."

62. Herley, "Nigerian Scammers."

63. Matt Bishop, *Computer Security: Art and Science* (Boston: Addison-Wesley, 2003), 309–310.

64. Bishop, *Computer Security*, 309–310.

65. Joe Bonneau, Cormac Herley, Paul C. van Oorschot, and Frank Stajano, "Passwords and the Evolution of Imperfect Authentication," *Communications of the ACM* 58, no. 7 (2015): 78–87, https://doi.org/10.1145/2699390.

66. Bonneau et al., "Evolution of Imperfect Authentication."

67. Bonneau et al., "Evolution of Imperfect Authentication."

68. Jerome H. Saltzer, "Protection and the Control of Information Sharing in Multics," *Communications of the ACM* 17, no. 7 (1974): 388–402, https://doi.org/10.1145/361011.361067.

69. Robert Morris and Ken Thompson, "Password Security: A Case History," *Communications of the ACM* 22 no. 11 (1979): 594–597, https://doi.org/10.1145/359168.359172.

70. Morris and Thompson, "Password Security"; Bishop, *Computer Security*, 311.

71. Morris and Thompson, "Password Security"; Bishop, *Computer Security*, 311.

72. Bishop, *Computer Security*, 312.

73. Morris and Thompson, "Password Security."

74. Morris and Thompson, "Password Security."

75. Department of Defense, *Password Management Guideline* (Fort Meade, MD: Department of Defense, April 12, 1985); Bonneau et al., "Evolution of Imperfect Authentication."

76. Department of Defense, *Password Management Guideline*.

77. National Bureau of Standards, *Password Usage—Federal Information Processing Standards Publication 112* (Gaithersburg, MD: National Bureau of Standards, 1985), https://csrc.nist.gov/publications/detail/fips/112/archive/1985-05-01.

78. Bonneau et al., "Evolution of Imperfect Authentication."

79. Bonneau et al., "Evolution of Imperfect Authentication."

80. Dinei Florencio, Cormac Herley, and Paul C. van Oorschot, "Password Portfolios and the Finite-Effort User: Sustainably Managing Large Numbers of Accounts" (presentation, 23rd USENIX Security Symposium, San Diego, August 20–22, 2014).

81. Dinei Florencio and Cormac Herley, "A Large Scale Study of Web Password Habits" (presentation, 16th International Conference on World Wide Web, Banff, Canada, May 8–12, 2007), https://doi.org/10.1145/1242572.1242661.

82. Anupam Das, Joseph Bonneau, Matthew Caesar, Nikita Borisov, and XiaoFeng Wang, "The Tangled Web of Password Reuse" (presentation, San Diego, February 23–26, 2014), https://doi.org/10.14722/ndss.2014.23357.

83. Jianxin Yan, Alan Blackwell, Ross Anderson, and Alasdair Grant, *The Memorability and Security of Passwords—Some Empirical Results* (Cambridge: University of Cambridge,

2000).

84. Stuart Schechter, Cormac Herley, and Michael Mitzenmacher, "Popularity Is Everything; A New Approach to Protecting Passwords from Statistical-Guessing Attacks" (presentation, 5th USENIX Workshop on Hot Topics in Security, Washington, DC, August 11–13, 2010), https://www.microsoft.com/en-us/research/publication/popularity-is-everything-a-new-approach-to-protecting-passwords-from-statistical-guessing-attacks/.

85. Cynthia Kuo, Sasha Romanosky, and Lorrie Faith Cranor, "Human Selection of Mnemonic Phrase-Based Passwords" (presentation, Symposium on Usable Privacy and Security, Pittsburgh, PA, July 12–14, 2006), https://doi.org/10.1145/1143120.1143129.

86. Schechter et al., "Popularity Is Everything."

87. Dinei Florencio, Cormac Herley, and Baris Coskun, "Do Strong Web Passwords Accomplish Anything?" (presentation, 2nd USENIX Workshop on Hot Topics in Security, Boston, August 7, 2007).

88. Richard Shay, Saranga Komanduri, Patrick Gage Kelley, Pedro Giovanni Leon, Michelle L. Mazurek, Lujo Bauer, Nicolas Christin et al., "Encountering Stronger Password Requirements: User Attitudes and Behaviors" (presentation, Symposium on Usable Privacy and Security, Redmond, WA, July 14–16, 2010), https://doi.org/10.1145/1837110.1837113; Florencio et al., "An Administrator's Guide."

89. Garfinkel and Lipford, *Usable Security*, 40–43.

90. Joseph Bonneau, Cormac Herley, Paul C. van Oorschot, and Frank Stajano, "The Quest to Replace Passwords: A Framework for Comparative Evaluation of Web Authentication Schemes" (presentation, IEEE Symposium on Security and Privacy, San Francisco, May 20–23, 2012), https://doi.org/10.1109/SP.2012.44.

91. Garfinkel and Lipford, *Usable Security*, 46.

92. Garfinkel and Lipford, *Usable Security*, 43–25.

93. Cormac Herley and Paul van Oorschot, "A Research Agenda Acknowledging the Persistence of Passwords," *IEEE Security & Privacy* 10, no. 1 (2012): 28–36, https://doi.org/10.1109/MSP.2011.150.

94. Herley and van Oorschot, "A Research Agenda"; Bonneau et al., "Quest to Replace Passwords."

95. Bonneau et al., "Quest to Replace Passwords."

96. Herley and van Oorschot, "A Research Agenda."

97. Herley and van Oorschot, "A Research Agenda."

98. Herley and van Oorschot, "A Research Agenda."

99. Dinei Florencio and Cormac Herley, "Where Do Security Policies Come From?"

(presentation, Symposium on Usable Privacy and Security, Redmond, WA, July 14–16, 2010), https://doi.org/10.1145/1837110.1837124; Florencio et al., "Strong Web Passwords."

100. Florencio et al., "An Administrator's Guide."

101. Florencio et al., "An Administrator's Guide."

102. Florencio et al., "Strong Web Passwords."

103. Bonneau et al., "Evolution of Imperfect Authentication."

104. Yinqian Zhang, Fabian Monrose, and Michael K. Reiter, "The Security of Modern Password Expiration: An Algorithmic Framework and Empirical Analysis" (presentation, 17th ACM Conference on Computer and Communications Security, Chicago, October 4–8, 2010), https://doi.org/10.1145/1866307.1866328.

105. Ross Anderson, "Ross Anderson's Home Page," University of Cambridge Computer Laboratory, last accessed May 15, 2019, https://www.cl.cam.ac.uk/~rja14/.

106. Ross Anderson, interview by Jeffrey R. Yost, *Charles Babbage Institute*, May 21, 2015, 5, http://hdl.handle.net/11299/174607.

107. Anderson, interview by Yost, 9.

108. Anderson, interview by Yost, 9.

109. Anderson, interview by Yost, 9.

110. Anderson, interview by Yost, 9, 10.

111. Anderson, interview by Yost, 32.

112. Gollmann, *Computer Security*, 284.

113. Anderson, interview by Yost, 37.

114. Anderson, interview by Yost, 37–38.

115. Ross Anderson, "Security Economics—A Personal Perspective" (presentation, 28th Annual Computer Security Applications Conference, Orlando, December 3–7, 2012), https://doi.org/10.1145/2420950.2420971.

116. Anderson, "Security Economics."

117. Anderson, interview by Yost, 39.

118. William Forster Lloyd, *Two Lectures on the Checks to Population* (Oxford: Oxford University Press, 1833).

119. Lloyd, *Two Lectures*.

120. Anderson, interview by Yost, 42; Anderson, "Security Economics."

121. Tyler Moore and Ross Anderson, *Economics and Internet Security: A Survey of Recent Analytical, Empirical and Behavioral Research* (Cambridge, MA: Harvard University, 2011).

122. Christian Kreibich, Chris Kanich, Kirill Levchenko, Brandon Enright, Geoff

Voelker, Vern Paxson, and Stefan Savage, "Spamalytics: An Empirical Analysis of Spam Marketing Conversion" (presentation, ACM Conference on Computer and Communications Security, Alexandria, VA, October 27–31, 2008).

123. Kreibich et al., "Spamalytics."

124. Ross Anderson, "Why Information Security Is Hard—An Economic Perspective" (presentation, 17th Annual Computer Security Applications Conference, New Orleans, December 10–14, 2001), https://doi.org/10.1109/ACSAC.2001.991552.

125. Tyler Moore, Richard Clayton, and Ross Anderson, "The Economics of Online Crime," *Journal of Economic Perspectives* 23, no. 3 (2009): 3–20, https://www.aeaweb.org/articles?id=10.1257/jep.23.3.3.

126. Moore et al., "Economics of Online Crime."

127. Moore et al., "Economics of Online Crime."

128. Anderson, "Why Information Security Is Hard."

129. L. Jean Camp, *The State of Economics of Information Security* (Bloomington: Indiana University, 2006).

130. Benjamin Edelman, "Adverse Selection in Online 'Trust' Certifications and Search Results," *Electronic Commerce Research and Applications* 10, no. 1 (2011): 17–25, https://doi.org/10.1016/j.elerap.2010.06.001.

131. "The FTC's TRUSTe Case: When Seals Help Seal the Deal," Federal Trade Commission, last updated November 17, 2014, https://www.ftc.gov/news-events/blogs/business-blog/2014/11/ftcs-truste-case-when-seals-help-seal-deal.

132. Edelman, "Adverse Selection."

133. Edelman, "Adverse Selection."

134. Edelman, "Adverse Selection."

135. "TRUSTe Settles FTC Charges It Deceived Consumers through Its Privacy Seal Program," Federal Trade Commission, last updated November 17, 2014, https://www.ftc.gov/news-events/press-releases/2014/11/truste-settles-ftc-charges-it-deceived-consumers-through-its.

136. Hal R. Varian, "System Reliability and Free Riding" (presentation, 3rd Workshop on the Economics of Information Security, Minneapolis, 2004), https://doi.org/10.1007/1-4020-8090-5_1; Jack Hirshleifer, "From Weakest-Link to Best-Shot: The Voluntary Provision of Public Goods," *Public Choice* 41, no. 3 (1983): 371–386.

137. Ross Anderson and Tyler Moore: "Information Security: Where Computer Science, Economics and Psychology Meet," *Philosophical Transactions: Mathematical, Physical and Engineering Sciences* 367, no. 1898 (2009): 2717–2727, https://doi.org/10.1098/rsta.2009.0027.

138. Moore and Anderson, *Economics and Internet Security*.

139. Binyamin Appelbaum, "Nobel in Economics Is Awarded to Richard Thaler," *New York Times*, October 9, 2017, https://www.nytimes.com/2017/10/09/business/nobel-economics-richard-thaler.html.

140. Anderson, "Security Economics."

141. Nicolas Christin, Sally S. Yanagihara, and Keisuke Kamataki, "Dissecting One Click Frauds" (presentation, 17th ACM Conference on Computer and Communication Security, Chicago, October 4–8, 2010), https://doi.org/10.1145/1866307.1866310.

142. Christin et al., "Dissecting One Click Frauds."

143. Simson Garfinkel, "Cybersecurity Research Is Not Making Us More Secure" (presentation, University of Pennsylvania, Philadelphia, October 30, 2018), 63, https://simson.net/ref/2018/2018-10-31%20Cybersecurity%20Research.pdf.

144. Garfinkel, "Cybersecurity Research."

145. Steven Furnell and Kerry-Lynn Thomson, "Recognizing and Addressing Security Fatigue," *Computer Fraud & Security* 2009, no. 11 (2009): 7–11, https://doi.org/10.1016/S1361-3723(09)70139-3.

146. Brian Stanton, Mary F. Theofanos, Sandra Spickard Prettyman, and Susanne Furman, "Security Fatigue," *IT Professional* 18, no. 5 (2016): 26–32, http://dx.doi.org/10.1109/MITP.2016.84.

147. Emilee Rader, Rick Wash, and Brandon Brooks, "Stories as Informal Lessons about Security" (presentation, Symposium on Usable Privacy and Security, Washington, DC, July 11–13, 2012), https://doi.org/10.1145/2335356.2335364.

148. Emilee Rader and Rick Wash, "Identifying Patterns in Informal Sources of Security Information," *Journal of Cybersecurity* 1, no. 1 (2015): 121–144, https://doi.org/10.1093/cybsec/tyv008.

149. Rick Wash, "Folk Models of Home Computer Security" (presentation, Symposium on Usable Privacy and Security, Redmond, WA, July 14–16, 2010); Rader and Wash, "Identifying Patterns."

150. Wash, "Folk Models"; Rader and Wash, "Identifying Patterns."

151. Rader et al., "Stories as Informal Lessons."

152. Rader et al., "Stories as Informal Lessons."

153. Wash, "Folk Models."

154. Wash, "Folk Models."

155. Rader and Wash, "Identifying Patterns."

156. Rader and Wash, "Identifying Patterns."

157. Rader and Wash, "Identifying Patterns."

158. Andrew Stewart, "On Risk: Perception and Direction," *Computers & Security* 23, no. 5 (2004): 362–370, https://doi.org/10.1016/j.cose.2004.05.003.

159. Vic Napier, *Open Canopy Fatalities and Risk Homeostasis: A Correlation Study* (Monmouth: Department of Psychology, Western Oregon University, 2000).

160. Napier, *Open Canopy Fatalities*.

161. Napier, *Open Canopy Fatalities*.

162. John Adams, "Cars, Cholera, and Cows: The Management of Risk and Uncertainty," Cato Institute, last updated March 4, 1999, https://www.cato.org/publications/policy-analysis/cars-cholera-cows-management-risk-uncertainty.

163. Adams, "Cars, Cholera, and Cows."

164. Fridulv Sagberg, Stein Fosser, and Inger Anne Saetermo, "An Investigation of Behavioral Adaptation to Airbags and Antilock Brakes among Taxi Drivers," *Accident Analysis and Prevention* 29, no. 3 (1997): 293–302, http://dx.doi.org/10.1016/S0001-4575(96)00083-8.

165. Sagberg et al., "Investigation of Behavioral Adaptation."

166. M. Aschenbrenner and B. Biehl, "Improved Safety through Improved Technical Measures?" in *Challenges to Accident Prevention: The Issue of Risk Compensation Behavior* (Groningen, the Netherlands: Styx Publications, 1994), https://trid.trb.org/view/457353.

167. Aschenbrenner and Biehl, "Improved Safety."

168. John Ioannidis, "Re: Ping Works, but FTP/Telnet Get 'No Route to Host,'" comp. protocols.tcp-ip, July 22, 1992, http://securitydigest.org/tcp-ip/archive/1992/07.

169. Barry Glassner, *The Culture of Fear: Why Americans Are Afraid of the Wrong Things: Crime, Drugs, Minorities, Teen Moms, Killer Kids, Mutant Microbes, Plane Crashes, Road Rage, & So Much More* (New York: Basic Books, 2010).

170. Graham Lawton, "Everything Was a Problem and We Did Not Understand a Thing: An Interview with Noam Chomsky," *Slate*, March 25, 2012, https://slate.com/technology/2012/03/noam-chomsky-on-linguistics-and-climate-change.html.

171. Cormac Herley, "So Long, and No Thanks for the Externalities: The Rational Rejection of Security Advice by Users" (presentation, New Security Paradigms Workshop, Oxford, UK, September 8–11, 2009), https://doi.org/10.1145/1719030.1719050.

172. Benenson et al., "Maybe Poor Johnny Really Cannot Encrypt."

173. Herley, "So Long, and No Thanks."

174. Herley, "So Long, and No Thanks."

175. Dinei Florencio and Cormac Herley, "Is Everything We Know about Password-Stealing Wrong?" *IEEE Security & Privacy* 10, no. 6 (2012): 63–69, https://doi.

org/10.1109/MSP.2012.57.

176. Florencio and Herley, "Everything We Know."

177. Herley, "So Long, and No Thanks."

178. Herley, "So Long, and No Thanks."

179. Herley, "So Long, and No Thanks."

180. Herley, "So Long, and No Thanks."

181. Herley, "So Long, and No Thanks."

第七章：弱點的揭露、獎勵與市場

1. Freakonomics, "The Cobra Effect (Ep. 96): Full Transcript," *Freakonomics* (blog), October 11, 2012, http://freakonomics.com/2012/10/11/the-cobra-effect-full-transcript/.

2. John Diedrich and Raquel Rutledge, "ATF Sting in Milwaukee Flawed from Start," *Milwaukee Journal Sentinel*, September 12, 2016, https://www.jsonline.com/story/news/investigations/2016/09/12/atf-sting-milwaukee-flawed-start /90145044/; John Diedrich, "540: A Front," This American Life, last accessed May 19, 2019, https://www.thisamericanlife.org/540/transcript; John Diedrich and Raquel Rutledge, "ATF Uses Rogue Tactics in Storefront Stings across Nation," *Milwaukee Journal Sentinel*, December 7, 2013, http://archive.jsonline.com/watchdog/watchdogreports/atf-uses-rogue-tactics-in-storefront-stings-across-the-nation-b99146765z1-234916641.html.

3. Steve McConnell, *Code Complete: A Practical Handbook of Software Construction*, 2nd ed. (Redmond, WA: Microsoft Press, 2004).

4. Leyla Bilge and Tudor Dumitras, "Investigating Zero-Day Attacks," *Login* 38, no. 4 (2013): 6–12, https://www.usenix.org/publications/login/august-2013-volume-38-number-4/investigating-zero-day-attacks.

5. Bilge and Dumitras, "Investigating Zero-Day Attacks," 6.

6. Bilge and Dumitras, "Investigating Zero-Day Attacks," 6.

7. Trey Herr, Bruce Schneier, and Christopher Morris, *Taking Stock: Estimating Vulnerability Rediscovery* (Cambridge, MA: Harvard University, 2017), 6, https://www.belfercenter.org/publication/taking-stock-estimating-vulnerability-rediscovery.

8. Dave Aitel, "CIS VEP Panel Commentary," *CyberSecPolitics* (blog), November 23, 2016, https://cybersecpolitics.blogspot.com/2016/11/cis-vep-panel-commentary.html; Dave Aitel, "Do You Need 0days? What about Oxygen?" *CyberSecPolitics* (blog), August 1, 2017, https://cybersecpolitics.blogspot.com/2017/08/do-you-need-0days-what-about-oxygen.html.

9. Dave Aitel, "Zero Day—Totally Gnarly," *CyberSecPolitics* (blog), January 7, 2017,

https://cybersecpolitics.blogspot.com/2017/01/zero-daytotally-gnarly.html.

10. Dave Aitel, "Unboxing '0day' for Policy People," *CyberSecPolitics* (blog), November 28, 2016, https://cybersecpolitics.blogspot.com/2016/11/unboxing-0day-for-policy-people.html.

11. Bilge and Dumitras, "Investigating Zero-Day Attacks," 7.

12. Bilge and Dumitras, "Investigating Zero-Day Attacks," 7.

13. Bilge and Dumitras, "Investigating Zero-Day Attacks," 7.

14. Dave Aitel, "The Atlantic Council Paper," *CyberSecPolitics* (blog), January 17, 2017, https://cybersecpolitics.blogspot.com/2017/01/.

15. Dave Aitel, "The Atlantic Council Paper."

16. Sebastian Anthony, "The First Rule of Zero-Days Is No One Talks about ZeroDays (So We'll Explain)," *Ars Technica*, October 20, 2015, https://arstechnica.com/information-technology/2015/10/the-rise-of-the-zero-day-market/.

17. Anthony, "Zero-Days."

18. Riva Richmond, "The RSA Hack: How They Did It," *New York Times*, April 2, 2011, https://bits.blogs.nytimes.com/2011/04/02/the-rsa-hack-how-they-did-it/.

19. Richmond, "The RSA Hack."

20. John Markoff, "Security Firm Is Vague on Its Compromised Devices," *New York Times*, March 18, 2011, https://www.nytimes.com/2011/03/19/technology/19secure.html; Christopher Drew and John Markoff, "Data Breach at Security Firm Linked to Attack on Lockheed," *New York Times*, May 27, 2011, https://www.nytimes.com/2011/05/28/business/28hack.html; Christopher Drew, "Stolen Data Is Tracked to Hacking at Lockheed," *New York Times*, June 3, 2011, https://www.nytimes.com/2011/06/04/technology/04security.html.

21. Robert Graham and David Maynor, "A Simpler Way of Finding 0day" (presentation, Black Hat Briefings, Las Vegas, July 28–August 2, 2007), https://www.blackhat.com/presentations/bh-usa-07/Maynor_and_Graham/Whitepaper/bh-usa-07-maynor_and_graham-WP.pdf.

22. Graham and Maynor, "A Simpler Way."

23. Elias Levy, "Full Disclosure Is a Necessary Evil," *SecurityFocus*, last updated August 16, 2001, https://www.securityfocus.com/news/238; John Leyden, "Show Us the Bugs—Users Want Full Disclosure," *Register*, July 8, 2002, https://www.theregister.co.uk/2002/07/08/show_us_the_bugs_users/.

24. Levy, "Full Disclosure Is a Necessary Evil"; Leyden, "Show Us the Bugs."

25. Levy, "Full Disclosure Is a Necessary Evil"; Leyden, "Show Us the Bugs."

26. Marcus Ranum, "Script Kiddiez Suck: V2.0," ranum.com, last accessed May 19, 2019,

https://www.ranum.com/security/computer_security/archives/script-kiddiez-suck-2. pdf; Marcus Ranum, "Vulnerability Disclosure—Let's Be Honest about Motives Shall We?" ranum.com, last accessed May 20, 2019, https://www.ranum.com/security/ computer_security/editorials/disclosure-1/index.html.

27. Brian Martin, "A Note on Security Disclosures," *Login* 25, no. 8 (2000): 43–46, https://www.usenix.org/publications/login/december-2000-volume-25-number-8/ note-security-disclosures; William A. Arbaugh, William L. Fithen, and John McHugh, "Windows of Vulnerability: A Case Study Analysis," *IEEE Computer* 33, no. 12 (2000), https://doi.org/10.1109/2.889093.

28. Leyla Bilge and Tudor Dumitras, "Before We Knew It: An Empirical Study of Zero-Day Attacks in the Real World" (presentation, ACM Conference on Computer and Communications Security, Raleigh, NC, October 16–18, 2012), https://doi. org/10.1145/2382196.2382284.

29. Eric Rescorla, "Is Finding Security Holes a Good Idea?" *IEEE Security & Privacy* 3, no. 1 (2005): 14–19, https://doi.org/10.1109/MSP.2005.17.

30. Rescorla, "Finding Security Holes."

31. Rescorla, "Finding Security Holes."

32. Rescorla, "Finding Security Holes."

33. Andy Ozment, "The Likelihood of Vulnerability Rediscovery and the Social Utility of Vulnerability Hunting" (presentation, 4th Workshop on the Economics of Information Security, Cambridge, MA, June 1–3, 2005), http://infosecon.net/workshop/pdf/10.pdf.

34. Andrew Crocker, "It's No Secret that the Government Uses Zero Days for 'Offense,'" Electronic Frontier Foundation, last updated November 9, 2015, https://www.eff.org/ deeplinks/2015/11/its-no-secret-government-uses-zero-days-offense.

35. Crocker, "It's No Secret that the Government Uses Zero Days for 'Offense.'"

36. Anon., "Equation Group—Cyber Weapons Auction," Pastebin, last updated August 15, 2016, https://archive.is/20160815133924/http://pastebin.com/NDTU5kJQ#select ion-373.0-373.38; Scott Shane, "Malware Case Is Major Blow for the N.S.A.," *New York Times*, May 16, 2017, https://www.nytimes.com/2017/05/16/us/nsa-malware-case-shadow-brokers.html.

37. Anon., "Equation Group—Cyber Weapons Auction."

38. Anon., "Equation Group—Cyber Weapons Auction."

39. Anon., "Equation Group—Cyber Weapons Auction."

40. Scott Shane, Nicole Perlroth, and David E. Sanger, "Security Breach and Spilled Secrets Have Shaken the N.S.A. to Its Core," *New York Times*, November 12, 2017, https://www.nytimes.com/2017/11/12/us/nsa-shadow-brokers.html.

41. Dan Goodin, "NSA-Leaking Shadow Brokers Just Dumped Its Most Damaging Release Yet," *Ars Technica*, April 14, 2017, https://arstechnica.com/information-technology/2017/04/nsa-leaking-shadow-brokers-just-dumped-its-most-damaging-release-yet/; Selena Larson, "NSA's Powerful Windows Hacking Tools Leaked Online," *CNN*, April 15, 2017, https://money.cnn.com/2017/04/14/technology/windows-exploits-shadow-brokers/index.html.

42. Goodin, "NSA-Leaking Shadow Brokers."

43. Elizabeth Piper, "Cyber Attack Hits 200,000 in at Least 150 Countries: Europol," *Reuters*, May 14, 2017, https://www.reuters.com/article/us-cyber-attack-europol/cyber-attack-hits-200000-in-at-least-150-countries-europol-idUSKCN18A0FX.

44. Tanmay Ganacharya, "WannaCrypt Ransomware Worm Targets Out-of-Date Systems," *Microsoft Security* (blog), May 12, 2017, https://www.microsoft.com/security/blog/2017/05/12/wannacrypt-ransomware-worm-targets-out-of-date-systems/.

45. Eric Geller, "NSA-Created Cyber Tool Spawns Global Attacks—and Victims Include Russia," *Politico*, May 12, 2017, https://www.politico.com/story/2017/05/12/nsa-hacking-tools-hospital-ransomware-attacks-wannacryptor-238328; "Cyber-Attack: Europol Says It Was Unprecedented in Scale," *BBC News*, May 13, 2017, https://www.bbc.com/news/world-europe-39907965.

46. Dan Goodin, "A New Ransomware Outbreak Similar to WCry Is Shutting Down Computers Worldwide," *Ars Technica*, June 27, 2017, https://arstechnica.com/information-technology/2017/06/a-new-ransomware-outbreak-similar-to-wcry-is-shutting-down-computers-worldwide/.

47. Andy Greenberg, "The Untold Story of NotPetya, the Most Devastating Cyberattack in History," *Wired*, August 22, 2018, https://www.wired.com/story/notpetya-cyberattack-ukraine-russia-code-crashed-the-world/; Kaspersky Global Research and Analysis Team, "Schrodinger's Pet(ya)," *SecureList* (blog), June 27, 2017, https://securelist.com/schroedingers-petya/78870/.

48. Dan Goodin, "Tuesday's Massive Ransomware Outbreak Was, in Fact, Something Much Worse," *Ars Technica*, June 28, 2017, https://arstechnica.com/information-technology/2017/06/petya-outbreak-was-a-chaos-sowing-wiper-not-profit-seeking-ransomware/.

49. Nicole Perlroth, Mark Scott, and Sheera Frenkel, "Cyberattack Hits Ukraine Then Spreads Internationally," *New York Times*, June 27, 2017, https://www.nytimes.com/2017/06/27/technology/ransomware-hackers.html.

50. "Global Ransomware Attack Causes Turmoil," *BBC News*, June 28, 2017, https://www.bbc.com/news/technology-40416611.

51. Andrew Griffin, "'Petya' Cyber Attack: Chernobyl's Radiation Monitoring System Hit by Worldwide Hack," *Independent*, June 27, 2017; Perlroth et al., "Cyberattack Hits Ukraine."

52. Dan Goodin, "How 'Omnipotent' Hackers Tied to NSA Hid for 14 Years—and Were Found at Last," *Ars Technica*, February 16, 2015, https://arstechnica.com/information-technology/2015/02/how-omnipotent-hackers-tied-to-the-nsa-hid-for-14-years-and-were-found-at-last/.

53. Scott Shane, Matt Apuzzo, and Jo Becker, "Trove of Stolen Data Is Said to Include Top-Secret U.S. Hacking Tools," *New York Times*, October 19, 2016, https://www.nytimes.com/2016/10/20/us/harold-martin-nsa.html; Goodin, "How 'Omnipotent' Hackers."

54. Matthew M. Aid, "Inside the NSA's Ultra-Secret China Hacking Group," *Foreign Policy*, June 10, 2013, https://foreignpolicy.com/2013/06/10/inside-the-nsas-ultra-secret-china-hacking-group/.

55. Aid, "Ultra-Secret China Hacking Group."

56. Sam Biddle, "The NSA Leak Is Real, Snowden Documents Confirm," *Intercept*, August 19, 2016, https://theintercept.com/2016/08/19/the-nsa-was-hacked-snowden-documents-confirm/.

57. Dan Goodin, "New Smoking Gun Further Ties NSA to Omnipotent 'Equation Group' Hackers," *Ars Technica*, March 11, 2015, https://arstechnica.com/information-technology/2015/03/new-smoking-gun-further-ties-nsa-to-omnipotent-equation-group-hackers/.

58. Goodin, "New Smoking Gun."

59. Goodin, "How 'Omnipotent' Hackers."

60. Scott Shane, Matthew Rosenberg, and Andrew W. Lehren, "WikiLeaks Releases Trove of Alleged C.I.A. Hacking Documents," *New York Times*, March 7, 2017, https://www.nytimes.com/2017/03/07/world/europe/wikileaks-cia-hacking.html.

61. "Vault 7: CIA Hacking Tools Revealed," wikileaks.org, last updated March 7, 2017, https://wikileaks.org/ciav7p1/.

62. Shane et al., "Alleged C.I.A. Hacking Documents"; "Vault 7: CIA Hacking Tools Revealed."

63. Shane et al., "Alleged C.I.A. Hacking Documents"; "Vault 7: CIA Hacking Tools Revealed."

64. Shane et al., "Alleged C.I.A. Hacking Documents"; "Vault 7: CIA Hacking Tools Revealed."

65. "Vault 7: CIA Hacking Tools Revealed."

66. "What Did Equation Do Wrong, and How Can We Avoid Doing the Same?" wikiLeaks.org, WikiLeaks, last accessed May 19, 2019, https://wikileaks.org/ciav7p1/cms/page_14588809.html.

67. Fyodor [pseud.], "Full Disclosure Mailing List," SecLists.Org Security Mailing List Archive, last accessed May 19, 2019, https://seclists.org/fulldisclosure/.

68. Fyodor [pseud.], "Bugtraq Mailing List," SecLists.Org Security Mailing List Archive, last accessed May 19, 2019, https://seclists.org/bugtraq/; Fyodor [pseud.], "Full Disclosure Mailing List."

69. Len Rose, "New Security Mailing List Full-Disclosure," OpenSuse, last updated July 11, 2002, https://lists.opensuse.org/opensuse-security/2002-07/msg00259.html.

70. Fyodor [pseud.], "Full Disclosure Mailing List."

71. Fyodor [pseud.], "Zardoz 'Security Digest,'" The 'Security Digest' Archives, last accessed May 19, 2019, http://securitydigest.org/zardoz/.

72. Neil Gorsuch, "Zardoz Security Mailing List Status," Zardoz Security Mailing List, last updated December 20, 1988, https://groups.google.com/forum/#!msg/news.groups/p5rpZNAe5UI/ccJEtbQzJ2YJ.

73. Suelette Dreyfus, *Underground: Tales of Hacking, Madness and Obsession on the Electronic Frontier* (Sydney: Random House Australia, 1997), http://underground-book.net/.

74. Levy, "Full Disclosure Is a Necessary Evil"; Marcus J. Ranum, "The Network Police Blotter," *Login* 25, no. 6 (2000): 46–49, https://www.usenix.org/publications/login/october-2000-volume-25-number-6/network-police-blotter.

75. Robert Graham, "Vuln Disclosure Is Rude," *Errata Security* (blog), April 21, 2010, https://blog.erratasec.com/2010/04/vuln-disclosure-is-rude.html.

76. Ashish Arora and Rahul Telang, "Economics of Software Vulnerability Disclosure," *IEEE Security & Privacy* 3, no. 1 (2005): 20–25, https://doi.org/10.1109/MSP.2005.12.

77. Robert O'Harrow Jr. and Ariana Eunjung Cha, "Computer Worm Highlights Hidden Perils of the Internet," *Washington Post*, January 28, 2003; David Litchfield, "David Litchfield Talks about the SQL Worm in the *Washington Post*," SecLists.Org Security Mailing List Archive, last updated January 29, 2003, https://seclists.org/fulldisclosure/2003/Jan/365.

78. Simon Richter, "Re: Announcing New Security Mailing List," SecLists.Org Security Mailing List Archive, last updated July 11, 2002, https://seclists.org/fulldisclosure/2002/Jul/7.

79. O'Harrow and Cha, "Computer Worm Highlights Hidden Perils of the Internet"; Litchfield, "David Litchfield Talks about the SQL Worm in the *Washington Post*"; John

Leyden, "Slammer: Why Security Benefits from Proof of Concept Code," *Register*, February 6, 2003, https://www.theregister.co.uk/2003/02/06/slammer_why_security_benefits/.

80. "Responsible Vulnerability Disclosure Process," IETF Tools, IETF, last updated February 2002, https://tools.ietf.org/html/draft-christey-wysopal-vuln-disclosure-00; Jon Lasser, "Irresponsible Disclosure," *Security Focus*, June 26, 2002, https://www.securityfocus.com/columnists/91.

81. "Responsible Vulnerability Disclosure Process."

82. "Responsible Vulnerability Disclosure Process."

83. "Responsible Vulnerability Disclosure Process."

84. "Responsible Vulnerability Disclosure Process."

85. Rain Forest Puppy [pseud.], "Full Disclosure Policy (RFPolicy) v2.0," Packet Storm Security, last accessed May 20, 2019, https://dl.packetstormsecurity.net/papers/general/rfpolicy-2.0.txt.

86. Rain Forest Puppy [pseud.], "Full Disclosure Policy (RFPolicy) v2.0."

87. Leif Nixon, "Re: Qualys Security Advisory," Openwall, last updated July 23, 2015, https://www.openwall.com/lists/oss-security/2015/07/23/17; Lasser, "Irresponsible Disclosure."

88. Brad Spengler, "Hyenas of the Security Industry," SecLists.Org Security Mailing List Archive, last updated June 18, 2010, https://seclists.org/dailydave/2010/q2/58.

89. Spengler, "Hyenas of the Security Industry."

90. Chris Evans, Eric Grosse, Neel Mehta, Matt Moore, Tavis Ormandy, Julien Tinnes, and Michal Zalewski, "Rebooting Responsible Disclosure: A Focus on Protecting End Users," *Google Security* (blog), July 20, 2010, https://security.googleblog.com/2010/07/rebooting-responsible-disclosure-focus.html; Spengler, "Hyenas of the Security Industry."

91. Spengler, "Hyenas of the Security Industry."

92. Chris Evans, "Announcing Project Zero," *Google Security* (blog), July 15, 2014, https://security.googleblog.com/2014/07/announcing-project-zero.html.

93. Evans, "Announcing Project Zero."

94. "Vulnerabilities—Application Security—Google," Google Application Security, Google, last accessed May 20, 2019, https://www.google.com/about/appsecurity/research/; Carl Franzen, "Google Created a Team to Stop the Worst Attacks on the Internet," *Verge*, July 15, 2014, https://www.theverge.com/2014/7/15/5902061/google-project-zero-security-team; Evans, "Announcing Project Zero."

95. Dave Aitel, "Remember the Titans," SecLists.Org Security Mailing List Archive, last

updated July 31, 2015, https://seclists.org/dailydave/2015/q3/9.

96. Steve Dent, "Google Posts Windows 8.1 Vulnerability before Microsoft Can Patch It," *Engadget*, January 2, 2015, https://www.engadget.com/2015/01/02/google-posts-unpatched-microsoft-bug/; Liam Tung, "Google's Project Zero Exposes Unpatched Windows 10 Lockdown Bypass," *ZDNet*, April 20, 2018, https://www.zdnet.com/article/googles-project-zero-reveals-windows-10-lockdown-bypass/; Tom Warren, "Google Discloses Microsoft Edge Security Flaw before a Patch Is Ready," *Verge*, February 19, 2019, https://www.theverge.com/2018/2/19/17027138/google-microsoft-edge-security-flaw-disclosure.

97. Dan Goodin, "Google Reports 'High-Severity' Bug in Edge/IE, No Patch Available," *Ars Technica*, February 27, 2017, https://arstechnica.com/information-technology/2017/02/high-severity-vulnerability-in-edgeie-is-third-unpatched-msft-bug-this-month/.

98. Russell Brandom, "Google Just Disclosed a Major Windows Bug—and Microsoft Isn't Happy," *Verge*, October 31, 2016, https://www.theverge.com/2016/10/31/13481502/windows-vulnerability-sandboX-google-microsoft-disclosure.

99. Ben Grubb, "Revealed: How Google Engineer Neel Mehta Uncovered the Heartbleed Security Bug," *Sydney Morning Herald*, October 9, 2014, https://www.smh.com.au/technology/revealed-how-google-engineer-neel-mehta-uncovered-the-heartbleed-security-bug-20141009-113kff.html.

100. Paul Mutton, "Half a Million Widely Trusted Websites Vulnerable to Heartbleed Bug," *Netcraft*, last updated April 8, 2014, https://news.netcraft.com/archives/2014/04/08/half-a-million-widely-trusted-websites-vulnerable-to-heartbleed-bug.html.

101. "The Heartbleed Bug," heartbleed.com, Synopsis, last accessed May 20, 2019, http://heartbleed.com/; Patrick McKenzie, "What Heartbleed Can Teach the OSS Community about Marketing," *Kalzumeus* (blog), April 9, 2014, https://www.kalzumeus.com/2014/04/09/what-heartbleed-can-teach-the-oss-community-about-marketing/.

102. McKenzie, "What Heartbleed Can Teach the OSS Community about Marketing."

103. Pete Evans, "Heartbleed Bug: RCMP Asked Revenue Canada to Delay News of SIN Thefts," *Canadian Broadcasting Corporation*, April 14, 2014, https://www.cbc.ca/news/business/heartbleed-bug-rcmp-asked-revenue-canada-to-delay-news-of-sin-thefts-1.2609192.

104. Sam Frizell, "Report: Devastating Heartbleed Flaw Was Used in Hospital Hack," *Time*, August 20, 2014, http://time.com/3148773/report-devastating-heartbleed-flaw-was-used-in-hospital-hack/.

105. Victor van der Veen, "Rampage and Guardion," rampageattack.com, last accessed May 20, 2019, http://rampageattack.com/; Richard Bejtlich, "Lies and More Lies," *TaoSecurity* (blog), January 22, 2018, https://taosecurity.blogspot.com/2018/01/lies-and-more-lies.html; Nicole Perlroth, "Security Experts Expect 'Shellshock' Software Bug in Bash to Be Significant," *New York Times*, September 25, 2014, https://www.nytimes.com/2014/09/26/technology/security-experts-expect-shellshock-software-bug-to-be-significant.html.

106. Michael Riley, "NSA Said to Have Used Heartbleed Bug, Exposing Consumers," *Bloomberg*, April 11, 2014, https://www.bloomberg.com/news/articles/2014-04-11/nsa-said-to-have-used-heartbleed-bug-exposing-consumers; Kim Zetter, "Has the NSA Been Using the Heartbleed Bug as an Internet Peephole?" *Wired*, April 10, 2014, https://www.wired.com/2014/04/nsa-heartbleed/.

107. Andrea O'Sullivan, "NSA 'Cyber Weapons' Leak Shows How Agency Prizes Online Surveillance over Online Security," *Reason*, August 30, 2016, https://reason.com/2016/08/30/shadow-brokers-nsa-exploits-leak.

108. O'Sullivan, "NSA 'Cyber Weapons' Leak."

109. Herr et al., "Estimating Vulnerability Rediscovery."

110. Lillian Ablon and Andy Bogart, *Zero Days, Thousands of Nights* (Santa Monica, CA: RAND, 2017), https://www.rand.org/pubs/research_reports/RR1751.html.

111. Ablon and Bogart, *Zero Days*.

112. Ablon and Bogart, *Zero Days*.

113. Herr et al., "Estimating Vulnerability Rediscovery."

114. Ryan Hagemann, "The NSA and NIST: A Toxic Relationship," *Niskanen Center* (blog), February 9, 2016, https://niskanencenter.org/blog/the-nsa-and-nist-a-toxic-relationship/.

115. NSA/CSS (@NSAGov), "Statement: NSA Was Not Aware of the Recently Identified Heartbleed Vulnerability until It Was Made Public," Twitter, April 11, 2014, 1:39 p.m., https://twitter.com/NSAGov/status/454720059156754434.

116. Michael Daniel, "Heartbleed: Understanding When We Disclose Cyber Vulnerabilities," White House, last updated April 28, 2014, https://obamawhitehouse.archives.gov/blog/2014/04/28/heartbleed-understanding-when-we-disclose-cyber-vulnerabilities; David E. Sanger, "White House Details Thinking on Cybersecurity Flaws," *New York Times*, April 28, 2014, https://www.nytimes.com/2014/04/29/us/white-house-details-thinking-on-cybersecurity-gaps.html.

117. Daniel, "Heartbleed: Understanding When We Disclose Cyber Vulnerabilities."

118. United States Government, *Vulnerabilities Equities Policy and Process for the United*

States Government (Washington, DC: United States Government, 2017), https://www.whitehouse.gov/sites/whitehouse.gov/files/images/External%20-%20Unclassified%20VEP%20Charter%20FINAL.PDF.

119. Ari Schwartz and Rob Knake, *Government's Role in Vulnerability Disclosure: Creating a Permanent and Accountable Vulnerability Equities Process* (Cambridge, MA: Belfer Center for Science and International Affairs, 2016), https://www.belfercenter.org/publication/governments-role-vulnerability-disclosure-creating-permanent-and-accountable; United States Government, *Vulnerabilities Equities Policy.*

120. United States Government, *Vulnerabilities Equities Policy.*

121. United States Government, *Vulnerabilities Equities Policy.*

122. Joseph Menn, "NSA Says How Often, Not When, It Discloses Software Flaws," *Reuters*, November 6, 2015, https://www.reuters.com/article/us-cybersecurity-nsa-flaws-insight /nsa-says-how-often-not-when-it-discloses-software-flaws-idUSKCN0SV2 XQ20151107.

123. Andrew Crocker, "It's No Secret that the Government Uses Zero Days for 'Offense,'" Electronic Frontier Foundation, November 9, 2015, https://www.eff.org/deeplinks/2015/11/its-no-secret-government-uses-zero-days-offense.

124. Dave Aitel and Matt Tait, "Everything You Know about the Vulnerability Equities Process Is Wrong," *Lawfare*, August 18, 2016, https://www.lawfareblog.com/everything-you-know-about-vulnerability-equities-process-wrong; Dave Aitel, "The Tech Does Not Support the VEP," *CyberSecPolitics* (blog), September 5, 2016, https://cybersecpolitics.blogspot.com/2016/09/the-tech-does-not-support-vep.html.

125. Rain Forest Puppy [pseud.], "Full Disclosure Policy (RFPolicy) v2.0."

126. L. Jean Camp and Catherine D. Wolfram, "Pricing Security: Vulnerabilities as Externalities," *Economics of Information Security* 12 (2004), https://ssrn.com/abstract=894966; Anon., "iDefense Paying $$$ for Vulns," SecLists.Org Security Mailing List Archive, last updated August 7, 2002, https://seclists.org/fulldisclosure/2002/Aug/168.

127. sdse [pseud.], "Re: 0-Day for Sale on eBay—New Auction!" SecLists.Org Security Mailing List Archive, last updated December 12, 2005, https://seclists.org/fulldisclosure/2005/Dec/523; Jericho [pseud.], "Selling Vulnerabilities: Going Once...," *OSVDB* (blog), December 8, 2005, https://blog.osvdb.org/2005/12/08/selling-vulnerabilities-going-once/.

128. Charlie Miller, "The Legitimate Vulnerability Market: Inside the Secretive World of 0-Day Exploit Sales" (presentation, 6th Workshop on the Economics of Information Security,

Pittsburgh, PA, June 7–8, 2007), https://www.econinfosec.org/archive/weis2007/papers/29. pdf.

129. Brad Stone, "A Lively Market, Legal and Not, for Software Bugs," *New York Times*, January 30, 2006, https://www.nytimes.com/2007/01/30/technology/30bugs.html.

130. Stone, "A Lively Market."

131. Stone, "A Lively Market."

132. Michael S. Mimoso, "The Pipe Dream of No More Free Bugs," *TechTarget*, May 2009, https://searchsecurity.techtarget.com/The-Pipe-Dream-of-No-More-Free-Bugs; Robert Lemos, "No More Bugs for Free, Researchers Say," *SecurityFocus*, March 24, 2009, https://www.securityfocus.com/brief/933.

133. Charles Miller, "Re: No More Free Bugs (and WOOT)," SecLists.Org Security Mailing List Archive, last updated April 8, 2009, https://seclists.org/dailydave/2009/q2/22; Mimoso, "The Pipe Dream of No More Free Bugs."

134. Dave Shackleford, "No More Free Bugs? Is Bullshit," *ShackF00* (blog), May 14, 2009, http://daveshackleford.com/?p=187.

135. Shackleford, "No More Free Bugs?"

136. Joseph Menn, "Special Report: U.S. Cyberwar Strategy Stokes Fear of Blowback," *Reuters*, May 10, 2013, https://www.reuters.com/article/us-usa-cyberweapons-specialreport/special-report-u-s cyberwar-strategy-stokes-fear-of-blowback-idUSBRE9490EL20130510.

137. Menn, "U.S. Cyberwar Strategy."

138. Andy Greenberg, "Meet the Hackers Who Sell Spies the Tools to Crack Your PC (and Get Paid Six-Figure Fees)," *Forbes*, March 21, 2012, https://www.forbes.com/sites/andygreenberg/2012/03/21/meet-the-hackers-who-sell-spies-the-tools-to-crack-your-pc-and-get-paid-six-figure-fees/#7efd4fc41f74.

139. Greenberg, "Meet the Hackers."

140. Greenberg, "Meet the Hackers."

141. Mattathias Schwartz, "Cyberwar for Sale," *New York Times*, January 4, 2017, https://www.nytimes.com/2017/01/04/magazine/cyberwar-for-sale.html.

142. Jack Tang, "A Look at the OpenType Font Manager Vulnerability from the Hacking Team Leak," *Trend Micro Security Intelligence Blog*, July 7, 2015, https://blog.trendmicro.com/trendlabs-security-intelligence/a-look-at-the-open-type-font-manager-vulnerability-from-the-hacking-team-leak/.

143. P. W. Singer and Allan Friedman, *Cybersecurity and Cyberwar: What Everyone Needs to Know* (Oxford: Oxford University Press, 2014), 221.

144. "The Underhanded C Contest," Underhanded C Contest, last accessed May 22, 2019,

http://underhanded-c.org/.

145. Robert Lemos, "Zero-Day Sales Not 'Fair'—to Researchers," *SecurityFocus*, June 1, 2007, https://www.securityfocus.com/news/11468.

146. Nicole Perlroth and David E. Sanger, "Nations Buying as Hackers Sell Flaws in Computer Code," *New York Times*, July 13, 2013, https://www.nytimes.com/2013/07/14/world/europe/nations-buying-as-hackers-sell-computer-flaws.html.

147. Matthew J. Schwartz, "NSA Contracted with Zero-Day Vendor Vupen," *Dark Reading*, September 17, 2013, https://www.darkreading.com/risk-management/nsa-contracted-with-zero-day-vendor-vupen/d/d-id/1111564.

148. Menn, "U.S. Cyberwar Strategy."

149. Michael Mimoso, "US Navy Soliciting Zero Days," *Threatpost*, June 15, 2015, https://threatpost.com/us-navy-soliciting-zero-days/113308/.

150. Eric Lichtblau and Katie Benner, "F.B.I. Director Suggests Bill for iPhone Hacking Topped $1.3 Million," *New York Times*, April 21, 2016, https://www.nytimes.com/2016/04/22/us/politics/fbi-director-suggests-bill-for-iphone-hacking-was-1-3-million.html.

151. Dan Goodin, "Security Firm Pledges $1 Million Bounty for iOS Jailbreak Exploits," *Ars Technica*, September 21, 2015, https://arstechnica.com/information-technology/2015/09/security-firm-pledges-1-million-bounty-for-ios-jailbreak-exploits/.

152. "Zerodium iOS 9 Bounty," Zerodium, last accessed May 22, 2019, https://www.zerodium.com/ios9.html; Lorenzo Franceschi-Bicchierai, "Somebody Just Claimed a $1 Million Bounty for Hacking the iPhone," *Motherboard*, November 2, 2015, https://www.vice.com/en_us/article/yp3mx5/somebody-just-won-1-million-bounty-for-hacking-the-iphone; Menn, "NSA Says How Often."

153. David Kennedy, "Another Netscape Bug US$1K," *Risks Digest* 18, no. 14 (1996), https://catless.ncl.ac.uk/Risks/18/14; Jim Griffith, "Company Blackmails Netscape for Details of Browser Bug," *Risks Digest* 19, no. 22 (1997), https://catless.ncl.ac.uk/Risks/19/22; Dancho Danchev, "Black Market for Zero Day Vulnerabilities Still Thriving," *ZDNet*, November 2, 2008, https://www.zdnet.com/article/black-market-for-zero-day-vulnerabilities-still-thriving/.

154. Nicky Woolf, "Bounty Hunters Are Legally Hacking Apple and the Pentagon—for Big Money," *Guardian*, August 22, 2016, https://www.theguardian.com/technology/2016/aug/22/bounty-hunters-hacking-legally-money-security-apple-pentagon; Joe Uchill, "3 Firms to Split DOD's $34 Million Bug Bounty Program," *Axios*, October 24, 2018, https://www.axios.com/pentagon-dod-bug-bounty-program-2e9be488-7943-465e-9a31-1fcd4ef2007c.html.

155. Charlie Osborne, "HackerOne Raises $40 Million to Empower Hacking Community," *ZDNet*, February 8, 2017, https://www.zdnet.com/article/hackerone-raises-40-million-to-empower-hacking-community/.

156. Marten Mickos, "Why I Joined HackerOne as CEO," *HackerOne* (blog), November 11, 2015, https://www.hackerone.com/blog/marten-mickos-why-i-joined-hackerone-as-ceo.

157. Thomas Maillart, Mingyi Zhao, Jens Grossklags, and John Chuang, "Given Enough Eyeballs, All Bugs Are Shallow? Revisiting Eric Raymond with Bug Bounty Programs," *Journal of Cybersecurity* 3, no. 2 (2017), 81–90, https://doi.org/10.1093/cybsec/tyx008.

158. Maillart et al., "Given Enough Eyeballs."

159. Maillart et al., "Given Enough Eyeballs."

160. Maillart et al., "Given Enough Eyeballs."

161. Kim Zetter, "With Millions Paid in Hacker Bug Bounties, Is the Internet Any Safer?" *Wired*, November 8, 2012, https://www.wired.com/2012/11/bug-bounties/.

162. Darren Pauli, "Facebook Has Paid $4.3m to Bug-Hunters since 2011," *Register*, February 15, 2016, https://www.theregister.co.uk/2016/02/15/facebook_bug_bounty_totals/.

163. Trent Brunson, "On Bounties and Boffins," *Trail of Bits Blog*, January 14, 2019, https://blog.trailofbits.com/2019/01/14/on-bounties-and-boffins/.

164. Katie Moussouris, "The Wolves of Vuln Street—The First System Dynamics Model of the 0day Market," *HackerOne* (blog), April 14, 2015, https://www.hackerone.com/blog/the-wolves-of-vuln-street.

165. Matthew Finifter, Devdatta Akhawe, and David Wagner, "An Empirical Study of Vulnerability Rewards Programs" (presentation, 22nd USENIX Security Symposium, Washington, DC, August 14–16, 2014), https://www.usenix.org/conference/usenixsecurity13/technical-sessions/presentation/finifter; Dennis Groves, "Re: The Monetization of Information Insecurity," SecLists.Org Security Mailing List Archive, last updated September 9, 2014, https://seclists.org/dailydave/2014/q3/39.

166. Arkadiy Tetelman, "Bug Bounty, 2 Years In," *Twitter Engineering* (blog), May 27, 2016, https://blog.twitter.com/engineering/en_us/a/2016/bug-bounty-2-years-in.html; amitku [pseud.], "Bug Bounty, Two Years In," Hacker News, last updated, June 1, 2016, https://news.ycombinator.com/item?id=11816527; Finifter et al., "An Empirical Study of Vulnerability Rewards Programs."

167. Charles Morris, "Re: We're Now Paying up to $20,000 for Web Vulns in Our Services," SecLists.Org Security Mailing List Archive, last updated April 24, 2012,

https://seclists.org/fulldisclosure/2012/Apr/295.

168. Erin Winick, "Life as a Bug Bounty Hunter: A Struggle Every Day, Just to Get Paid," *MIT Technology Review*, August 23, 2018.

169. Josh Armour, "VRP News from Nullcon," *Google Security Blog*, March 2, 2017, https://security.googleblog.com/2017/03/vrp-news-from-nullcon.html; Winick, "Bug Bounty Hunter."

170. Winick, "Bug Bounty Hunter"; Kim Zetter, "Portrait of a Full-Time Bug Hunter," *Wired*, November 8, 2012, https://www.wired.com/2012/11/bug-hunting/.

171. Wesley Wineberg, "Instagram's Million Dollar Bug," Exfiltrated, last updated December 27, 2015, http://www.exfiltrated.com/research-Instagram-RCE.php.

172. Alex Stamos, "Bug Bounty Ethics," *Facebook* (blog), December 17, 2015, https://www.facebook.com/notes/alex-stamos/bug-bounty-ethics/10153799951452929; infosecau [pseud.], "Instagram's Million Dollar Bug (Exfiltrated.com)," Hacker News, last updated December 17, 2015, https://news.ycombinator.com/item?id=10754194.

173. infosecau [pseud.], "Instagram's Million Dollar Bug."

174. Mike Isaac, Katie Benner, and Sheera Frenkel, "Uber Hid 2016 Breach, Paying Hackers to Delete Stolen Data," *New York Times*, November 21, 2017, https://www.nytimes.com/2017/11/21/technology/uber-hack.html; Eric Newcomer, "Uber Paid Hackers to Delete Stolen Data on 57 Million People," *Bloomberg*, November 21, 2017, https://www.bloomberg.com/news/articles/2017-11-21/uber-concealed-cyberattack-that-exposed-57-million-people-s-data.

175. Isaac et al., "Uber Hid 2016 Breach"; Newcomer, "Uber Paid Hackers."

176. Isaac et al., "Uber Hid 2016 Breach"; Newcomer, "Uber Paid Hackers."

177. Isaac et al., "Uber Hid 2016 Breach"; Newcomer, "Uber Paid Hackers."

178. Andy Greenberg, "Shopping for Zero-Days: A Price List for Hackers' Secret Software Exploits," *Forbes*, March 23, 2012, https://www.forbes.com/sites/andygreenberg/2012/03/23/shopping-for-zero-days-an-price-list-for-hackers-secret-software-exploits/#4e9995e32660.

179. Dave Aitel, "Junk Hacking Must Stop!" *Daily Dave* (blog), September 22, 2014, https://lists.immunityinc.com/pipermail/dailydave/2014-September/000746.html; valsmith [pseud.], "Let's Call Stunt Hacking What It Is, Media Whoring," *Carnal0wnage* (blog), May 16, 2015, http://carnal0wnage.attackresearch.com/2015/05/normal-0-false-false-false-en-us-x-none.html; Andrew Plato, "Enough with the Stunt Hacking," *Anitian* (blog), July 22, 2015, https://www.anitian.com/enough-with-the-stunt-hacking/; Mattias Geniar, "Stunt Hacking: The Sad State of Our Security Industry," *Mattias Geniar* (blog), August 3, 2015, https://ma.ttias.be/stunt-hacking/.

180. Aitel, "Junk Hacking Must Stop!"; valsmith [pseud.], "Stunt Hacking"; Plato, "Stunt Hacking"; Geniar, "Stunt Hacking."

181. Ken Munro, "Sinking Container Ships by Hacking Load Plan Software," *Pen Test Partners* (blog), November 16, 2017, https://www.pentestpartners.com/security-blog/sinking-container-ships-by-hacking-load-plan-software/; Rupert Neate, "Cybercrime on the High Seas: The New Threat Facing Billionaire Superyacht Owners," *Guardian*, May 5, 2017, https://www.theguardian.com/world/2017/may/05/cybercrime-billionaires-superyacht-owners-hacking; Yier Jin, Grant Hernandez, and Daniel Buentello, "Smart Nest Thermostat: A Smart Spy in Your Home" (presentation, Black Hat Briefings, Las Vegas, August 6–7, 2014), https://www.blackhat.com/us-14/archives.html#smart-nest-thermostat-a-smart-spy-in-your-home; Michael Kassner, "IBM X-Force Finds Multiple IoT Security Risks in Smart Buildings," *TechRepublic*, February 13, 2016, https://www.techrepublic.com/article/ibm-x-force-finds-multiple-iot-security-risks-in-smart-buildings/; Andy Greenberg, "This Radio Hacker Could Hijack Citywide Emergency Sirens to Play Any Sound," *Wired*, April 10, 2018, https://www.wired.com/story/this-radio-hacker-could-hijack-emergency-sirens-to-play-any-sound/; Jason Staggs, "Adventures in Attacking Wind Farm Control Networks" (presentation, Black Hat Briefings, Las Vegas, July 22–27, 2017), https://www.blackhat.com/us-17/briefings.html#adventures-in-attacking-wind-farm-control-networks; Oscar Williams-Grut, "Hackers Once Stole a Casino's High-Roller Database through a Thermometer in the Lobby Fish Tank," *Business Insider*, April 15, 2018, https://www.businessinsider.com/hackers-stole-a-casinos-database-through-a-thermometer-in-the-lobby-fish-tank-2018-4; Kashmir Hill, "Here's What It Looks Like When a 'Smart Toilet' Gets Hacked," *Forbes*, August 15, 2013, https://www.forbes.com/sites/kashmirhill/2013/08/15/heres-what-it-looks-like-when-a-smart-toilet-gets-hacked-video/.

182. Jerome Radcliffe, "Hacking Medical Devices for Fun and Insulin: Breaking the Human SCADA System" (presentation, Black Hat Briefings, Las Vegas, August 3–4, 2011), https://www.blackhat.com/html/bh-us-11/bh-us-11-archives.html.

183. Jordan Robertson, "McAfee Hacker Says Medtronic Insulin Pumps Vulnerable to Attack," *Bloomberg*, February 29, 2012, https://www.bloomberg.com/news/articles/2012-02-29/mcafee-hacker-says-medtronic-insulin-pumps-vulnerable-to-attack; Arundhati Parmar, "Hacker Shows Off Vulnerabilities of Wireless Insulin Pumps," *MedCity News*, March 1, 2012, https://medcitynews.com/2012/03/hacker-shows-off-vulnerabilities-of-wireless-insulin-pumps/.

184. Nick Bilton, "Disruptions: As New Targets for Hackers, Your Car and Your House,"

New York Times, August 11, 2013, https://bits.blogs.nytimes.com/2013/08/11/taking-over-cars-and-homes-remotely/.

185. Kevin Roose, "A Solution to Hackers? More Hackers," *New York Times*, August 2, 2017, https://www.nytimes.com/2017/08/02/technology/a-solution-to-hackers-more-hackers.html.

186. Aitel, "Junk Hacking Must Stop!"; valsmith [pseud.], "Stunt Hacking"; Plato, "Stunt Hacking"; Geniar, "Stunt Hacking."

187. Billy Rios and Jonathan Butts, "Understanding and Exploiting Implanted Medical Devices" (presentation, Black Hat Briefings, Las Vegas, August 4–9, 2019), https://www.blackhat.com/us-18/briefings/schedule/#understanding-and-exploiting-implanted-medical-devices-11733; Jason Staggs, "Adventures in Attacking Wind Farm Control Networks" (presentation, Black Hat Briefings, Las Vegas, July 22–27, 2017), https://www.blackhat.com/us-17/briefings.html#adventures-in-attacking-wind-farm-control-networks; Colin O'Flynn, "A Lightbulb Worm?" (presentation, Black Hat Briefings, Las Vegas, August 3–4, 2016), https://www.blackhat.com/us-16/briefings.html; Marina Krotofil, "Rocking the Pocket Book: Hacking Chemical Plant for Competition and Extortion" (presentation, Black Hat Briefings, Las Vegas, August 5–6, 2015), https://www.blackhat.com/us-15/briefings.html#rocking-the-pocket-book-hacking-chemical-plant-for-competition-and-extortion; Kyle Wilhoit and Stephen Hilt, "The Little Pump Gauge That Could: Attacks against Gas Pump Monitoring Systems" (presentation, Black Hat Briefings, Las Vegas, August 5–6, 2015), https://www.blackhat.com/us-15/briefings.html#the-little-pump-gauge-that-could-attacks-against-gas-pump-monitoring-systems.

188. Chris Roberts (@Sidragon1), "Find Myself on a 737/800, Lets See Box-IFEICE-SATCOM,? Shall We Start Playing with EICAS Messages? 'PASS OXYGEN ON' Anyone?:)," Twitter, April 15, 2015, 1:08 p.m., https://twitter.com/Sidragon1/status/588433855184375808.

189. Rob Price, "People Are Having Serious Doubts about the Security Researcher Who Allegedly Hacked a Plane," *Business Insider*, May 18, 2015, https://www.businessinsider.com/doubts-grow-fbi-claims-chris-roberts-hacked-plane-mid-flight-2015-5; Evan Perez, "FBI: Hacker Claimed to Have Taken Over Flight's Engine Controls," *CNN*, May 18, 2015, https://www.cnn.com/2015/05/17/us/fbi-hacker-flight-computer-systems/index.html.

190. Price, "Serious Doubts"; Perez, "FBI: Hacker Claimed."

191. Price, "Serious Doubts."

192. Price, "Serious Doubts."

193. Price, "Serious Doubts."

194. Dinei A. F. Florencio, Cormac Herley, and Adam Shostack, "FUD: A Plea for Intolerance," *Communications of the ACM* 57, no. 6 (2014): 31–33, https://doi.org/10.1145/2602323; A. J. Burns, M. Eric Johnson, and Peter Honeyman, "A Brief Chronology of Medical Device Security," *Communications of the ACM* 59, no. 10 (2016): 66–72, https://cacm.acm.org/magazines/2016/10/207766-a-brief-chronology-of-medical-device-security/fulltext.

195. Karl Koscher, Alexei Czeskis, Franziska Roesner, Shwetak Patel, Tadayoshi Kohno, and Stephen Checkoway, et al., "Experimental Security Analysis of a Modern Automobile" (presentation, IEEE Symposium on Security and Privacy, Berkeley/Oakland, CA, May 16–19, 2010), https://doi.org/10.1109/SP.2010.34.

196. James Mickens, "This World of Ours," *Login*, January, 2014, https://www.usenix.org/publications/login-logout/january-2014-login-logout/mickens.

197. Andrew Stewart, "On Risk: Perception and Direction," *Computers & Security* 23, no. 5 (2004): 362–370, https://doi.org/10.1016/j.cose.2004.05.003.

198. Roose, "A Solution to Hackers?"

199. Roger A. Grimes, "To Beat Hackers, You Have to Think like Them," *CSO Magazine*, June 7, 2011, https://www.csoonline.com/article/2622041/to-beat-hackers—you-have-to-think-like-them.html; Steve Zurier, "5 Ways to Think like a Hacker," *Dark Reading*, June 24, 2016, https://www.darkreading.com/vulnerabilities—threats/5-ways-to-think-like-a-hacker-/d/d-id/1326043; Tony Raval, "To Protect Your Company, Think like a Hacker," *Forbes*, October 30, 2018, https://www.forbes.com/sites/forbestechcouncil/2018/10/30/to-protect-your-company-think-like-a-hacker/.

200. David Siders, "Hack an Election? These Kids Will Try," *Politico*, July 19, 2018, https://www.politico.com/story/2018/07/19/election-hacking-kids-workshop-las-vegas-734115.

201. Brett Molina and Elizabeth Weise, "11-Year-Old Hacks Replica of Florida State Website, Changes Election Results," *USA Today*, August 13, 2018, https://www.usatoday.com/story/tech/nation-now/2018/08/13/11-year-old-hacks-replica-florida-election-site-changes-results/975121002/.

202. Adam Shostack, "Think like an Attacker?" *Adam Shostack & Friends* (blog), September 17, 2008, https://adam.shostack.org/blog/2008/09/think-like-an-attacker/.

203. Lilia Chang, "No, a Teen Did Not Hack a State Election," *Pro Publica*, August 24, 2018, https://www.propublica.org/article/defcon-teen-did-not-hack-a-state-election; Dave Aitel, "Re: Voting Village at Defcon," SecLists.Org Security Mailing List Archive, last updated August 25, 2018, https://seclists.org/dailydave/2018/q3/14.

第八章：資料外洩、民族國家的駭客行為，以及認識論的閉合

1. Benjamin Edwards, Steven Hofmeyr, and Stephanie Forrest, "Hype and Heavy Tails: A Closer Look at Data Breaches," *Journal of Cybersecurity* 2, no. 1 (2016): 3–14, https://doi.org/10.1093/cybsec/tyw003.

2. Lillian Ablon, Martin C. Libicki, and Andrea M. Abler, *Hackers' Bazaar: Markets for Cybercrime Tools and Stolen Data* (Santa Monica, CA: RAND, 2014); Alvaro Cardenas, Svetlana Radosavac, Jens Grossklags, John Chuang, and Chris Jay Hoofnagle, "An Economic Map of Cybercrime" (presentation, Research Conference on Communications, Information and Internet Policy, Arlington, VA, September 26–27, 2009), https://papers.ssrn.com/sol3/papers.cfm?abstract_id=1997795.

3. Trey Herr and Sasha Romanosky, "Cyber Crime: Security under Scarce Resources," *American Foreign Policy Council Defense Technology Program Brief* no. 11 (2015), https://papers.ssrn.com/sol3/papers.cfm?abstract_id=2622683.

4. Edwards et al., "Hype and Heavy Tails."

5. "Law Section," California Legislative Information, State of California, last updated 2016, https://leginfo.legislature.ca.gov/faces/codes_displaySection.xhtml?lawCode=CIV& sectionNum=1798.29.

6. Henry Fountain, "Worry. But Don't Stress Out," *New York Times*, June 26, 2005, https://www.nytimes.com/2005/06/26/weekinreview/worry-but-dont-stress-out.html; Steve Lohr, "Surging Losses, but Few Victims in Data Breaches," *New York Times*, September 27, 2006, https://www.nytimes.com/2006/09/27/technology/circuits/27lost.html.

7. Lillian Ablon, Paul Heaton, Diana Catherine Lavery, and Sasha Romanosky, *Consumer Attitudes toward Data Breach Notifications and Loss of Personal Information* (Santa Monica, CA: RAND, 2016), 2, https://www.rand.org/pubs/research_reports/RR1187.html.

8. Sasha Romanosky, Rahul Telang, and Alessandro Acquisti, "Do Data Breach Disclosure Laws Reduce Identity Theft?" *Journal of Policy Analysis and Management* 30, no. 2 (2011): 256–286, https://papers.ssrn.com/sol3/papers.cfm?abstract_id=1268926.

9. Ablon et al., "Consumer Attitudes," ix, 2–3.

10. Ablon et al., "Consumer Attitudes," ix, 2–3.

11. Ablon et al., "Consumer Attitudes," ix.

12. Ablon et al., "Consumer Attitudes," ix, 2–3.

13. Romanosky et al., "Data Breach Disclosure Laws."

14. Romanosky et al., "Data Breach Disclosure Laws."

15. Ross Kerber, "Banks Claim Credit Card Breach Affected 94 Million Accounts," *New York Times*, October 24, 2007, https://www.nytimes.com/2007/10/24/technology/24iht-hack.1.8029174.html.

16. Brad Stone, "3 Indicted in Theft of 130 Million Card Numbers," *New York Times*, August 17, 2009, https://www.nytimes.com/2009/08/18/technology/18card.html.

17. Jenn Abelson, "Hackers Stole 45.7 Million Credit Card Numbers from TJX," *New York Times*, March 29, 2007, https://www.nytimes.com/2007/03/29/business/worldbusiness/29iht-secure.1.5071252.html.

18. Brad Stone, "11 Charged in Theft of 41 Million Card Numbers," *New York Times*, August 5, 2008, https://www.nytimes.com/2008/08/06/business/06theft.html.

19. Stone, "11 Charged."

20. Stone, "11 Charged."

21. Stone, "11 Charged."

22. James Verini, "The Great Cyberheist," *New York Times*, November 10, 2010, https://www.nytimes.com/2010/11/14/magazine/14Hacker-t.html; Kim Zetter, "TJX Hacker Was Awash in Cash; His Penniless Coder Faces Prison," *Wired*, June 18, 2019, https://www.wired.com/2009/06/watt/.

23. Verini, "The Great Cyberheist."

24. Verini, "The Great Cyberheist."

25. Verini, "The Great Cyberheist."

26. Verini, "The Great Cyberheist."

27. Verini, "The Great Cyberheist."

28. Verini, "The Great Cyberheist."

29. Associated Press, "20-Year Sentence in Theft of Card Numbers," *New York Times*, March 25, 2010, https://www.nytimes.com/2010/03/26/technology/26hacker.html.

30. Verini, "The Great Cyberheist."

31. Josephine Wolff, *You'll See This Message When It Is Too Late: The Legal and Economic Aftermath of Cybersecurity Breaches* (Cambridge, MA: MIT Press, 2018), 57.

32. Reed Abelson and Matthew Goldstein, "Anthem Hacking Points to Security Vulnerability of Health Care Industry," *New York Times*, February 5, 2015, https://www.nytimes.com/2015/02/06/business/experts-suspect-lax-security-left-anthem-vulnerable-to-hackers.html; Edwards et al., "Hype and Heavy Tails."

33. Sung J. Choi and M. Eric Johnson, "Do Hospital Data Breaches Reduce Patient Care Quality?" (presentation, 16th Workshop on the Economics of Information Security, La Jolla, CA, June 26–27, 2017).

34. Alex Hern, "Hackers Publish Private Photos from Cosmetic Surgery Clinic," *Guardian*, May 31, 2017, https://www.theguardian.com/technology/2017/may/31/hackers-publish-private-photos-cosmetic-surgery-clinic-bitcoin-ransom-payments.

35. Julie Hirschfeld Davis, "Hacking of Government Computers Exposed 21.5 Million People," *New York Times*, July 9, 2015, https://www.nytimes.com/2015/07/10/us/office-of-personnel-management-hackers-got-data-of-millions.html.

36. Office of Personnel Management, "Our Mission, Role & History," OPM.gov, last accessed May 28, 2019, https://www.opm.gov/about-us/our-mission-role-history/what-we-do/.

37. Office of Personnel Management, "Questionnaire for National Security Positions," OPM.gov, last updated November 2016, https://www.opm.gov/Forms/pdf_fill/sf86.pdf.

38. Office of Personnel Management, "Questionnaire for National Security Positions."

39. Office of Personnel Management, "Questionnaire for National Security Positions."

40. Office of Personnel Management, "Questionnaire for National Security Positions."

41. C-SPAN, "Office of Personnel Management Data Breach," c-span.org, last updated June 24, 2015, https://www.c-span.org/video/?326767-1/opm-director-katherine-archuleta-testimony-data-security-breach; David E. Sanger, Nicole Perlroth, and Michael D. Shear, "Attack Gave Chinese Hackers Privileged Access to U.S. Systems," *New York Times*, June 20, 2015, https://www.nytimes.com/2015/06/21/us/attack-gave-chinese-hackers-privileged-access-to-us-systems.html; David E. Sanger, Julie Hirschfeld Davis, and Nicole Perlroth, "U.S. Was Warned of System Open to Cyberattacks," *New York Times*, June 5, 2015, https://www.nytimes.com/2015/06/06/us/chinese-hackers-may-be-behind-anthem-premera-attacks.html.

42. Davis, "Hacking of Government Computers."

43. Everett Rosenfeld, "Office of Personnel Mgmt: 5.6M Estimated to Have Fingerprints Stolen in Breach," *CNBC*, September 23, 2015, https://www.cnbc.com/2015/09/23/office-of-personnel-mgmt-56m-estimated-to-have-fingerprints-stolen-in-breach.html.

44. Robert McMillan and Ryan Knutson, "Yahoo Triples Estimate of Breached Accounts to 3 Billion," *Wall Street Journal*, October 3, 2017, https://www.wsj.com/articles/yahoo-triples-estimate-of-breached-accounts-to-3-billion-1507062804; Nicole Perlroth, "All 3 Billion Yahoo Accounts Were Affected by 2013 Attack," *New York Times*, October 3, 2017, https://www.nytimes.com/2017/10/03/technology/yahoo-hack-3-billion-users.html.

45. Nicole Perlroth, "Yahoo Says Hackers Stole Data on 500 Million Users in 2014," *New York Times*, September 22, 2016, https://www.nytimes.com/2016/09/23/technology/yahoo-hackers.html; Elizabeth Weise, "Are You a Yahoo User? Do This

Right Now," *USA Today*, September 22, 2016, https://www.usatoday.com/story/tech/news/2016/09/22/yahoo-breach-500-million-what-to-do/90849498/.

46. Perlroth, "Hackers Stole Data."

47. Ablon et al., "Consumer Attitudes," ix.

48. Romanosky et al., "Data Breach Disclosure Laws."

49. Fabio Bisogni, Hadi Asghari, and Michel J. G. van Eeten, "Estimating the Size of the Iceberg from Its Tip" (presentation, 16th Workshop on the Economics of Information Security, La Jolla, CA, June 26–27, 2017).

50. Sasha Romanosky, David A. Hoffman, and Alessandro Acquisti, "Empirical Analysis of Data Breach Litigation," *Journal of Empirical Legal Studies* 11, no. 1 (2014): 74–104, https://doi.org/10.1111/jels.12035.

51. Ablon et al., "Consumer Attitudes," 32.

52. Ablon et al., "Consumer Attitudes," 35–36.

53. Romanosky et al., "Empirical Analysis."

54. Ablon et al., "Consumer Attitudes," xii.

55. Choi and Johnson, "Hospital Data Breaches."

56. Adam Shostack, "The Breach Response Market Is Broken (and What Could Be Done)," *New School of Information Security* (blog), October 12, 2016, https://newschoolsecurity.com/2016/10/the-breach-response-market-is-broken-and-what-could-be-done/.

57. Wolff, *You'll See This Message*, 123–124.

58. Shostack, "Breach Response Market."

59. Jose Pagliery, "OPM Hack's Unprecedented Haul: 1.1 Million Fingerprints," *CNN*, July 10, 2015, https://money.cnn.com/2015/07/10/technology/opm-hack-fingerprints/.

60. jkouns [pseud.], "Having 'Fun' with the Data Set," DataLossDB, last updated September 25, 2009, https://blog.datalossdb.org/2009/09/25/having-fun-with-the-data-set/.

61. Mary Madden and Lee Rainie, *Americans' Attitudes about Privacy, Security and Surveillance* (Washington, DC: Pew Research Center, 2015), https://www.pewinternet.org/2015/05/20/americans-attitudes-about-privacy-security-and-surveillance/.

62. Ablon et al., "Consumer Attitudes," 41.

63. Stefan Laube and Rainer Bohme, "The Economics of Mandatory Security Breach Reporting to Authorities," *Journal of Cybersecurity* 2, no. 1 (2016): 29, https://doi.org/10.1093/cybsec/tyw002.

64. Laube and Bohme, "Mandatory Security Breach Reporting," 29.

65. Laube and Bohme, "Mandatory Security Breach Reporting," 29.

66.   Wolff, *You'll See This Message*, 43.

67.   Sebastien Gay, "Strategic News Bundling and Privacy Breach Disclosures," *Journal of Cybersecurity* 3, no. 2 (2017): 91–108, https://doi.org/10.1093/cybsec/tyx009.

68.   Alessandro Acquisti, Allan Friedman, and Rahul Telang, "Is There a Cost to Privacy Breaches? An Event Study" (presentation, 27th International Conference on Information Systems, Milwaukee, December 10–13, 2006).

69.   Surendranath R. Jory, Thanh N. Ngo, Daphne Wang, and Amrita Saha, "The Market Response to Corporate Scandals Involving CEOs," *Journal of Applied Economics* 47, no. 17 (2015): 1723–1738, https://doi.org/10.1080/00036846.2014.995361.

70.   Gay, "Strategic News Bundling."

71.   Gay, "Strategic News Bundling."

72.   Gay, "Strategic News Bundling."

73.   Dawn M. Cappelli, Andrew P. Moore, and Randall F. Trzeciak, *The CERT Guide to Insider Threats* (Boston: Addison-Wesley, 2012).

74.   Annarita Giani, Vincent H.Berk, and George V. Cybenko, "Data Exfiltration and Covert Channels" (presentation, Defense and Security Symposium, Kissimmee, FL, 2006), https://doi.org/10.1117/12.670123.

75.   Ravi Somaiya, "Chelsea Manning, Soldier Sentenced for Leaks, Will Write for the Guardian," *New York Times*, February 10, 2015, https://www.nytimes.com/2015/02/11/business/media/chelsea-manning-soldier-sentenced-for-leaks-will-write-for-the-guardian.html.

76.   Somaiya, "Chelsea Manning."

77.   Kim Zetter, "Jolt in WikiLeaks Case: Feds Found Manning-Assange Chat Logs on Laptop," *Wired*, December 19, 2011, https://www.wired.com/2011/12/manning-assange-laptop/.

78.   Charlie Savage and Emmarie Huetteman, "Manning Sentenced to 35 Years for a Pivotal Leak of U.S. Files," *New York Times*, August 21, 2013, https://www.nytimes.com/2013/08/22/us/manning-sentenced-for-leaking-government-secrets.html.

79.   Charlie Savage, "Chelsea Manning to Be Released Early as Obama Commutes Sentence," *New York Times*, January 17, 2017, https://www.nytimes.com/2017/01/17/us/politics/obama-commutes-bulk-of-chelsea-mannings-sentence.html.

80.   Robert Mackey, "N.S.A. Whistle-Blower Revealed in Video," *New York Times*, June 10, 2013, https://thelede.blogs.nytimes.com/2013/06/10/n-s-a-whistle-blower-revealed-in-video/.

81.   Mark Hosenball, "NSA Chief Says Snowden Leaked up to 200,000 Secret Documents," *Reuters*, November 14, 2013, https://www.reuters.com/article/us-

usa-security-nsa/nsa-chief-says-snowden-leaked-up-to-200000-secret-documents-idUSBRE9AD19B 20131114.

82. Mark Hosenball and Warren Strobel, "Exclusive: Snowden Persuaded Other NSA Workers to Give Up Passwords—Sources," *Reuters*, November 7, 2013, https://www.reuters.com/article/net-us-usa-security-snowden/exclusive-snowden-persuaded-other-nsa-workers-to-give-up-passwords-sources-idUSBRE9A703020131108.

83. William Knowles, "Former NSA Contractor, Edward Snowden, Now Former EC-Council (C|EH)," *InfoSec News*, July 5, 2013, https://seclists.org/isn/2013/Jul/19.

84. Onion, "Yahoo! Turns 25," onion.com, last updated January 18, 2019, https://www.theonion.com/yahoo-turns-25-1831869954.

85. Wolff, *You'll See This Message*, 225–226.

86. Wolff, *You'll See This Message*, 225–226.

87. Wolff, *You'll See This Message*, 225–226.

88. Wolff, *You'll See This Message*, 21.

89. Wolff, *You'll See This Message*, 269.

90. Wolff, *You'll See This Message*, 134–135.

91. Wolff, *You'll See This Message*, 270.

92. Wolff, *You'll See This Message*, 24.

93. David Drummond, "A New Approach to China," *Google* (blog), January 12, 2010, https://googleblog.blogspot.com/2010/01/new-approach-to-china.html.

94. Drummond, "A New Approach."

95. "Industries Targeted by the Hackers," *New York Times*, last updated February 18, 2013, https://archive.nytimes.com/www.nytimes.com/interactive/2013/02/18/business/Industries-Targeted-by-the-Hackers.html.

96. David E. Sanger, David Barboza, and Nicole Perlroth, "Chinese Army Unit Is Seen as Tied to Hacking against U.S.," *New York Times*, February 18, 2013, https://www.nytimes.com/2013/02/19/technology/chinas-army-is-seen-as-tied-to-hacking-against-us.html.

97. Riva Richmond, "Microsoft Plugs Security Hole Used in Attacks on Google," *New York Times*, January 21, 2010, https://bits.blogs.nytimes.com/2010/01/21/microsoft-plugs-security-hole-used-in-december-attacks/; Sanger et al., "Chinese Army Unit."

98. George Kurtz, "Operation 'Aurora' Hit Google, Others by George Kurtz," *McAfee Blog Central*, January 14, 2010, https://web.archive.org/web/20120911141122/http://blogs.mcafee.com/corporate/cto/operation-aurora-hit-google-others.

99. Sanger et al., "Chinese Army Unit"; Mandiant, *APT1: Exposing One of China's Cyber Espionage Units* (Alexandria, VA: Mandiant, 2013), 3.

100. Mandiant, *APT1*, 2.

101. Mandiant, *APT1*, 3.

102. Sanger et al., "Chinese Army Unit."

103. Sanger et al., "Chinese Army Unit."

104. Sanger et al., "Chinese Army Unit."

105. Mandiant, *APT1*.

106. Sanger et al., "Chinese Army Unit"; Meng Yan and Zhou Yong, "Annoying and Laughable 'Hacker Case,'" SecLists.Org Security Mailing List Archive, last updated February 25, 2013, https://seclists.org/isn/2013/Feb/52.

107. Sanger et al., "Chinese Army Unit."

108. Mandiant, *APT1*, 2.

109. Sanger et al., "Chinese Army Unit."

110. Mandiant, *APT1*, 2.

111. Michael S. Schmidt and David E. Sanger, "5 in China Army Face U.S. Charges of Cyberattacks," *New York Times*, May 19, 2014, https://www.nytimes.com/2014/05/20/us/us-to-charge-chinese-workers-with-cyberspying.html; David E. Sanger, "With Spy Charges, U.S. Draws a Line that Few Others Recognize," *New York Times*, May 19, 2014, https://www.nytimes.com/2014/05/20/us/us-treads-fine-line-in-fighting-chinese-espionage.html.

112. Alexander Abad-Santos, "China Is Winning the Cyber War because They Hacked U.S. Plans for Real War," *Atlantic*, May 28, 2013, https://www.theatlantic.com/international/archive/2013/05/china-hackers-pentagon/314849/.

113. Eric Walsh, "China Hacked Sensitive U.S. Navy Undersea Warfare Plans: *Washington Post*," *Reuters*, June 8, 2018, https://www.reuters.com/article/us-usa-china-cyber/china-hacked-sensitive-u-s-navy-undersea-warfare-plans-washington-post-idUSKCN1J42MM.

114. Sam Sanders, "Massive Data Breach Puts 4 Million Federal Employees' Records at Risk," *National Public Radio*, June 4, 2015, https://www.npr.org/sections/thetwo-way/2015/06/04/412086068/massive-data-breach-puts-4-million-federal-employees-records-at-risk.

115. "China Unable to Recruit Hackers Fast Enough to Keep Up with Vulnerabilities in U.S. Security Systems," *Onion*, last updated October 26, 2015, https://www.theonion.com/china-unable-to-recruit-hackers-fast-enough-to-keep-up-1819578374.

116. Melissa Eddy, "Germany Says Hackers Infiltrated Main Government Network," *New York Times*, March 1, 2018, https://www.nytimes.com/2018/03/01/world/europe/germany-hackers.html.

117. FireEye, *APT28: A Window into Russia's Cyber Espionage Operations?* (Milpitas, CA: FireEye, 2014), 5, 27.

118. FireEye, *APT28*, 6.

119. Raphael Satter, Jeff Donn, and Justin Myers, "Digital Hit List Shows Russian Hacking Went Well beyond U.S. Elections," *Chicago Tribune*, November 2, 2017, https://www. chicagotribune.com/nation-world/ct-russian-hacking-20171102-story.html.

120. Satter et al., "Russian Hacking."

121. Satter et al., "Russian Hacking."

122. FireEye, *APT28*, 6.

123. Ralph Satter, "Russian Hackers," *Talking Points Memo*, May 8, 2018, https:// talkingpointsmemo.com/news/russian-hackers-isis-militant-posers-military-wives-threat.

124. Satter, "Russian Hackers."

125. Henry Samuel, "Isil Hackers Seize Control of France's TV5Monde Network in 'Unprecedented' Attack," *Telegraph*, April 9, 2015, https://www.telegraph.co.uk/ news/worldnews/europe/france/11525016/Isil-hackers-seize-control-of-Frances-TV5Monde-network-in-unprecedented-attack.html.

126. Samuel, "Isil Hackers."

127. Samuel, "Isil Hackers."

128. Sam Thielman and Spencer Ackerman, "Cozy Bear and Fancy Bear: Did Russians Hack Democratic Party and If So, Why?" *Guardian*, July 29, 2016, https://www. theguardian.com/technology/2016/jul/29/cozy-bear-fancy-bear-russia-hack-dnc.

129. Thielman and Ackerman, "Cozy Bear and Fancy Bear."

130. Louise Matsakis, "Hack Brief: Russian Hackers Release Apparent IOC Emails in Wake of Olympics Ban," *Wired*, October 1, 2018, https://www.wired.com/story/russian-fancy-bears-hackers-release-apparent-ioc-emails/; Reuters/AFP, "WADA Hacked by Russian Cyber Espionage Group Fancy Bear, Agency Says," *ABC News* (Australian Broadcasting Corporation), September 13, 2016, https://www.abc.net.au/news/2016-09-14/doping-wada-systems-hacked-by-russian-cyber-espionage-group/7842644.

131. Josh Meyer, "Russian Hackers Post 'Medical Files' of Simone Biles, Serena Williams," *NBC News*, September 14, 2016, https://www.nbcnews.com/storyline/2016-rio-summer-olympics/russian-hackers-post-medical-files-biles-serena-williams-n647571.

132. David E. Sanger and Nick Corasaniti, "D.N.C. Says Russian Hackers Penetrated Its Files, Including Dossier on Donald Trump," *New York Times*, June 14, 2016, https:// www.nytimes.com/2016/06/15/us/politics/russian-hackers-dnc-trump.html.

133. Damien Gayle, "CIA Concludes Russia Interfered to Help Trump Win Election, Say

Reports," *Guardian*, December 10, 2016, https://www.theguardian.com/us-news/2016/dec/10/cia-concludes-russia-interfered-to-help-trump-win-election-report.

134. Autumn Brewington, Mikhaila Fogel, Susan Hennessey, Matthew Kahn, Katherine Kelley, Shannon Togawa Mercer, Matt Tait et al., "Russia Indictment 2.0: What to Make of Mueller's Hacking Indictment," *LawFare* (blog), July 13, 2018, https://www.lawfareblog.com/russia-indictment-20-what-make-muellers-hacking-indictment.

135. Brewington et al., "Russia Indictment 2.0."

136. David E. Sanger and Charlie Savage, "U.S. Says Russia Directed Hacks to Influence Elections," *New York Times*, October 7, 2016, https://www.nytimes.com/2016/10/08/us/politics/us-formally-accuses-russia-of-stealing-dnc-emails.html.

137. Sanger and Corasaniti, "Russian Hackers."

138. Sanger and Corasaniti, "Russian Hackers."

139. Brewington et al., "Russia Indictment 2.0."

140. Brewington et al., "Russia Indictment 2.0."

141. Brewington et al., "Russia Indictment 2.0."

142. *United States of America v. Viktor Borisovish Netyksho et al.*, https://www.justice.gov/file/1080281/download.

143. David E. Sanger, Jim Rutenberg, and Eric Lipton, "Tracing Guccifer 2.0's Many Tentacles in the 2016 Election," *New York Times*, July 15, 2018, https://www.nytimes.com/2018/07/15/us/politics/guccifer-russia-mueller.html; United States of America v. Viktor Borisovish Netyksho et al.

144. David A. Graham, "The Coincidence at the Heart of the Russia Hacking Scandal," *Atlantic*, July 13, 2018, https://www.theatlantic.com/politics/archive/2018/07/russia-hacking-trump-mueller/565157/.

145. *United States of America v. Viktor Borisovish Netyksho et al.*

146. Eric Lipton and Scott Shane, "Democratic House Candidates Were Also Targets of Russian Hacking," *New York Times*, December 13, 2016, https://www.nytimes.com/2016/12/13/us/politics/house-democrats-hacking-dccc.html.

147. Matt Blaze, "NSA Revelations: The 'Middle Ground' Everyone Should Be Talking About," *Guardian*, January 6, 2014, https://www.theguardian.com/commentisfree/2014/jan/06/nsa-tailored-access-operations-privacy.

148. Spiegel Staff, "Documents Reveal Top NSA Hacking Unit," *Spiegel Online*, December 29, 2013, https://www.spiegel.de/international/world/the-nsa-uses-powerful-toolbox-in-effort-to-spy-on-global-networks-a-940969-3.html.

149. "Deep Dive into QUANTUM INSERT," fox-it.com, Fox IT, last updated April 20, 2015, https://blog.fox-it.com/2015/04/20/deep-dive-into-quantum-insert/.

150. "Deep Dive into QUANTUM INSERT."

151. Spiegel Staff, "Top NSA Hacking Unit."

152. Dave Aitel, "It Was Always Worms (in My Heart!)," *CyberSecPolitics* (blog), July 5, 2017, https://cybersecpolitics.blogspot.com/2017/07/it-was-always-worms.html.

153. "NSA Phishing Tactics and Man in the Middle Attacks," *Intercept*, last updated March 12, 2014, https://theintercept.com/document/2014/03/12/nsa-phishing-tactics-man-middle-attacks/.

154. "NSA-Dokumente: So knackt der Geheimdienst Internetkonten," *Der Spiegel*, last updated December 30, 2013, https://www.spiegel.de/fotostrecke/nsa-dokumente-so-knackt-der-geheimdienst-internetkonten-fotostrecke-105326-12.html.

155. Ryan Gallagher, "The Inside Story of How British Spies Hacked Belgium's Largest Telco," *Intercept*, December 12, 2014, https://theintercept.com/2014/12/13/belgacom-hack-gchq-inside-story/.

156. Electronic Frontier Foundation, "CSEC SIGINT Cyber Discovery: Summary of the Current Effort," eff.org, last updated November 2010, https://www.eff.org/files/2015/01/23/20150117-speigel-csec_document_about_the_recognition_of_trojans_and_other_network_based_anomaly_.pdf; "NSA Phishing Tactics and Man in the Middle Attacks."

157. William J. Broad, John Markoff, and David E. Sanger, "Israeli Test on Worm Called Crucial in Iran Nuclear Delay," *New York Times*, January 15, 2011, https://www.nytimes.com/2011/01/16/world/middleeast/16stuxnet.html.

158. Kim Zetter, "How Digital Detectives Deciphered Stuxnet, the Most Menacing Malware in History," *Ars Technica*, July 11, 2011, https://arstechnica.com/tech-policy/2011/07/how-digital-detectives-deciphered-stuxnet-the-most-menacing-malware-in-history/; Thomas Rid, *Cyber War Will Not Take Place* (Oxford: Oxford University Press, 2017), 44.

159. Broad et al., "Israeli Test on Worm."

160. Eric Chien, "Stuxnet: A Breakthrough," *Symantec* (blog), November 12, 2010, https://www.symantec.com/connect/blogs/stuxnet-breakthrough.

161. Ralph Langner, "Stuxnet's Secret Twin," *Foreign Policy*, November 19, 2013, https://foreignpolicy.com/2013/11/19/stuxnets-secret-twin/.

162. Ralph Langner, "Stuxnet's Secret Twin."

163. Ralph Langner, "Stuxnet's Secret Twin."

164. Jonathan Fildes, "Stuxnet Worm 'Targeted High-Value Iranian Assets,'" *BBC News*, September 23, 2010, https://www.bbc.com/news/technology-11388018; Rid, *Cyber War*, 43.

165. Michael B. Kelley, "The Stuxnet Attack on Iran's Nuclear Plant Was 'Far More Dangerous' than Previously Thought," *Business Insider*, November 20, 2013, https://www.businessinsider.com/stuxnet-was-far-more-dangerous-than-previous-thought-2013-11.

166. Yossi Melman, "Iran Pauses Uranium Enrichment at Natanz Nuclear Plant," *Haaretz*, November 23, 2010, https://www.haaretz.com/1.5143485; John Markoff, "A Silent Attack, but Not a Subtle One," *New York Times*, September 26, 2010, https://www.nytimes.com/2010/09/27/technology/27virus.html.

167. John Markoff and David E. Sanger, "In a Computer Worm, a Possible Biblical Clue," *New York Times*, September 29, 2010, https://www.nytimes.com/2010/09/30/world/middleeast/30worm.html.

168. Ralph Langner, "Stuxnet's Secret Twin."

169. Broad et al., "Israeli Test on Worm."

170. Kim Zetter, "Blockbuster Worm Aimed for Infrastructure, but No Proof Iran Nukes Were Target," *Wired*, September 23, 2010, https://www.wired.com/2010/09/stuxnet-2/.

171. Kim Zetter, "An Unprecedented Look at Stuxnet, the World's First Digital Weapon," *Wired*, November 3, 2014, https://www.wired.com/2014/11/countdown-to-zero-day-stuxnet/.

172. Nicolas Falliere, Liam O. Murchu, and Eric Chien, *W32.Stuxnet Dossier* (Mountain View, CA: Symantec, 2011).

173. Fildes, "Stuxnet Worm."

174. P. W. Singer and Allan Friedman, *Cybersecurity and Cyberwar: What Everyone Needs to Know* (Oxford: Oxford University Press, 2014), 115.

175. Zetter, "Most Menacing Malware."

176. Zetter, "Most Menacing Malware."

177. Jeffrey Carr, *Inside Cyber Warfare, Second Edition* (Sebastopol, CA: O'Reilly Media, 2012), 47.

178. Rid, *Cyber War*, 188.

179. Dave Aitel, "An Old Dailydave Post on Cyber Attribution, and Some Notes," *CyberSecPolitics* (blog), September 12, 2016, https://cybersecpolitics.blogspot.com/2016/09/an-old-dailydave-post-on-cyber.html.

180. Michael Joseph Gross, "A Declaration of Cyber-War," *Vanity Fair*, March 2011, https://www.vanityfair.com/news/2011/03/stuxnet-201104; H. Rodgin Cohen and John Evangelakos, "America Isn't Ready for a 'Cyber 9/11,'" *Wall Street Journal*, July 11, 2017, https://www.wsj.com/articles/america-isnt-ready-for-a-cyber-9-11-1499811450; Jeff John Roberts, "What a Cyber 9/11 Would Mean for the U.S.," *Fortune*, July

20, 2018, http://fortune.com/2018/07/20/us-cyber-security-russia-north-korea/; Kate Fazzini, "Power Outages, Bank Runs, Changed Financial Data: Here Are the 'Cyber 9/11' Scenarios that Really Worry the Experts," *CNBC*, November 18, 2018.

181.　Singer and Friedman, *Cybersecurity and Cyberwar*, 132.

182.　Rid, *Cyber War*, 12–14.

183.　Raphael Satter, Jeff Donn, and Justin Myers, "Digital Hit List," *Chicago Tribune*, May 29, 2019, https://www.chicagotribune.com/nation-world/ct-russian-hacking-20171102-story.html.

184.　Singer and Friedman, *Cybersecurity and Cyberwar*, 56.

185.　Matthew M. Aid, "Inside the NSA's Ultra-Secret China Hacking Group," *Foreign Policy*, June 10, 2013, https://foreignpolicy.com/2013/06/10/inside-the-nsas-ultra-secret-china-hacking-group/.

186.　Thielman and Ackerman, "Cozy Bear and Fancy Bear"; FireEye, *APT28*, 5.

187.　FireEye, *APT28*, 5.

188.　Singer and Friedman, *Cybersecurity and Cyberwar*, 94.

189.　Singer and Friedman, *Cybersecurity and Cyberwar*, 189.

190.　David E. Sanger and Nicole Perlroth, "Hackers from China Resume Attacks on U.S. Targets," *New York Times*, May 19, 2013, https://www.nytimes.com/2013/05/20/world/asia/chinese-hackers-resume-attacks-on-us-targets.html.

191.　Julian Sanchez, "Frum, Cocktail Parties, and the Threat of Doubt," *Julian Sanchez* (blog), March 26, 2010, http://www.juliansanchez.com/2010/03/26/frum-cocktail-parties-and-the-threat-of-doubt/; Patricia Cohen, "'Epistemic Closure'? Those Are Fighting Words," *New York Times*, April 27, 2010, https://www.nytimes.com/2010/04/28/books/28conserv.html.

192.　Sanchez, "Cocktail Parties."

193.　Barnaby Jack, "Jackpotting Automated Teller Machines Redux" (presentation, Black Hat Briefings, Las Vegas, July 28–29, 2010), https://www.blackhat.com/html/bh-us-10/bh-us-10-archives.html#Jack; Kim Zetter, "Researcher Demonstrates ATM 'Jackpotting' at Black Hat Conference," *Wired*, August 28, 2010, https://www.wired.com/2010/07/atms-jackpotted/; William Alexander, "Barnaby Jack Could Hack Your Pacemaker and Make Your Heart Explode," *Vice*, June 25, 2013, https://www.vice.com/en_us/article/avnx5j/i-worked-out-how-to-remotely-weaponise-a-pacemaker.

194.　Paul Karger and Roger R. Schell, *Multics Security Evaluation: Vulnerability Analysis* (Bedford, MA: Electronic Systems Division, Air Force Systems Command, United States Air Force, 1974), 51.

195.　Karger and Schell, *Multics Security Evaluation*, 51.

196. Tom van Vleck, "How the Air Force Cracked Multics Security," Multicians, last updated October 14, 2002, https://www.multicians.org/security.html.

197. Van Vleck, "How the Air Force Cracked Multics Security."

198. Virginia Gold, "ACM's Turing Award Prize Raised to $250,000; Google Joins Intel to Provide Increased Funding for Most Significant Award in Computing," Association for Computing Machinery, last updated July 26, 2007, https://web.archive.org/web/20081230233653/http://www.acm.org/press-room/news-releases-2007/turingaward/.

199. Ken Thompson, "Reflections on Trusting Trust," *Communications of the ACM* 27, no. 8 (1984): 761–763, https://doi.org/10.1145/358198.358210.

200. Thompson, "Reflections on Trusting Trust."

201. Thompson, "Reflections on Trusting Trust."

202. Thompson, "Reflections on Trusting Trust."

203. Jonathan Thornburg, "Backdoor in Microsoft Web Server," sci.crypt, April 18, 2000, https://groups.google.com/forum/#!msg/sci.crypt/PybcCHi9u6s/b-7U1y9Q BZMJ.

204. Vahab Pournaghshband, "Teaching the Security Mindset to CS 1 Students" (presentation, 44th ACM Technical Symposium on Computer Science Education, Denver, March 6–9, 2013), https://doi.org/10.1145/2445196.2445299.

205. Ivan Arce and Gary McGraw, "Guest Editors' Introduction: Why Attacking Systems Is a Good Idea," *IEEE Security & Privacy* 2, no. 4 (2004): 17–19, https://doi.org/10.1109/MSP.2004.46.

206. Arce and McGraw, "Guest Editors' Introduction."

207. Dan Goodin, "Meet badBIOS, the Mysterious Mac and PC Malware that Jumps Airgaps," *Ars Technica*, October 31, 2013, https://arstechnica.com/information-technology/2013/10/meet-badbios-the-mysterious-mac-and-pc-malware-that-jumps-airgaps/.

208. Goodin, "Meet badBIOS."

209. Goodin, "Meet badBIOS."

210. Goodin, "Meet badBIOS."

211. Goodin, "Meet badBIOS."

212. Goodin, "Meet badBIOS."

213. The Dark Tangent [pseud.] (@thedarktangent), "RT @alexstamos: Everybody in Security Needs to Follow @dragosr and Watch His Analysis of #badBIOS <No Joke It's Really Serious," Twitter, October 25, 2013, 11:15 p.m., https://twitter.com/thedarktangent/status/393984201151627264; Goodin, "Meet badBIOS."

214. Roger A. Grimes, "4 Reasons BadBIOS Isn't Real," *CSO Magazine*, November 12,

2013, https://www.csoonline.com/article/2609622/4-reasons-badbios-isn-t-real.html; Roger A. Grimes, "NSA's Backdoors Are Real—but Prove Nothing about BadBIOS," *CSO Magazine*, January 14, 2014, https://www.csoonline.com/article/2609678/nsa-s-backdoors-are-real—but-prove-nothing-about-badbios.html.

215. Roger A. Grimes, "New NSA Hack Raises the Specter of BadBIOS," *CSO Magazine*, March 3, 2015, https://www.csoonline.com/article/2891692/does-the-latest-nsa-hack-prove-badbios-was-real.html.

216. Frédéric Bastiat, "That Which Is Seen, and That Which Is Not Seen," bestiat.org, last accessed June 1, 2019, http://bastiat.org/en/twisatwins.html.

217. Jim Finkle and Dan Burns, "St. Jude Stock Shorted on Heart Device Hacking Fears: Shares Drop," *Reuters*, August 25, 2016, https://www.reuters.com/article/us-stjude-cyber-idUSKCN1101YV.

218. Michael Riley and Jordan Robertson, "In an Unorthodox Move, Hacking Firm Teams Up with Short Sellers," *Bloomberg*, August 25, 2016, https://www.bloombergquint.com/onweb/in-an-unorthodox-move-hacking-firm-teams-up-with-short-sellers.

219. Riley and Robertson, "Short Sellers."

220. Jordan Robertson and Michael Riley, "Carson Block's Attack on St. Jude Reveals a New Front in Hacking for Profit," *Bloomberg*, August 25, 2016, https://www.bloomberg.com/news/articles/2016-08-25/in-an-unorthodox-move-hacking-firm-teams-up-with-short-sellers.

221. Robertson and Riley, "Carson Block's Attack."

222. Muddy Waters Research, "MW Is Short St. Jude Medical (STJ:US)," muddywatersresearch.com, last updated August 25, 2016, https://www.muddywatersresearch.com/research/stj/mw-is-short-stj/.

223. "MedSec CEO Responds to Carson Block's St. Jude Comments," *Bloomberg*, last updated August 25, 2016, https://www.bloomberg.com/news/videos/2016-08-25/medsec-ceo-responds-to-carson-block-s-st-jude-medical-comments.

224. *St. Jude Medical, Inc., vs. Muddy Waters Consulting et al.*, https://regmedia.co.uk/2016/09/08/medsec_lawsuit.pdf.

225. Jim Finkle and Dan Burns, "St. Jude Stock Shorted on Heart Device Hacking Fears: Shares Drop," *Reuters*, August 25, 2016, https://www.reuters.com/article/us-stjude-cyber-idUSKCN1101YV.

226. Sean Gallagher, "Trading in Stock of Medical Device Paused after Hackers Team with Short Seller," *Ars Technica*, August 26, 2016, https://arstechnica.com/information-technology/2016/08/trading-in-stock-of-medical-device-paused-after-hackers-team-with-short-seller/.

227. University of Michigan, "Holes Found in Report on St. Jude Medical Device Security," University of Michigan News, last updated August 30, 2016, https://news.umich.edu/holes-found-in-report-on-st-jude-medical-device-security/.

228. University of Michigan, "Holes Found in Report on St. Jude Medical Device Security."

229. Muddy Waters Research, "MW Is Short St. Jude Medical."

230. University of Michigan, "Holes Found in Report on St. Jude Medical Device Security."

231. University of Michigan, "Holes Found in Report on St. Jude Medical Device Security."

232. *St. Jude Medical, Inc., vs. Muddy Waters Consulting et al.*

233. *St. Jude Medical, Inc., vs. Muddy Waters Consulting et al.*

234. Michael Erman, "Abbott Releases New Round of Cyber Updates for St. Jude Pacemakers," *Reuters*, August 28, 2017, https://www.reuters.com/article/us-abbott-cyber-idUSKCN1B921V.

第九章：資訊安全的頑劣本質

1. Horst W. J. Rittel and Melvin M. Webber, "Dilemmas in a General Theory of Planning," *Policy Sciences* 4, no. 2 (1973): 155–169, https://doi.org/10.1007/BF01405730.

2. Rittel and Webber, "Dilemmas."

3. Rittel and Webber, "Dilemmas."

4. Rittel and Webber, "Dilemmas."

5. Rittel and Webber, "Dilemmas."

6. Rittel and Webber, "Dilemmas."

7. Simson L. Garfinkel, "The Cyber Security Mess," simson.net, last updated December 14, 2016, http://simson.net/ref/2016/2016-12-14_Cybersecurity.pdf.

8. Ben Laurie and Abe Singer, "Choose the Red Pill and the Blue Pill: A Position Paper" (presentation, 2008 New Security Paradigms Workshop, Lake Tahoe, CA, September 22–25, 2008), https://doi.org/10.1145/1595676.1595695; Shari Pfleeger and Robert Cunningham, "Why Measuring Security Is Hard," *IEEE Security & Privacy* 8, no. 4 (2010): 46–54, https://doi.org/10.1109/MSP.2010.60.

9. Andrew Stewart, "A Utilitarian Re-Examination of Enterprise-Scale Information Security Management," *Information and Computer Security* 26, no. 1 (2018), https://doi.org/10.1108/ICS-03-2017-0012.

10. Cormac Herley, "Unfalsifiability of Security Claims," *Proceedings of the National Academy of Sciences* 113, no. 23 (2016): 6415–6420, https://doi.org/10.1073/pnas.1517797113; Cormac Herley and P. C. van Oorschot, "SoK: Science, Security and the Elusive Goal of Security as a Scientific Pursuit" (presentation, IEEE

Symposium on Security and Privacy, San Jose, CA, May 22–26, 2017), http://dx.doi.org/10.1109/SP.2017.38.

11. Herley, "Unfalsifiability of Security Claims"; Herley and van Oorschot, "Elusive Goal."

12. Herley, "Unfalsifiability of Security Claims"; Herley and van Oorschot, "Elusive Goal"; Pfleeger and Cunningham, "Measuring Security."

13. Herley, "Unfalsifiability of Security Claims"; Herley and van Oorschot, "Elusive Goal."

14. Herley, "Unfalsifiability of Security Claims"; Herley and van Oorschot, "Elusive Goal."

15. Herley, "Justifying Security Measures—A Position Paper" (presentation, 22nd European Symposium on Research in Computer Security, Oslo, September 11–15, 2017), https://cormac.herley.org/docs/justifyingSecurityMeasures.pdf.

16. Herley, "Unfalsifiability of Security Claims"; Herley and van Oorschot, "Elusive Goal."

17. Herley, "Unfalsifiability of Security Claims"; Herley and van Oorschot, "Elusive Goal."

18. Herley, "Unfalsifiability of Security Claims"; Herley and van Oorschot, "Elusive Goal."

19. Herley, "Unfalsifiability of Security Claims"; Herley and van Oorschot, "Elusive Goal."

20. National Institute of Standards and Technology, *Security and Privacy Controls for Information Systems and Organizations* (Gaithersburg, MD: NIST, 2017), https://csrc.nist.gov/publications/detail/sp/800-53/rev-5/draft.

21. P. W. Singer and Allan Friedman, *Cybersecurity and Cyberwar: What Everyone Needs to Know* (Oxford: Oxford University Press, 2014), 80–81.

22. Singer and Friedman, *Cybersecurity and Cyberwar.*

23. RSA Security, "RSA Conference 2018 Closes 27th Year Bringing Top Information Security Experts Together to Debate Critical Cybersecurity Issues," RSA Conference, last updated April 20, 2018, https://www.rsaconference.com/press/89/rsa-conference-2018-closes-27th-year-bringing-top.

24. Greg Otto, "RSA Conference App Leaks User Data," *Cyberscoop*, April 20, 2018, https://www.cyberscoop.com/2018-rsa-conference-app-leaks-user-data/.

25. Gunter Ollmann, "Beware Your RSA Mobile App Download," IOActive, last updated February 27, 2014, https://ioactive.com/beware-your-rsa-mobile-app-download/.

26. Ollmann, "Beware Your RSA Mobile App Download."

27. "Security Compromised at Security Companies—During Cyber Security Month," *Fox News*, October 8, 2013, https://www.foxnews.com/tech/security-compromised-at-security-companies-during-cyber-security-month.

28. Peter J. Denning, interview by Jeffrey R. Yost, *Charles Babbage Institute*, April 10, 2013, 67–68, http://hdl.handle.net/11299/156515.

29. Denning, interview by Yost, 67–68.

30. Adam Shostack and Andrew Stewart, The New School of Information Security (Upper Saddle River, NJ: Addison-Wesley, 2008), 107.

31. Ben Rothke and Anton Chuvakin, "PCI Shrugged: Debunking Criticisms of PCI DSS," *CSO Magazine*, April 16, 2009, https://www.csoonline.com/article/2123972/pci-shrugged—debunking-criticisms-of-pci-dss.html.

32. PCI Security Standards Council, "Securing the Future of Payments Together," Official PCI Security Standards Council Site, last accessed July 14, 2019, https://www.pcisecuritystandards.org/.

33. Klaus Julish, "Security Compliance: The Next Frontier in Security Research" (presentation, New Security Paradigms Workshop, Lake Tahoe, CA, September 22–25, 2008), https://doi.org/10.1145/1595676.1595687.

34. Andrew Stewart, "A Utilitarian Re-Examination of Enterprise-Scale Information Security Management," *Information and Computer Security* 26, no. 1 (2018), https://doi.org/10.1108/ICS-03-2017-0012.

35. Stewart, "A Utilitarian Re-Examination."

36. Stewart, "A Utilitarian Re-Examination."

37. Stewart, "A Utilitarian Re-Examination."

38. "By Organization Name," Making Security Measurable, MITRE Corporation, last accessed July 14, 2019, http://makingsecuritymeasurable.mitre.org/directory/organizations/index.html.

39. "Common Weakness Enumeration (CWE)," The Bugs Framework, National Institute of Standards and Technology, last accessed July 14, 2019, https://samate.nist.gov/BF/Enlightenment/CWE.html.

40. "Common Vulnerability Scoring System SIG," first.org, Global Forum of Incident Response and Security Teams, last accessed July 17, 2019, https://www.first.org/cvss/.

41. Marcus Ranum, "The Six Dumbest Ideas in Computer Security" ranum.com, last accessed July 14, 2019, https://www.ranum.com/security/computer_security/editorials/dumb/.

42. Ranum, "The Six Dumbest Ideas in Computer Security."

43. Andrew Stewart, "On Risk: Perception and Direction," *Computers & Security* 23, no.

5 (2004): 362–370, https://doi.org/10.1016/j.cose.2004.05.003.

44. Stewart, "On Risk."

45. Vilhelm Verendel, *A Prospect Theory Approach to Security* (Gothenburg, Sweden: Gothenburg University, 2008); National Institute of Standards and Technology, *Framework for Improving Critical Infrastructure Cybersecurity* (Gaithersburg, MD: NIST, April 16, 2018), https://www.nist.gov/cyberframework/framework.

46. Marc Donner, "Insecurity through Obscurity," *IEEE Security & Privacy* 4, no. 5 (2006), https://doi.ieeecomputersociety.org/10.1109/MSP.2006.123; Stewart, "On Risk."

47. Shostack and Stewart, *The New School.*

48. Shostack and Stewart, *The New School.*

49. Adam Shostack, "The Breach Response Market Is Broken (and What Could Be Done)," *New School of Information Security* (blog), October 12, 2016, https://newschoolsecurity.com/2016/10/the-breach-response-market-is-broken-and-what-could-be-done/.

50. Dinei A. F. Florencio, Cormac Herley, and Adam Shostack, "FUD: A Plea for Intolerance," *Communications of the ACM* 57, no. 6 (2014): 31–33, https://doi.org/10.1145/2602323.

51. Tyler Moore and Ross Anderson, *Economics and Internet Security: A Survey of Recent Analytical, Empirical, and Behavioral Research* (Cambridge, MA: Harvard University, 2011), 7, http://nrs.harvard.edu/urn-3:HUL.InstRepos:23574266.

52. Tyler Moore, Richard Clayton, and Ross Anderson, "The Economics of Online Crime," *Journal of Economic Perspectives* 23, no. 3 (2009): 3–20, https://www.aeaweb.org/articles?id=10.1257/jep.23.3.3; Ross Anderson, Rainer Bohme, Richard Clayton, and Tyler Moore, *Security Economics and the Internal Market* (n.p.: European Network and Information Security Agency, 2008), https://www.enisa.europa.eu/publications/archive/economics-sec/; Dan Barrett, "Abuse of Statistics about Computer Crime," *Risks Digest* 18, no. 4 (1996), https://catless.ncl.ac.uk/Risks/18/04; "Errata—Statistics," attrition.org, last updated 2011, http://attrition.org/errata/statistics/index.html.

53. Julie J. C. H. Ryan and Theresa I. Jefferson, "The Use, Misuse, and Abuse of Statistics in Information Security Research" (presentation, American Society for Engineering Management, Saint Louis, MO, October 15–18, 2003), http://citeseerx.ist.psu.edu/viewdoc/summary?doi=10.1.1.203.5387.

54. Dinei Florencio and Cormac Herley, "Sex, Lies, and Cyber-Crime Surveys," in *Economics of Information Security and Privacy III*, ed. Bruce Schneier (New York: Springer, 2013), https://doi.org/10.1007/978-1-4614-1981-5_3.

55.   Florencio and Herley, "Cyber-Crime Surveys."

56.   Florencio and Herley, "Cyber-Crime Surveys."

57.   Ryan and Jefferson, "Misuse and Abuse."

58.   James P. Anderson, *Computer Security Technology Planning Study* (Bedford, MA: Electronic Systems Division, Air Force Systems Command, United States Air Force, 1972).

59.   George F. Jelen, *Information Security: An Elusive Goal* (Cambridge, MA: Harvard University, 1995), III-32.

60.   Jelen, *An Elusive Goal*, III-32.

61.   Peter G. Neumann, "Computer Insecurity," *Issues in Science and Technology* 11, no. 1 (1994): 50–54, https://www.jstor.org/stable/43310933; Garfinkel, "The Cyber Security Mess," 27.

62.   Bob Blakley, "The Emperor's Old Armor" (presentation, New Security Paradigms Workshop, Lake Arrowhead, CA, September 17–20, 1996), https://doi.org/10.1145/304851.304855.

63.   Butler W. Lampson, "Computer Security in the Real World," *Computer* 37, no. 6 (2004): 37–47, https://doi.org/10.1109/MC.2004.17.

64.   David E. Bell, "Looking Back at the Bell-LaPadula Model" (presentation, 21st Annual Computer Security Applications Conference, Tucson, December 5–9, 2005), https://doi.org/10.1109/CSAC.2005.37.

65.   Federico Biancuzzi, "Interview with Marcus Ranum," *SecurityFocus*, June 21, 2005, https://www.securityfocus.com/columnists/334.

66.   Butler Lampson, "Usable Security: How to Get It," *Communications of the ACM* 52, no. 11 (2009): 25–27, https://doi.org/10.1145/1592761.1592773.

67.   "Computer Security Is Broken from Top to Bottom," *Economist*, April 8, 2017, https://www.economist.com/science-and-technology/2017/04/08/computer-security-is-broken-from-top-to-bottom; Angus Loten, "NSA Cyber Chief Says Companies Are Losing Ground against Adversaries," *Wall Street Journal*, December 11, 2018, https://www.wsj.com/articles/nsa-cyber-chief-says-companies-are-losing-ground-against-adversaries-11544548614.

68.   John D. McLean, "On the Science of Security," *IEEE Security & Privacy* 16, no. 3 (2018): 6–10, https://doi.ieeecomputersociety.org/10.1109/MSP.2018.2701158.

69.   Jelen, *An Elusive Goal*, IV-60.

70.   Shari Lawrence Pfleeger, "Learning from Other Disciplines," *IEEE Security & Privacy* 13, no. 4 (2015): 10–11, https://doi.ieeecomputersociety.org/10.1109/MSP.2015.81.

71.   Jan Romein, *De dialectiek van de vooruitgang* (n.p., 1937).

72. Steven M. Bellovin, "Security as a Systems Property," *IEEE Security & Privacy* 7, no. 5 (2009): 88, https://doi.org/10.1109/MSP.2009.134.

73. Steven M. Bellovin, "Security Is a System Property," *SMBlog* (blog), September 1, 2017, https://www.cs.columbia.edu/~smb/blog//2017-09/2017-09-01.html.

74. Alex Abella, *Soldiers of Reason: The RAND Corporation and the Rise of the American Empire* (Boston: Mariner Books, 2009).

75. Malcolm W. Hoag, *An Introduction to Systems Analysis* (Santa Monica, CA: RAND Corporation, 1956), https://www.rand.org/pubs/research_memoranda/RM1678.html; Jack Stockfisch, *The Intellectual Foundations of Systems Analysis* (Santa Monica, CA: RAND Corporation, 1987), https://www.rand.org/pubs/papers/P7401.html.

76. Stockfisch, *Systems Analysis*; Abella, *Soldiers of Reason*.

77. Jelen, *An Elusive Goal*, III-50.

78. Eugene H. Spafford, "Complexity Is Killing Us: A Security State of the Union with Eugene Spafford of CERIAS" (presentation, CERIAS Symposium, Purdue University, West Lafayette, IN, March 3, 2011), https://www.cerias.purdue.edu/site/news/view/complexity_is_killing_us_a_security_state_of_the_union_with_eugene_spafford/; Marcus Ranum, "Teaching an Old Dog New Tricks: The Problem Is Complexity," ranum.com, last accessed July 16, 2019, http://ranum.com/security/computer_security/editorials/codetools/index.html; Thomas Dullien, "Security, Moore's Law, and the Anomaly of Cheap Complexity" (presentation, 10th International Conference on Cyber Conflict, Tallinn, Estonia, May 29–June 1, 2018), https://www.youtube.com/watch?v=q98foLaAfX8; John Viega and Gary McGraw, *Building Secure Software: How to Avoid Security Problems the Right Way* (Boston: Addison-Wesley, 2001).

79. Willis H. Ware, *Security Controls for Computer Systems: Report of Defense Science Board Task Force on Computer Security* (Santa Monica, CA: RAND Corporation, 1970), https://www.rand.org/pubs/reports/R609-1/index2.html.

80. Ware, *Security Controls*.

81. James P. Anderson, *Computer Security Technology Planning Study* (Bedford, MA: Electronic Systems Division, Air Force Systems Command, United States Air Force, 1972).

82. Donald MacKenzie and Garrell Pottinger, "Mathematics, Technology, and Trust: Formal Verification, Computer Security, and the U.S. Military," *IEEE Annals of the History of Computing* 19, no. 3 (1997): 41–59, https://doi.org/10.1109/85.601735.

83. Marcus Ranum, "The Network Police Blotter," *Login* 25, no. 1 (2000), https://www.usenix.org/publications/login/february-2000-volume-25-number-1.

84. Ranum, "The Network Police Blotter."

85. Michael Howard and David LeBlanc, *Writing Secure Code* (Redmond, WA: Microsoft Press, 2002); Steve McConnell, *Code Complete: A Practical Handbook of Software Construction*, 2nd ed. (Redmond, WA: Microsoft Press, 2004); Michael Howard and Steve Lipner, *The Security Development Lifecycle* (Redmond, WA: Microsoft Press, 2006).

86. Ben Moseley and Peter Marks, "Out of the Tar Pit," n.p., February 6, 2006.

87. Martyn Thomas, "Complexity, Safety, and Computers," *Risks Digest* 10, no. 31 (1990), https://catless.ncl.ac.uk/Risks/10/31; Moseley and Marks, "Out of the Tar Pit."

88. Sergey Bratus, Trey Darley, Michael Locasto, Meredith L. Patterson, Rebecca Shapiro, and Anna Shubina, "Beyond Planted Bugs in 'Trusting Trust': The InputProcessing Frontier," *IEEE Security & Privacy* 12, no. 1 (2014), https://ieeexplore.ieee.org/document/6756892.

89. Crispin Cowan, "Turning around the Security Problem: Why Does Security Still Suck?" n.p., August 3, 2006.

90. Howard and LeBlanc, *Writing Secure Code*; Howard and Lipner, *The Security Development Lifecycle*.

91. Bill Horne, "Humans in the Loop," *IEEE Security & Privacy* 12, no. 1 (2014): 3–4, https://doi.ieeecomputersociety.org/10.1109/MSP.2014.5; Stewart, "A Utilitarian Re-Examination."

92. Stewart, "A Utilitarian Re-Examination."

93. Phil Venables, "Information Security & Complexity," n.p., 2004.

94. Frederick P. Brooks Jr., "No Silver Bullet: Essence and Accidents of Software Engineering," *Computer* 20, no. 4 (1987): 10–19, https://doi.org/10.1109/MC.1987.1663532.

95. Brooks, "No Silver Bullet."

96. Brooks, "No Silver Bullet."

97. Brooks, "No Silver Bullet."

98. Gavin Thomas, "A Proactive Approach to More Secure Code," Microsoft Security Response Center, last updated July 16, 2019, https://msrc-blog.microsoft.com/2019/07/16/a-proactive-approach-to-more-secure-code/.

99. Alma Whitten and J. D. Tygar, "Why Johnny Can't Encrypt: A Usability Evaluation of PGP 5.0" (presentation, 8th USENIX Security Symposium, Washington, DC, August 23–26, 1999), https://people.eecs.berkeley.edu/~tygar/papers/Why_Johnny_Cant_Encrypt/OReilly.pdf.

100. Zinaida Benenson, Gabriele Lenzini, Daniela Oliveira, Simon Edward Parkin, and Sven Ubelacker, "Maybe Poor Johnny Really Cannot Encrypt: The Case

for a Complexity Theory for Usable Security" (presentation, 15th New Security Paradigms Workshop, Twente, the Netherlands, September 8–11, 2015), https://doi.org/10.1145/2841113.2841120.

101. Benenson et al., "Poor Johnny."

102. Stewart, "A Utilitarian Re-Examination."

103. Ponnurangam Kumaraguru, Steve Sheng, Alessandro Acquisti, Lorrie Faith Cranor, and Jason Hong, "Teaching Johnny Not to Fall for Phish," *ACM Transactions on Internet Technology* 10, no. 2 (2010), https://doi.org/10.1145/1754393.1754396.

104. Kumaraguru et al., "Teaching Johnny."

105. Cormac Herley, "So Long, and No Thanks for the Externalities: The Rational Rejection of Security Advice by Users" (presentation, New Security Paradigms Workshop, Oxford, UK, September 8–11, 2009), https://doi.org/10.1145/1719030.1719050.

106. Herley, "So Long."

107. Herley, "So Long."

108. Dieter Gollmann, *Computer Security* (New York: Wiley, 2011), 40.

109. Simson Garfinkel and Heather Richter Lipford, *Usable Security: History, Themes, and Challenges* (San Rafael, CA: Morgan & Claypool, 2014); Benenson et al., "Poor Johnny."

110. Dirk Balfanz, Glenn Durfee, Rebecca E. Grinter, and D. K. Smetters, "In Search of Usable Security: Five Lessons from the Field," *IEEE Security & Privacy* 2, no. 5 (2004): 19–24, https://doi.org/10.1109/MSP.2004.71.

111. Katharina Krombholz, Wilfried Mayer, Martin Schmiedecker, and Edgar Weippl, "'I Have No Idea What I'm Doing': On the Usability of Deploying HTTPS" (presentation, 26th USENIX Conference on Security Symposium, Vancouver, August 16–18, 2017), https://dl.acm.org/citation.cfm?id=3241293.

112. Steven M. Bellovin, "Permissive Action Links," Department of Computer Science, Columbia University, last accessed July 17, 2019, https://www.cs.columbia.edu/~smb/nsam-160/pal.html.

113. Bellovin, "Permissive Action Links."

114. Shaya Potter, Steven M. Bellovin, and Jason Nieh, "Two-Person Control Administration: Preventing Administration Faults through Duplication" (presentation, 23rd Conference on Large Installation System Administration, Baltimore, November 1–6, 2009), https://dl.acm.org/citation.cfm?id=1855700.

115. National Research Council, *Computers at Risk: Safe Computing in the Information Age* (Washington, DC: National Academy Press, 1991); Richard Forno, "Re: Nation's Cybersecurity Suffers from a Lack of Information Sharing," *InfoSec News*, March 5,

360

2010, https://seclists.org/isn/2010/Mar/21; Horne, "Humans in the Loop."

116. Financial Services Information Sharing and Analysis Center (FS-ISAC), "Reducing Cyber-Risk for Financial Services Institutions," fsisac.com, last accessed July 17, 2019, https://www.fsisac.com/who-we-are.

117. FS-ISAC, "Reducing Cyber-Risk for Financial Services Institutions."

118. Steven M. Bellovin and Adam Shostack, *Input to the Commission on Enhancing National Cybersecurity* (n.p.: September 2016), https://www.cs.columbia.edu/~smb/papers/Current_and_Future_States_of_Cybersecurity-Bellovin-Shostack.pdf.

119. Jonathan Bair, Steven M. Bellovin, Andrew Manley, Blake Reid, and Adam Shostack, "That Was Close! Reward Reporting of Cybersecurity 'Near Misses,'" *Colorado Technology Law Journal* 16, no. 2 (2018): 327–364, https://ssrn.com/abstract=3081216.

120. Bair et al., "That Was Close!"

121. Steven B. Lipner, "The Birth and Death of the Orange Book," *IEEE Annals of the History of Computing* 37, no. 2 (2015): 19–31, https://doi.org/10.1109/MAHC.2015.27.

122. Stefan Axelsson, "The Base-Rate Fallacy and Its Implications for the Difficulty of Intrusion Detection," (presentation, 2nd RAID Symposium, Purdue University, West Lafayette, IN, September 7–9, 1999).

123. Mara Tam, "Re: 'Clickbait Policy-Making,'" Dailydave, July 29, 2016, https://seclists.org/dailydave/2016/q3/23.

124. Teresa F. Lunt, interview by Jeffrey R. Yost, *Charles Babbage Institute*, June 4, 2013, 27, http://hdl.handle.net/11299/162378.

125. *Mad Men*, episode 13, season 5, "The Phantom," directed by Matthew Weiner, written by Jonathan Igla and Matthew Weiner, aired June 10, 2012, https://www.amc.com/shows/mad-men/season-5/episode-13/the-phantom.

126. Herley and van Oorschot, "SoK."

127. Paul Karger and Roger R. Schell, *Multics Security Evaluation: Vulnerability Analysis* (Bedford, MA: Electronic Systems Division, Air Force Systems Command, United States Air Force, 1974); Tom van Vleck, "How the Air Force Cracked Multics Security," Multicians, last updated October 14, 2002, https://www.multicians.org/security.html.

128. Herley and van Oorschot, "SoK."

129. Herley and van Oorschot, "SoK."

130. Adrian Stone, Josh Shaul, and Matt Watchinski, "Panel Discussion: The Value (and Danger) of Offensive Security Research" (presentation, Virus Bulletin, Dallas, September 26–28, 2012), https://www.virusbulletin.com/conference/vb2012/abstracts/

panel-discussion-value-and-danger-offensive-security-research/; Ryan Naraine, "Offensive Security Research Community Helping Bad Guys," *ZDNet*, February 7, 2012, https://www.zdnet.com/article/offensive-security-research-community-helping-bad-guys/.

131. Ashish Arora and Rahul Telang, "Economics of Software Vulnerability Disclosure," *IEEE Security & Privacy* 3, no. 1 (2005): 20–25, https://doi.org/10.1109/MSP.2005.12.

132. Arne Padmos, "Against Mindset" (presentation, New Security Paradigms Workshop, Windsor, UK, August 28–31, 2018, https://doi.org/10.1145/3285002.3285004.

133. Marcus Ranum, "Are the Skills of a Hacker Necessary to Build Good Security?" ranum.com, last accessed July 17, 2019, http://www.ranum.com/security/computer_security/editorials/skillsets/index.html; Ranum, "The Six Dumbest Ideas in Computer Security."

134. Rebecca G. Bace, interview by Jeffrey R. Yost, *Charles Babbage Institute*, July 31, 2012, 48, http://hdl.handle.net/11299/144022.

135. "Initiatives," The Analogies Project, last accessed July 17, 2019, http://theanalogiesproject.org/initiatives/.

136. Butler Lampson, interview by Jeffrey R. Yost, *Charles Babbage Institute*, December 11, 2014, 19, http://hdl.handle.net/11299/169983.

137. Jerome H. Saltzer and M. D. Schroeder, "The Protection of Information in Computer Systems," *Proceedings of the IEEE* 63, no. 9 (1975): 1278–1308, http://doi.org/10.1109/PROC.1975.9939; Gollmann, *Computer Security*, 34.

138. Michael E. Whitman and Herbert J. Mattord, *Principles of Information Security*, 5th ed. (Boston: Cengage Learning, 2014), 10–16. David Kim and Michael G. Solomon, *Fundamentals of Information Systems Security* (Burlington, MA: Jones & Bartlett Learning, 2016), 16–17; Adam Gordon, *Official (ISC)2 Guide to the CISSP CBK* (Boca Raton, FL: Auerbach, 2015); Shon Harris and Fernando Maymi, *CISSP All-in-One Exam Guide*, 8th ed. (New York: McGraw-Hill, 2018).

139. Phil Venables, "21st Century InfoSec Management and Beyond," *Information Security Bulletin*, February 2000.

140. Venables, "21st Century InfoSec Management."

141. Jerome H. Saltzer, "Repaired Security Bugs in Multics," in *Ancillary Reports: Kernel Design Project*, MIT Laboratory for Computer Science Technical Memo MIT/LCS/ TM-87, 1977, 1–4, http://web.mit.edu/Saltzer/www/publications/pubs.html; Donn B. Parker, *Fighting Computer Crime: A New Framework for Protecting Information* (New York: Wiley, 1998); Spyridon Samonas and David Coss, "The CIA Strikes Back: Redefining Confidentiality, Integrity and Availability in Security," *Journal of Information System*

Security 10, no. 3 (2014): 21–45, http://www.jissec.org/Contents/V10/N3/V10N3-Samonas.html.

142. Thomas Rid, *Cyber War Will Not Take Place* (Oxford: Oxford University Press, 2017), 73.

143. Auguste Kerckhoffs, "La cryptographie militaire," *Journal des sciences militaires* 9 (1883): 5–38, 161–191.

144. Rid, *Cyber War*, 73.

145. Steven M. Bellovin, "Re: Security through Obscurity," *Risks Digest* 25, no. 71 (2009), https://catless.ncl.ac.uk/Risks/25/71.

146. Bellovin, "Re: Security through Obscurity."

147. "Defense-in-Depth," Computer Security Resource Center, NIST, last accessed July 17, 2019, https://csrc.nist.gov/glossary/term/defense_in_depth.

148. Josephine Wolff, *You'll See This Message When It Is Too Late: The Legal and Economic Aftermath of Cybersecurity Breaches* (Cambridge, MA: MIT Press, 2018), 86– 87, 236– 237.

149. Josephine Wolff, "Perverse Effects in Defense of Computer Systems: When More Is Less" (presentation, 49th Hawaii International Conference on System Sciences, Koloa, March 10, 2016), https://doi.org/10.1109/HICSS.2016.598; Don Norman, "Why Adding More Security Measures May Make Systems Less Secure," *Risks Digest* 23, no. 63 (2004), https://catless.ncl.ac.uk/Risks/23/63.

150. Charles Perrow, *Normal Accidents: Living with High-Risk Technologies* (Princeton, NJ: Princeton University Press, 1999).

151. Abella, *Soldiers of Reason.*

152. Abella, *Soldiers of Reason.*

153. Abella, *Soldiers of Reason.*

154. Ross Anderson, "Why Information Security Is Hard—An Economic Perspective" (presentation, 17th Annual Computer Security Applications Conference, New Orleans, December 10–14, 2001), https://doi.org/10.1109/ACSAC.2001.991552.

155. Herley, "So Long."

156. Richard Samuels, Stephen Stich, and Luc Faucher, "Reason and Rationality," in *Handbook of Epistemology*, ed. I. Niiniluoto, Matti Sintonen, and Jan Wolenski (Dordrecht: Springer Netherlands, 2004), https://www.researchgate.net/publication/286299529_Reason_and_Rationality.

157. "Aristotle's Ethics," *Stanford Encyclopedia of Philosophy*, last updated June 15, 2018, https://plato.stanford.edu/entries/aristotle-ethics/; Aristotle, *The Eudemian Ethics*, trans. Anthony Kenny (Oxford: Oxford World's Classics, 2011).

158. Matt Bishop, "A Taxonomy of UNIX System and Network Vulnerabilities," n.p., May 1995.
159. James Burke, *Connections*, dir. Mick Jackson (United Kingdom: BBC, 1978).

結語：過去、現在與可能的未來

1. Davey Winder, "Data Breaches Expose 4.1 Billion Records in First Six Months of 2019," *Forbes*, August 20, 2019, https://www.forbes.com/sites/daveywinder/2019/08/20/data-breaches-expose-41-billion-records-in-first-six-months-of-2019/; "2019 Data Breaches: 4 Billion Records Breached So Far," Emerging Threats, Norton, last accessed March 4, 2020, https://us.norton.com/internetsecurity-emerging-threats-2019-data-breaches.html.
2. Alfred Ng, "Marriott Says Hackers Stole More Than 5 Million Passport Numbers," *CNET*, January 4, 2019, https://www.cnet.com/news/marriott-says-hackers-stole-more-than-5-million-passport-numbers/.
3. Chris Williams, *Register*, February 11, 2019, https://www.theregister.co.uk/2019/02/11/620_million_hacked_accounts_dark_web/.
4. Sean Gallagher, "Hackers Breached 3 US Antivirus Companies, Researchers Reveal," *Ars Technica*, May 2019, https://arstechnica.com/information-technology/2019/05/hackers-breached-3-us-antivirus-companies-researchers-reveal/.
5. Dell Cameron, "Antivirus Makers Confirm, and Deny, Getting Breached by Hackers Looking to Sell Stolen Data," *Gizmodo*, May 13, 2019, https://gizmodo.com/antivirus-makers-confirm-and-deny-getting-breached-afte-1834725136/.
6. Ionut Ilascu, "Fxmsp Chat Logs Reveal the Hacked Antivirus Vendors, AVs Respond," *BleepingComputer*, May 13, 2019, https://www.bleepingcomputer.com/news/security/fxmsp-chat-logs-reveal-the-hacked-antivirus-vendors-avs-respond/.
7. Mark Bridge, "Biggest Instagram Leak Exposes Data of 49 Million Users," *Times*, May 22, 2019, https://www.thetimes.co.uk/article/biggest-instagram-leak-exposes-data-of-50-million-users-m8dsnh7xd/.
8. "Information on the Capital One Cyber Incident," *Capital One*, last updated September 23, 2019, https://www.capitalone.com/facts2019/.
9. Jessie Yeung, "Almost Entire Population of Ecuador Has Data Leaked," *CNN*, September 17, 2019, https://www.cnn.com/2019/09/17/americas/ecuador-data-leak-intl-hnk-scli/index.html; Catalin Cimpanu, "Database Leaks Data on Most of Ecuador's Citizens, Including 6.7 Million Children," *ZDNet*, September 16, 2019, https://www.zdnet.com/article/database-leaks-data-on-most-of-ecuadors-citizens-including-6-7-million-children/.

10. Shaun Nichols, "Why Is a 22GB Database Containing 56 Million US Folks' Personal Details Sitting on the Open Internet Using a Chinese IP Address? Seriously, Why?" *Register*, January 9, 2020, https://www.theregister.com/2020/01/09/checkpeoplecom_data_exposed/.

11. Naked Security, "Serious Chrome Zero-Day," *Naked Security* (blog), March 6, 2019, https://nakedsecurity.sophos.com/2019/03/06/serious-chrome-zero-day-google-says-update-right-this-minute/.

12. "Analysis of a Chrome Zero Day: CVE-2019-5786," McAfee Labs, McAfee, last updated March 20, 2019, https://www.mcafee.com/blogs/other-blogs/mcafee-labs/analysis-of-a-chrome-zero-day-cve-2019-5786/.

13. Eric Geller, "Chinese Nationals Charged for Anthem Hack, 'One of the Worst Data Breaches in History,'" *Politico*, May 9, 2019, https://www.politico.com/story/2019/05/09/chinese-hackers-anthem-data-breach-1421341/.

14. Zack Whittaker, "Hackers Are Stealing Years of Call Records from Hacked Cell Networks," *TechCrunch*, June 24, 2019, https://techcrunch.com/2019/06/24/hackers-cell-networks-call-records-theft/.

15. Whittaker, "Stealing Years of Call Records."

16. United States Senate, *Report of the Select Committee on Intelligence on Russian Active Measures Campaigns and Interference in the 2016 Election* (Washington, DC: United States Senate, September 25, 2019), https://www.intelligence.senate.gov/sites/default/files/documents/Report_Volume1.pdf; David E. Sanger, "Russia Targeted Election Systems in All 50 States, Report Finds," *New York Times*, September 25, 2019, https://www.nytimes.com/2019/07/25/us/politics/russian-hacking-elections.html.

17. Gary Fineout, "Russians Hacked 2 Florida Voting Systems; FBI and DeSantis Refuse to Release Details," *Politico*, May 14, 2019, https://www.politico.com/states/florida/story/2019/05/14/russians-hacked-2-florida-voting-systems-fbi-and-desantis-refuse-to-release-details-1015772/.

18. Sam Biddle, "The NSA Leak Is Real, Snowden Documents Confirm," *Intercept*, August 19, 2016, https://theintercept.com/2016/08/19/the-nsa-was-hacked-snowden-documents-confirm/.

19. Elizabeth Piper, "Cyber Attack Hits 200,000 in at Least 150 Countries: Europol," *Reuters*, May 14, 2017, https://www.reuters.com/article/us-cyber-attack-europol/cyber-attack-hits-200000-in-at-least-150-countries-europol-idUSKCN18A0FX/.

20. Nicole Perlroth, "How Chinese Spies Got the N.S.A.'s Hacking Tools, and Used Them for Attacks," *New York Times*, May 6, 2019, https://www.nytimes.com/2019/05/06/us/politics/china-hacking-cyber.html.

21. Dan Goodin, "Stolen NSA Hacking Tools Were Used in the Wild 14 Months before Shadow Brokers Leak," *Ars Technica*, May 6, 2019, https://arstechnica.com/information-technology/2019/05/stolen-nsa-hacking-tools-were-used-in-the-wild-14-months-before-shadow-brokers-leak/.

22. Orion Rummler and Rebecca Falconer, "Iranian Cyberattacks against the U.S. Are on the Rise," *Axios*, June 23, 2019, https://www.axios.com/iranian-cyberattacks-against-the-us-are-on-the-rise-46e2f3a2-7c4d-4589-b006-4d90a4dd6d0b.html; Tim Starks, "Security Firms See Spike in Iranian Cyberattacks," *Politico*, June 21, 2019, https://www.politico.com/story/2019/06/21/us-iran-cyberattacks-3469447/; Michelle Nichols, "North Korea Took $2 Billion in Cyberattacks to Fund Weapons Program: U.N. Report," *Reuters*, August 5, 2019, https://www.reuters.com/article/us-northkorea-cyber-un/north-korea-took-2-billion-in-cyberattacks-to-fund-weapons-program-u-n-report-idUSKCN1UV1ZX/.

23. Jamie Nimmo, "Now Hackers Can Steal Your ID and Bank Details from a Coffee Machine! Cyber Security Guru Also Warns People from Using WhatsApp and Smart TVs," *Mail on Sunday*, May 18, 2019, https://www.dailymail.co.uk/news/article-7045105/Now-hackers-steal-ID-bank-details-coffee-machine.html/.

24. Alfred Ng, "These Kids' Smartwatches Have Security Problems as Simple as 1-2-3," *CNET*, December 11, 2019, https://www.cnet.com/news/these-kids-smartwatches-have-security-problems-as-simple-as-1-2-3/.

25. WillC [pseud.], "Phreaking Elevators" (presentation, Defcon, Las Vegas, NV, August 9, 2019), https://www.youtube.com/watch?v=NoZ7ujJhb3k; Daniel Oberhaus, "This Hacker Showed How a Smart Lightbulb Could Leak Your Wi-Fi Password," *Vice*, January 31, 2019, https://www.vice.com/en_us/article/kzdwp9/this-hacker-showed-how-a-smart-lightbulb-could-leak-your-wi-fi-password/; Trend Micro Research, *Attacks against Industrial Machines via Vulnerable Radio Remote Controllers: Security Analysis and Recommendations* (Tokyo: Trend Micro, 2019); Patrick Clark, "The Hotel Hackers Are Hiding in the Remote Control Curtains," *Bloomberg Businessweek*, June 26, 2019, https://www.bloomberg.com/news/features/2019-06-26/the-hotel-hackers-are-hiding-in-the-remote-control-curtains/.

26. Thomas Claburn, "From Hard Drive to Over-Heard Drive: Boffins Convert Spinning Rust into Eavesdropping Mic," *Register*, March 7, 2019, https://www.theregister.co.uk/2019/03/07/hard_drive_eavesdropping/.

27. Claburn, "From Hard Drive."

28. Kevin Kelly, "The Shirky Principle," *Technium* (blog), April 2, 2010, https://kk.org/thetechnium/the-shirky-prin/.

29. "A Proactive Approach to More Secure Code," Microsoft Security Response Center, Gavin Thomas, last updated July 16, 2019, https://msrc-blog.microsoft.com/2019/07/16/a-proactive-approach-to-more-secure-code/.

30. Dirk Balfanz, Glenn Durfee, Rebecca E. Grinter, and D. K. Smetters, "In Search of Usable Security: Five Lessons from the Field," *IEEE Security & Privacy* 2, no. 5 (2004): 19–24, https://doi.org/10.1109/MSP.2004.71; Katharina Krombholz, Wilfried Mayer, Martin Schmiedecker, and Edgar Weippl, "'I Have No Idea What I'm Doing': On the Usability of Deploying HTTPS" (presentation, 26th USENIX Conference on Security Symposium, Vancouver, August 16–18, 2017), https://dl.acm.org/citation.cfm?id=3241293.

31. Carl von Clausewitz, *On War*, ed. Michael Howard and Peter Paret (Princeton, NJ: Princeton University Press, 1989).

32. Clausewitz, *On War*, 578.

精選參考資料

Abbate, Janet. *Inventing the Internet*. Cambridge, MA: MIT Press, 1999.

Abella, Alex. *Soldiers of Reason: The RAND Corporation and the Rise of the American Empire*. Boston: Mariner Books, 2009.

Anderson, James P. *Computer Security Technology Planning Study*. Bedford, MA: Electronic Systems Division, Air Force Systems Command, United States Air Force, 1972.

Anderson, Ross. "Why Information Security Is Hard: An Economic Perspective." Paper presented at the 17th Annual Computer Security Applications Conference, New Orleans, December 10–14, 2001. https://doi.org/10.1109/ACSAC.2001.991552.

Axelsson, Stefan. "The Base-Rate Fallacy and Its Implications for the Difficulty of Intrusion Detection." Paper presented at the 2nd RAID Symposium, Purdue, IN, September 7–9, 1999.

Bell, David Elliot, and Leonard J. LaPadula. *Secure Computer System: Unified Exposition and Multics Interpretation*. Bedford, MA: Electronic Systems Division, Air Force Systems Command, United States Air Force, March 1976.

——. *Secure Computer Systems: Mathematical Foundations*. Bedford, MA: Electronic Systems Division, Air Force Systems Command, United States Air Force, November 1973.

Bellovin, Steven M. "Security Problems in the TCP/IP Protocol Suite." *ACM SIGCOMM Computer Communication Review* 19, no. 2 (April 1, 1989): 32–48. https://doi.org/10.1145/378444.378449.

Bellovin, Steven M., and William R. Cheswick. "Network Firewalls." *IEEE Communications Magazine* 32, no. 9 (1994): 50–57. https://doi.org/10.1109/35.312843.

Bishop, Matt. "A Taxonomy of UNIX System and Network Vulnerabilities." N.p.: May 1995.

——. *Computer Security: Art and Science*. Boston: Addison-Wesley, 2003.

Calem, Robert E. "New York's Panix Service Is Crippled by Hacker Attack." *New York Times*, September 14, 1996. https://archive.nytimes.com/www.nytimes.com/library/cyber/week/0914panix.html.

Campbell-Kelly, Martin. *From Airline Reservations to Sonic the Hedgehog: A History of the Software Industry*. Cambridge, MA: MIT Press, 2003.

Ceruzzi, Paul E. *A History of Modern Computing*. Cambridge, MA: MIT Press, 2003.

Cheswick, William R. "The Design of a Secure Internet Gateway." Paper presented at USENIX Summer Conference, 1990.

Cheswick, William R., and Steven M. Bellovin, *Firewalls and Internet Security: Repelling the Wily Hacker*, 2nd ed. Boston: Addison-Wesley, 1994.

Computer Fraud and Abuse Act of 1984, 18 U.S.C. § 1030 (2019).

De Leon, Daniel. "The Productivity of the Criminal." *Daily People*, April 14, 1905. http://www.slp.org/pdf/de_leon/eds1905/apr14_1905.pdf.

Denning, Dorothy E. "An Intrusion-Detection Model." *IEEE Transactions on Software Engineering* 13, no. 2 (1987): 222–232. https://doi.org/10.1109/TSE.1987.232894.

Department of Defense. *Department of Defense Trusted Computer System Evaluation Criteria*. Fort Meade, MD: Department of Defense, December 26, 1985.

Edelman, Benjamin. "Adverse Selection in Online 'Trust' Certifications and Search Results." *Electronic Commerce Research and Applications* 10, no. 1 (2011): 17–25. https://doi.org/10.1016/j.elerap.2010.06.001.

Eichin, M. W., and J. A. Rochlis. "With Microscope and Tweezers: An Analysis of the Internet Virus of November 1988." Paper present at IEEE Symposium on Security and Privacy, Oakland, CA, May 1–3, 1989. https://doi.org/10.1109/SECPRI.1989.36307.

Farmer, Dan. "Shall We Dust Moscow? (Security Survey of Key Internet Hosts and Various Semi-Relevant Reflections)." December 18, 1996. http://www.fish2.com/survey/.

Florencio, Dinei, and Cormac Herley. "Sex, Lies, and Cyber-Crime Surveys." In *Economics of Information Security and Privacy III*, ed. Bruce Schneier. New York: Springer, 2013. https://doi.org/10.1007/978-1-4614-1981-5_3.

Fyodor [pseud.]. "Bugtraq Mailing List." SecLists.Org Security Mailing List Archive. Last accessed May 19, 2019. https://seclists.org/bugtraq/.

——. "Full Disclosure Mailing List." SecLists.Org Security Mailing List Archive. Last accessed May 19, 2019. https://seclists.org/fulldisclosure/.

——. "Zardoz 'Security Digest.'" The "Security Digest" Archives. Last accessed May 19, 2019. http://securitydigest.org/zardoz/.

Garfinkel, Simson, and Heather Richter Lipford. *Usable Security: History, Themes, and Challenges*. San Rafael, CA: Morgan & Claypool, 2014.

Garfinkel, Simson, and Gene Spafford. *Practical Unix Security*. Sebastopol, CA: O'Reilly Media, 1991.

Gates, Bill. "Trustworthy Computing." *Wired*, January 17, 2002. https://www.wired.com/2002/01/bill-gates-trustworthy-computing/.

Geer, Dan, Rebecca Bace, Peter Gutmann, Perry Metzger, Charles P. Pfleeger, John S. Quarterman, and Bruce Schneier. *CyberInsecurity: The Cost of Monopoly*. Washington, DC: Computer & Communications Industry Association, 2003.

Goffman, Erving. *The Presentation of Self in Everyday Life*. New York: Anchor, 1959.

Gollmann, Dieter. *Computer Security*. New York: Wiley, 2011.

Grigg, Ian. "The Market for Silver Bullets." March 2, 2008. http://iang.org/papers/market_for_silver_bullets.html.

Hafner, Katie, and Matthew Lyon. *Where Wizards Stay Up Late: The Origins of the Internet*. New York: Simon & Schuster, 1996.

Herley, Cormac. "So Long, and No Thanks for the Externalities: The Rational Rejection of Security Advice by Users." Paper presented at the New Security Paradigms Workshop, Oxford, UK, September 8–11, 2009. https://doi.org/10.1145/1719030.1719050.

——. "Unfalsifiability of Security Claims." *Proceedings of the National Academy of Sciences* 113, no. 23 (2016): 6415–6420. https://doi.org/10.1073/pnas.1517797113.

Herley, Cormac, and Paul Van Oorschot. "A Research Agenda Acknowledging the Persistence of Passwords." *IEEE Security & Privacy* 10, no. 1 (2012): 28–36. https://doi.org/10.1109/MSP.2011.150.

——. "SoK: Science, Security and the Elusive Goal of Security as a Scientific Pursuit." Paper presented at the IEEE Symposium on Security and Privacy, San Jose, CA, May 22–26, 2017. http://dx.doi.org/10.1109/SP.2017.38.

Howard, Michael, and David LeBlanc. *Writing Secure Code*. Redmond, WA: Microsoft Press, 2002.

Howard, Michael, and Steve Lipner. *The Security Development Lifecycle*. Redmond, WA: Microsoft Press, 2006.

Jelen, George F. *Information Security: An Elusive Goal*. Cambridge, MA: Harvard University Press, 1995.

Karger, Paul, and Roger R. Schell. *Multics Security Evaluation: Vulnerability Analysis*. Bedford, MA: Electronic Systems Division, Air Force Systems Command, United States Air Force, 1974.

Kerckhoffs, Auguste. "La cryptographie militaire." *Journal des sciences militaires* 9 (1883): 5–38, 161–191.

Lampson, Butler. "A Note on the Confinement Problem." *Communications of the ACM* 16, no. 10 (1973): 613–615. https://doi.org/10.1145/362375.362389.

Levy, Elias. "Full Disclosure Is a Necessary Evil." *SecurityFocus*, August 16, 2001. https://www.securityfocus.com/news/238.

Lipner, Steve. "The Birth and Death of the Orange Book." *IEEE Annals of the History of Computing* 37, no. 2 (2015): 19–31. https://doi.org/10.1109/MAHC.2015.27.

Loscocco, Peter A., Stephen D. Smalley, Patrick A. Muckelbauer, Ruth C. Taylor, S. Jeff Turner, and John F. Farrell. "The Inevitability of Failure: The Flawed Assumption of Security in Modern Computing Environments." Paper presented at the 21st National Information Systems Security Conference, Arlington, VA, October 8, 1998.

MacKenzie, Donald, and Garrell Pottinger. "Mathematics, Technology, and Trust: Formal Verification, Computer Security, and the U.S. Military." *IEEE Annals of the History of Computing* 19, no. 3 (1997): 41–59. https://doi.org/10.1109/85.601735.

Mandiant. *APT1: Exposing One of China's Cyber Espionage Units*. Alexandria, VA: Mandiant, 2013.

McCartney, Scott. *ENIAC: The Triumphs and Tragedies of the World's First Computer*. New York: Walker, 1999.

McLean, John. "A Comment on the 'Basic Security Theorem' of Bell and LaPadula." *Information Processing Letters* 20, no. 2 (1985): 67–70. https://doi.org/10.1016/0020-0190(85)90065-1.

———. "The Specification and Modeling of Computer Security." *Computer* 23, no. 1 (1990): 9–16. https://doi.org/10.1109/2.48795.

Moore, David, Vern Paxson, Stefan Savage, Colleen Shannon, Stuart Staniford, and Nicholas Weaver. "Inside the Slammer Worm." *IEEE Security & Privacy* 1, no. 4 (2003): 33–39. https://doi.org/10.1109/MSECP.2003.1219056.

Morris, Robert T. *A Weakness in the 4.2BSD Unix TCP/IP Software*. Murray Hill, NJ: Bell Labs, February 25, 1985.

Morris, Robert, and Ken Thompson. "Password Security: A Case History." *Communications of the ACM* 22, no. 11 (1979): 594–597. https://doi.org/10.1145/359168.359172.

National Archives (UK). "Computer Misuse Act 1990." legislation.gov.uk. Last updated June 29, 1990. http://www.legislation.gov.uk/ukpga/1990/18/enacted.

National Bureau of Standards. *Password Usage—Federal Information Processing Standards Publication 112*. Gaithersburg, MD: National Bureau of Standards, 1985. https://csrc.nist.gov/publications/detail/fips/112/archive/1985-05-01.

Oracle Corporation. *Unbreakable: Oracle's Commitment to Security*. Redwood Shores, CA: Oracle, 2002.

Ptacek, Thomas H., and Timothy N. Newsham. *Insertion, Evasion, and Denial of Service:*

Eluding Network Intrusion Detection. N.p.: Secure Networks, 1998.

Rain Forest Puppy [pseud.]. "NT Web Technology Vulnerabilities." *Phrack* 8, no. 54 (1998). http://phrack.org/issues/54/8.html.

Ranum, Marcus. "Script Kiddiez Suck." Paper presented at Black Hat Briefings, Las Vegas, NV, 2000. https://www.blackhat.com/html/bh-media-archives/bh-archives-2000.html.

Route [pseud.]. "Project Neptune." *Phrack* 7, no. 48 (1996). http://phrack.org/issues/48/13.html.

Ryan, Julie J. C. H., and Theresa I. Jefferson. "The Use, Misuse, and Abuse of Statistics in Information Security Research." Paper presented at the American Society for Engineering Management, Saint Louis, MO, October 15–18, 2003. http://citeseerX.ist.psu.edu/viewdoc/summary?doi=10.1.1.203.5387.

Saltzer, Jerome H., and M. D. Schroeder. "The Protection of Information in Computer Systems." *Proceedings of the IEEE* 63, no. 9 (1975): 1278–1308. http://doi.org/10.1109/PROC.1975.9939.

Schaefer, Marvin. "If A1 Is the Answer, What Was the Question? An Edgy Naif's Retrospective on Promulgating the Trusted Computer Systems Evaluation Criteria." Paper presented at the 20th Annual Computer Security Applications Conference, Tucson, AZ, December 6–10, 2004. https://doi.org/10.1109/CSAC.2004.22.

Schell, Roger R. "Information Security: Science, Pseudoscience, and Flying Pigs." Paper presented at the 17th Annual Computer Security Applications Conference, New Orleans, December 10–14, 2001. https://doi.org/10.1109/ACSAC.2001.991537.

Spafford, Eugene H. "The Internet Worm Program: An Analysis—Purdue University Report Number 88-823." *ACM SIGCOMM Computer Communication Review* 19, no. 1 (1989): 17–57. https://doi.org/10.1145/66093.66095.

Templeton, Brad. "Reaction to the DEC Spam of 1978." Brad Templeton's home page. Last accessed April 30, 2019. https://www.templetons.com/brad/spamreact.html.

Thompson, Ken. "Reflections on Trusting Trust." *Communications of the ACM* 27, no. 8 (1984): 761–763. https://doi.org/10.1145/358198.358210.

Van Vleck, Tom. "How the Air Force Cracked Multics Security." Multicians. Last updated October 14, 2002. https://www.multicians.org/security.html.

Ware, Willis H. *Security Controls for Computer Systems: Report of Defense Science Board Task Force on Computer Security.* Santa Monica, CA: RAND, 1970. https://www.rand.org/pubs/reports/R609-1/index2.html.

Whitten, Alma, and J. D. Tygar. "Why Johnny Can't Encrypt: A Usability Evaluation of PGP 5.0." Paper presented at the 8th USENIX Security Symposium, Washington, DC, August 23–26, 1999.

WikiLeaks. "Vault 7: CIA Hacking Tools Revealed." wikiLeaks.org. Last updated March 7, 2017. https://wikileaks.org/ciav7p1/.

Wool, Avishai. "A Quantitative Study of Firewall Configuration Errors." *Computer* 37, no. 6 (2004): 62–67. https://doi.org/10.1109/MC.2004.2.

譯名對照

National Institute of Standards and Technology, NIST　國家標準暨技術研究院

National Security Agency, NSA　國家安全局

National Security Telecommunications Advisory Committee　國家安全電訊諮詢委員會

Nation-states, hacking by　民族國家進行的駭客行為

Naval Research Laboratory　海軍研究實驗室

Navy　海軍

Needham, Roger　羅傑・尼德翰

Needham-Schroeder security protocol　尼德翰—施洛德安全協定

Neptune, program　海神程式

Netscape, web browser　Netscape 網頁瀏覽器

Netscape Communications　網景通訊

network protocols　網路協定

network vulnerability scanner　網路弱點掃描器

Neumann, Peter　彼得・諾伊曼

Neuromancer, Gibson　神經喚術士，吉布森

Nigerian scam　奈及利亞詐騙

Nimda　尼姆達網路蠕蟲

No More Free Bugs　反免費除錯運動

Norman, Don　唐・諾曼

North Atlantic Treaty Organization, NATO　北大西洋公約組織

Norton Internet Security　諾頓網路安全大師

NotPetya　惡意程式

O

offense-defense balance　攻守平衡

Office of Personnel Management, OPM　人事管理局

On War, von Clausewitz　《戰爭論》，馮・克勞塞維茲

operating system, OS　作業系統

Oracle Corporation　甲骨文公司

Orange Book　橘皮書

Outlook　電子郵件軟體

overclassification, of information　資訊的過度保密

P

packet switching　封包交換

Panix　網路服務供應商

passwords　密碼

patching of vulnerabilities　弱點的修補

Payment Card Indutry Data Security Standard, PCI DSS　支付卡產業資料安全標準

PEBCAK　問題存在於椅子跟鍵盤之間

penetration test　滲透測試

perimeter security model　邊界安全模型

personal computers, PCs　個人電腦

personal identification number, PIN　個人識別碼

perverse incentives

PGP　加密程式

phage, mailing list　郵件論壇「噬菌體」

phishing　網路釣魚

Phrack　《飛駭》雜誌

ping of death　死亡之乒聲

plaintext　明文

security clearances　安全許可

Security Controls for Computer Systems
電腦系統安全控管

Ware, Willis　威利斯・韋爾

Security Development Lifecycle, SDL
安全性開發生命週期

Security Digest, mailing list　郵件論壇
「安全文摘」

security fatigue　安全疲乏

security kernel　安全內核

security standards　安全標準

sensitive compartmented information, SCI
敏感隔離資訊

separation of duties　職責區分

server, web　網頁伺服器

server-side vulnerabilities　伺服器端弱
點

service pack　服務包

Shadow Brokers, hacking group　駭客團
體「影子掮客」

George Benard Shaw　蕭伯納

Shirky, Clay　克雷・薛基

signature　特徵

Silicon Graphics　視算科技

simulated phishing　模擬網路釣魚

Slammer　網路蠕蟲

Sloth, program　怠惰程式

Snowden, Edward　愛德華・斯諾登

Sobig　網路蠕蟲

social engineering　社交工程

Software Update Service, SUS　軟體更
新服務

Soviet Union　蘇聯

Spafford, Gene　傑納・斯帕弗德

spam　垃圾郵件

spear phishing　魚叉式網路釣魚

Sputnik　史普尼克號

SQL injection　SQL 注入

SQL Server 資料庫軟體

SRI International　SRI 國際

St. Jude Medical　聖猶達醫療

StackGuard

Stamos, Alex　亞力克斯・史塔摩斯

standards, security　安全標準

Standford University　史丹福大學

static analysis　靜態分析

statistics, abuse of　統計的濫用

stigmata, three　三道聖痕

stunt hacking　特技駭客行為

Stuxnet 電腦病毒

Sudduth, Andrew　安德魯・蘇達斯

Sun-3 workstations　Sun-3 工作站

Sutton, Willie　威利・薩頓

Symantec　賽門鐵克

Symposium on Usable Privacy and
Security, SOUPS　易用隱私與安全性
研討會

SYN flooding　SYN 洪水攻擊

System Development Corporation　系統
開發公司

System Z　系統 Z

systems analysis　系統分析

T

Tailored Access Operations, TAO　特定
入侵行動辦公室

TCP/IP

Teardrop, program　程式「淚滴」

technology monoculture　科技單一栽培

Telnet 通訊協定

國家圖書館出版品預行編目 (CIP) 資料

脆弱系統 : 從人性貪婪、網路詐騙到駭客入侵 , 探索資訊安
全的歷史和未來 / 安德魯・史都華 (Andrew J. Stewart) 著 ;
鄭煥昇譯 . -- 初版 . -- 臺北市 : 經濟新潮社出版 : 英屬蓋曼
群島商家庭傳媒股份有限公司城邦分公司發行 , 2024.09

384 面 ; 16.8×23 公分 . -- (經營管理 ; 187)

譯自 : A vulnerable system : the history of information security
in the computer age.

ISBN 978-626-7195-74-1(平裝)

1.CST: 資訊安全 2.CST: 網路安全

312.76   113011272